"十二五"职业教育国家规划教材

经全国职业教育教材审定委员会审定

修订版

常用通用机械结构与维护

第2版

U0656294

主　编　吕谊明　于　旺

副主编　吕　春　陈永平

参　编　张　鹜　张晓琳　杨荣祥

机械工业出版社

CHINA MACHINE PRESS

本书是"十二五"职业教育国家规划教材修订版,是根据教育部新公布的职业院校专业教学标准,同时参考相关的国家职业资格标准编写的。本书以常用通用机械结构为案例,用项目引领、任务驱动的方式,对通用机械设备中的机械结构性能以及工作过程与维护保养方法进行了系统的阐述,使学生初步掌握常用通用机械拆装的基本技能,具备常用通用机械的维护能力。同时,本书在重要知识点处嵌入了二维码,链接了视频、微课等数字化资源,给学生提供相关知识讲解的同时,加强了对学生的思想教育。

　　本书主要内容包括机械技术概述、车床机械结构及维护、铣床机械结构及维护、刨床机械结构及维护、磨床机械结构及维护和数控机床结构及维护。

　　本书可作为中等职业学校机械制造技术、机电技术应用、智能设备运行与维护及相关专业教材,也可作为高等职业院校相关专业教材及相关技术人员的培训教材。

　　为便于教学,本书配套有习题册,附夹于主教材中;另外,本书配套有助教课件、教学视频、习题答案等教学资源,选择本书作为授课教材的教师可来电(010-88379375)索取,或登录 www.cmpedu.com 网站,注册、免费下载。

　　使用本书的师生均可利用上述资源在机械工业出版社旗下的"天工讲堂"平台上进行在线教学、学习,实现翻转课堂与混合式教学。

图书在版编目(CIP)数据

常用通用机械结构与维护/吕谊明,于旺主编. —2版. —北京:机械工业出版社,2021.5(2025.6重印)
"十二五"职业教育国家规划教材:修订版
ISBN 978-7-111-67931-8

Ⅰ.①常… Ⅱ.①吕… ②于… Ⅲ.①机械设备-结构-中等专业学校-教材②机械设备-维修-中等专业学校-教材 Ⅳ.①TB4

中国版本图书馆 CIP 数据核字(2021)第 060307 号

机械工业出版社(北京市百万庄大街 22 号　邮政编码 100037)
策划编辑:王莉娜　责任编辑:王莉娜
责任校对:梁　静　封面设计:张　静
责任印制:常天培
河北虎彩印刷有限公司印刷
2025 年 6 月第 2 版第 4 次印刷
184mm×260mm · 16 印张 · 376 千字
标准书号:ISBN 978-7-111-67931-8
定价:49.80 元

第2版前言

本书是根据教育部《关于组织开展"十三五"职业教育国家规划教材建设工作的通知》（教职成司函〔2019〕94号）要求，在"十二五"职业教育国家规划教材《常用通用机械结构与维护》的基础上，依据教育部新公布的职业院校专业教学标准，同时参考相关的国家职业资格标准修订而成的。

本书主要介绍通用机械设备中机械结构的性能以及工作过程与维护保养方法，重点强调培养学生初步掌握常用通用机械拆装的基本技能，具备对常用通用机械进行维护的能力。本次修订主要体现了以下特色。

1. 执行现行国家标准

本次修订对书中涉及的相关标准进行了更新，并有机融入行业标准、企业标准，有利于培养学生的标准意识。

2. 体现新模式

本书采用理实一体化的编写模式，充分体现以学生为本的原则，精选典型机械结构，把握本课程的知识点和技能点，按照"必需、够用、兼顾发展"的原则，循序渐进地组织教材内容，突出"做中教，做中学"的职业教育特色。

3. 配套数字化资源，增加课程思政元素

为适应信息化教学的新要求，本次修订注重数字化配套资源建设，在每个项目中都增设了二维码，在关键知识点处链接微课、视频等数字化资源，方便学生进行自主学习，并在每个微课后增加工匠故事、社会主义核心价值观等内容，以期对学生进行思想教育，达成课程思政。

本书建议学时为112学时，学时分配建议见下表。

内容	建议学时	内容	建议学时
项目一	8	项目四	16
项目二	26	项目五	20
项目三	24	项目六	18

本书由吕谊明和于旺任主编，吕春、陈永平任副主编，张鹜、张晓琳、杨荣祥参编。在本书编写过程中，编者参阅了国内出版的有关教材和资料，在此一并表示衷心感谢！

由于编者水平有限，书中不妥之处在所难免，恳请读者批评指正。

编　者

第1版前言

本书是根据教育部《关于中等职业教育专业技能课教材选题立项的函》（教职成司[2012] 95号），由全国机械职业教育教学指导委员会和机械工业出版社联合组织编写的"十二五"职业教育国家规划教材，是根据教育部于2014年公布的《中等职业学校机械制造技术专业教学标准》，同时参考相关的国家职业资格标准编写的。

本书主要介绍通用机械设备中机械结构的性能以及工作过程与维护保养方法，重点培养学生初步掌握常用通用机械拆装的基本技能，具备对常用通用机械进行维护的能力。本书编写过程中力求体现以下特色。

1. 本书图文并茂，形式活泼，语言表达精练、准确、科学，方便学生自主学习。本书依据最新教学标准和课程大纲要求，定位科学、合理、准确，力求降低理论知识的难度；正确处理好知识、能力和素质三者之间的关系，保证学生全面发展，适应培养高素质劳动者需要；对接职业标准和岗位需求，既突出学生职业技能的培养，又保证学生掌握必备的基本理论知识，使学生既有动手技能又懂得基本的机械结构原理。

2. 体现新模式。本书采用理实一体化的编写模式，充分体现以学生为本的原则，精选典型机械结构，把握本课程的知识点和技能点，按照"必需、够用、兼顾发展"的原则，循序渐进地组织教材内容，突出"做中教，做中学"的职业教育特色。

3. 执行新标准。本书严格执行国家标准，并有机地融入行业标准和企业标准，有利于培养学生的职业意识。

4. 注重反映机械设备的现状和发展趋势，如项目六引入当今先进机械设备中的机械结构与维护的新技术、新工艺，使教材富有时代性、先进性和前瞻性。

本书在内容处理上主要有以下几点说明：① 每个项目分成四个任务；② 每个任务有独立的实训活动，使学生能做中学；③ 每个活动都对学生所学的专业知识点和技能点进行评价和分析；④ 每个任务设计了一定量的习题册，附夹于主教材中；⑤ 本书建议学时为120，学时分配建议见下表。

序号	项目内容	建议学时	序号	项目内容	建议学时
项目一	机械技术概述	8	项目五	磨床机械结构及维护	20
项目二	车床机械结构及维护	26	项目六	数控机床结构及维护	18
项目三	铣床机械结构及维护	24	项目七	简单机械设备的装配	8
项目四	刨床机械结构及维护	16			

全书由吕谊明主编，张骜、杨荣祥参与了编写。本书经全国职业教育教材审定委员会审定，评审专家对本书提出了宝贵的建议，在此对他们表示衷心的感谢！编写过程中，编者参阅了国内外出版的有关教材和资料，在此一并表示衷心的感谢！

由于编者水平有限，书中不妥之处在所难免，恳请读者批评指正。

编　者

二维码索引

（续）

序号	名称	二维码	页码	序号	名称	二维码	页码
17	曲柄摇杆机构		116	23	轴上零件的定位		166
18	带传动机构		125	24	数控机床加工		170
19	链传动机构		132	25	数控机床主轴准停控制		193
20	磨床的组成及工作原理		141	26	先进加工技术		203
21	外圆磨床主要部件的结构		148	27	数控机床换刀过程		208
22	联轴器的组成和类型		149				

目 录

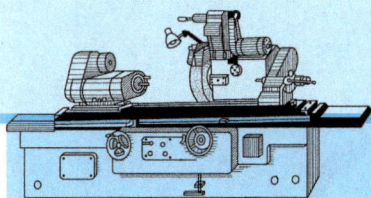

项目一

机械技术概述

项 目 描 述

机械产品种类繁多，其结构、性能和用途也各异。从小小的螺钉、剪刀、洗衣机到汽车、飞机、机械加工设备和机器人，这些机械产品在人们的生产和生活中起着重要的作用。本项目的目的是通过了解机械技术来认识机械设备，进而学会使用机械拆装工具，掌握保养和维护机械设备的技能。

学习目标

一、知识目标

1. 了解机械技术的概念。
2. 掌握机械设备的分类。
3. 了解机械设备的发展。

二、技能目标

1. 能正确描述机械技术。
2. 会识别各种机械设备及其作用。
3. 学会机械拆装工具的使用方法。
4. 掌握保养和维护机械设备的技能。

任务一 　了解机械技术

任务描述

图 1-1 所示的自行车是日常生活中最为常见的机械。自行车由车架、车轮、踏板、制动装置、链条等基本部件组成。人骑车时脚对踏板施力，通过踏板、链轮、链条、飞轮（小链轮）、后轴等部件传动，使自行车前进。

通过本任务的学习，将了解机械技术和机械工业，知道人类的生活已离不开机械。

图 1-1 日常生活中最为常见的机械——自行车

知识链接

一、机械技术的概念

机械是由若干相互联系的零部件按一定要求装配起来、用来转换或利用机械能、完成一定功能的装置。简单地说，机械就是各种机器与器械的总称，而机器则是进行现代社会生产的主要工具之一，其技术水平是社会生产力发展水平的重要标志。

1. 机器

机器的种类很多，如摩托车、汽车、机床和机器人等。它们的结构形式和用途虽然各不相同，但从其组成、运动和所具备的功能来看，都具有下列共同特征。

1）是人为的实体组合。

2）各部分（实体）之间具有确定的相对运动。

3）能够转换或传递能量，代替或减轻人的劳动。

同时具有上述三个特征的实体组合就称为机器。

2. 机构

机构是由构件组合而成的，各构件之间具有确定的相对运动。

机器与机构的主要区别是：机器能输出有用的机械功或转换机械能，机构只是传递运动、力或改变运动形式的实体组合；机器包含机构，机构是机器的主要组成部分；一部机器可以只有一个机构或有多个机构。

3. 构件与零件

（1）构件 图 1-2 所示为带轮传动装置，由 V 带和两个传动轮组成，传动轮是由轴、键和带轮三个零件所组成的具有独立运动的基本单元。在机器中，称这些具有独立运动的基本单元为构件。构件可以由多个没有相对运动的零件组成，也可以由一个零件组成。这些零件之间没有相对的独立运动，所以，构件是机械运动的基本单元。

图 1-2 带轮传动装置

（2）零件　零件是机器中不可再拆的最小基本单元，也是机械制造的基本单元。

分析图1-2所示带轮传动装置可知：该装置中有四个零件，即 V 带、轴、键和带轮；该装置中有两个构件，即 V 带和传动轮。

零件与构件、机构、机器的关系为

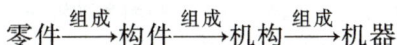

$$\text{零件} \xrightarrow{\text{组成}} \text{构件} \xrightarrow{\text{组成}} \text{机构} \xrightarrow{\text{组成}} \text{机器}$$

4．机械技术

借助机器或工具制造各种产品的手段称为机械技术。一个国家机械的自动化程度越高，说明这个国家的机械技术水平越高。

二、机器的组成

机器的功能需要多种机构配合才能完成。按照各部分实体的功能不同，一台完整的机器通常由以下四个部分组成。

1．原动机部分

原动机部分也称为动力装置，其作用是把其他形式的能量转变成机械能，以驱动机器各部分运动。它是机器完成预定功能的动力源，常用的原动机有电动机和内燃机等。

2．执行部分

执行部分也称为工作部分（装置）。它是机器中直接完成具体工作任务的部分，如汽车的车轮和压力机的冲头等。

3．传动部分

传动部分是原动机到执行部分之间的传动机构，用以完成运动和动力的传递和转换。传动部分可以减速、增速，改变转矩以及运动形式等，满足工作机构的各种要求，如汽车的变速器、自行车的链传动与飞轮等。传动机构在各种机器中占有重要地位，对机器的结构和外形都有重大的影响。

4．操纵或控制部分

这部分的作用是显示和反映机器的运行位置和状态，控制机器正常运行和工作。控制部分可以是机械装置、电子装置和电气装置等。

简单的机器一般由原动机部分、执行部分和传动部分三部分组成，有的甚至只有原动机部分和执行部分，如水泵和排风扇等。而现代新型的自动化机器，如数控机床和加工中心等，其控制部分（包括检测部分）的作用越来越重要。

三、机械工业

生产机械产品的制造工业，称为机械工业，也称为机械制造工业或机器制造工业。机械产品涵盖各种动力机械、起重运输机械、农业机械、冶金矿山机械、化工机械、纺织机械、机床、工具、仪器、仪表以及其他机械设备等。

机械工业是工业中最重要的部分，也是制造业的基础。它为工业、农业、交通运输业、国防等制造各种机械设备，提供先进的技术装备，因此也被称为国民经济的装备部门。通常，机械工业的发展水平是衡量国家工业化程度的主要标志之一。

1．机械工业的分类

机械工业的门类众多，现已成为拥有几十个独立生产部门的最庞大的工业体系。按其服务对象不同，机械工业可分为工业设备制造业、农业机械制造业和交通运输制造业等。

机械工业
  工业设备制造业——生产装备工业本身的各种机器设备，包括重型机械、通用机械、机床工具、仪器仪表、电器制造和轻纺工业设备等
  农业机械制造业——生产农、林、牧、副、渔业需要的各种农业机械
  交通运输制造业——制造铁路机车车辆、汽车、船舶和飞机等
  其他——制造生活用机械、文化办公用机械等

2. 机械工业的发展历程

人类社会之所以能发展，离不开人们的劳动和人们制造出来的工具。从制造简单工具发展到制造由多个零件、部件组成的现代机械，经历了漫长的过程。

在古代，没有机械工业，人们利用人力、畜力、水力等做动力，使用大量非金属材料和部分金属材料制作斧头、木锯等手工工具，以及一些简单的机械，如辘轳、水车、脚踏纺织机（图1-3）。这些都是手工业。

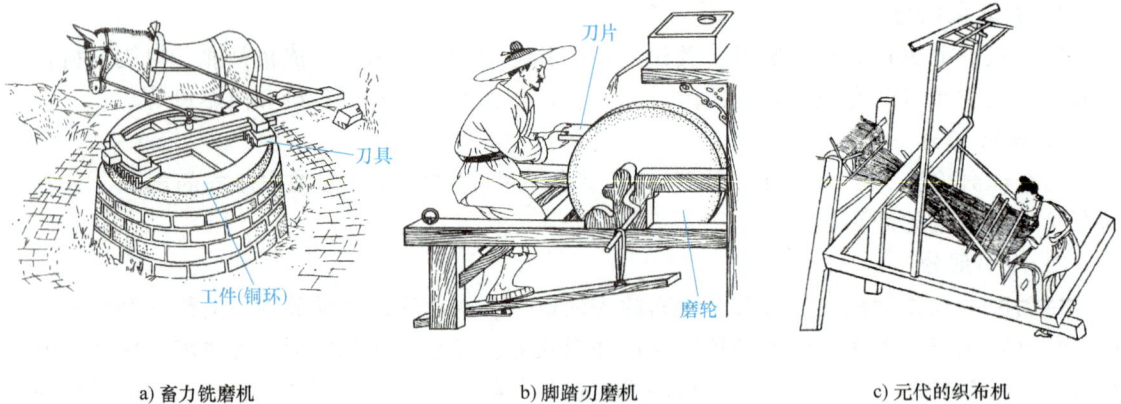

a) 畜力铣磨机　　　　　b) 脚踏刃磨机　　　　　c) 元代的织布机

图 1-3　我国古代机械加工技术

18世纪中叶，英国发明家瓦特发明了蒸汽机（图1-4a），人类社会进入了大工业生产时代，金属材料被大量使用，加工出的零件日益精确和标准化，新的、更好的机器不断被发明、制造出来，能生产蒸汽机、纺织机等机器的机床也发展起来，专门从事生产的制造工厂也开始出现。图1-4b所示为早期的车床。

a) 蒸汽机　　　　　　　　b) 早期的车床

图 1-4　蒸汽机和早期的车床

1—溜板　2—床身　3—导轨　4—手摇齿轮　5—塔轮　6—卡盘　7—刀架　8—尾座　9—光杠

现在，机械工业已逐步发展为一个完整的、独立的工业部门，已成为各国国民经济最重要的基础产业。机械产品日趋丰富，机械制造技术也有了质的飞跃，加工精度越来越高，生

产过程日益自动化、智能化和环保化（图 1-5）。

a) 现代的纺织机械

b) 石油钻采机

c) 自动化生产线

d) 数控机床

图 1-5　现代机械工业

3. 我国机械工业的现状

经过多年的发展，我国机械工业发展速度加快，产能迅速扩大，现已步入机械制造大国行列，产业规模已跃居世界首位。当然，与机械制造强国相比，仍有较大的差距。

当前，我国机械工业的发展势头依旧强劲。大力发展现代化农业装备、大型石化设备、大型冶金及矿山设备等高端装备，发展新能源汽车、新能源发电设备等新兴产业装备等，是我国机械工业未来的发展战略。

任务实施

一、活动内容

活动 1：寻找身边的机械产品

1）找一找，身边的日用品哪些是手工制造的？哪些是使用机械制造的？比较一下两种日用品的种类、材料和精巧程度等。

2）洗衣机是家中的洗衣机器，分组讨论它由哪几个部分组成，各部分起什么作用。

3）分组讨论自行车中哪些是零件，哪些是构件，哪些是机构，并填写表 1-1（至少填5 个）。

机械工业
的发展历程

表 1-1 辨识自行车零件

序号	零件	构件	机构
1			
2			
3			
4			
5			

活动 2：上网查询或参观工厂车间，寻找制造机械产品的机器

1）分组讨论图 1-6 所示图片中，人们利用这些机械在干什么？与传统工作方式有什么不同？

a)

b)

c)

d)

e)

图 1-6 各种机械设备

2）上网查询或参观工厂车间，寻找制造机械产品的机器，并将其填写在表 1-2 中。

表 1-2 机器及其所制造的机械产品

序号	机器名称	制造的产品
1		
2		
3		
4		
5		

二、考核评价

根据活动内容填写考核评价表，见表 1-3。

表 1-3 考核评价表

序号	考核项目	考核内容要求	配分	学生自检	学生互检	教师检测	得分
1	职业素养	文明、礼仪	5				
2		安全、纪律	10				
3		行为习惯	5				
4		工作态度	5				
5		团队合作	5				
6	寻找身边的机械产品	能分析比较两种日用品的制造方法和精巧程度	15				
		能说明洗衣机的组成和各部件的作用	15				
		能正确填写自行车中的零件、构件、机构的名称	15				
7	上网查询或参观工厂车间，寻找制造机械产品的机器	能正确说明图 1-6 中各种机械设备的作用	10				
		能主动寻找制造机械产品的机器并填写表格	15				
综合评价							

任务二　认识通用机械切削机床设备

任务描述

　　机床设备大都由轴类、套类、盘类、板类、齿轮类和箱体类等零件（图 1-7）装配而成，这些不同种类的零件又是由不同工种的工人分别加工而成的。随着科学技术的发展，尽管有些机械零件已可以由铸造或冷挤压等方法来制造，但绝大多数零件还要由通用机械切削机床切削加工而成。切削加工是指借助于通用机械切削机床，利用工件和刀具之间的相对（切削）运动，用比工件硬的刀具切除工件上的多余金属层，从而获得具有一定形状和加工质量的零件的过程。企业员工根据零件图样加工零件时，首先要选择合适的加工设备——即通用机械切削机床。本任务主要学习通用机械切削机床设备的分类、型号、组成及传动形式，了解现代先进机械切削机床设备的应用。

知识链接

　　通用机械切削机床简称金属切削机床，是指对金属零件进行切削加工的机器，习惯上又简称为机床。为满足不同的加工需要，机床的品种和规格多种多样，它们在构造、传动及控制等方面，有许多类似之处，也有着共同的原理和规律。

a) 轴类零件

b) 套类零件

c) 盘类零件　　　　　　d) 板类零件　　　　　　　　e) 齿轮类零件

f) 箱体类零件

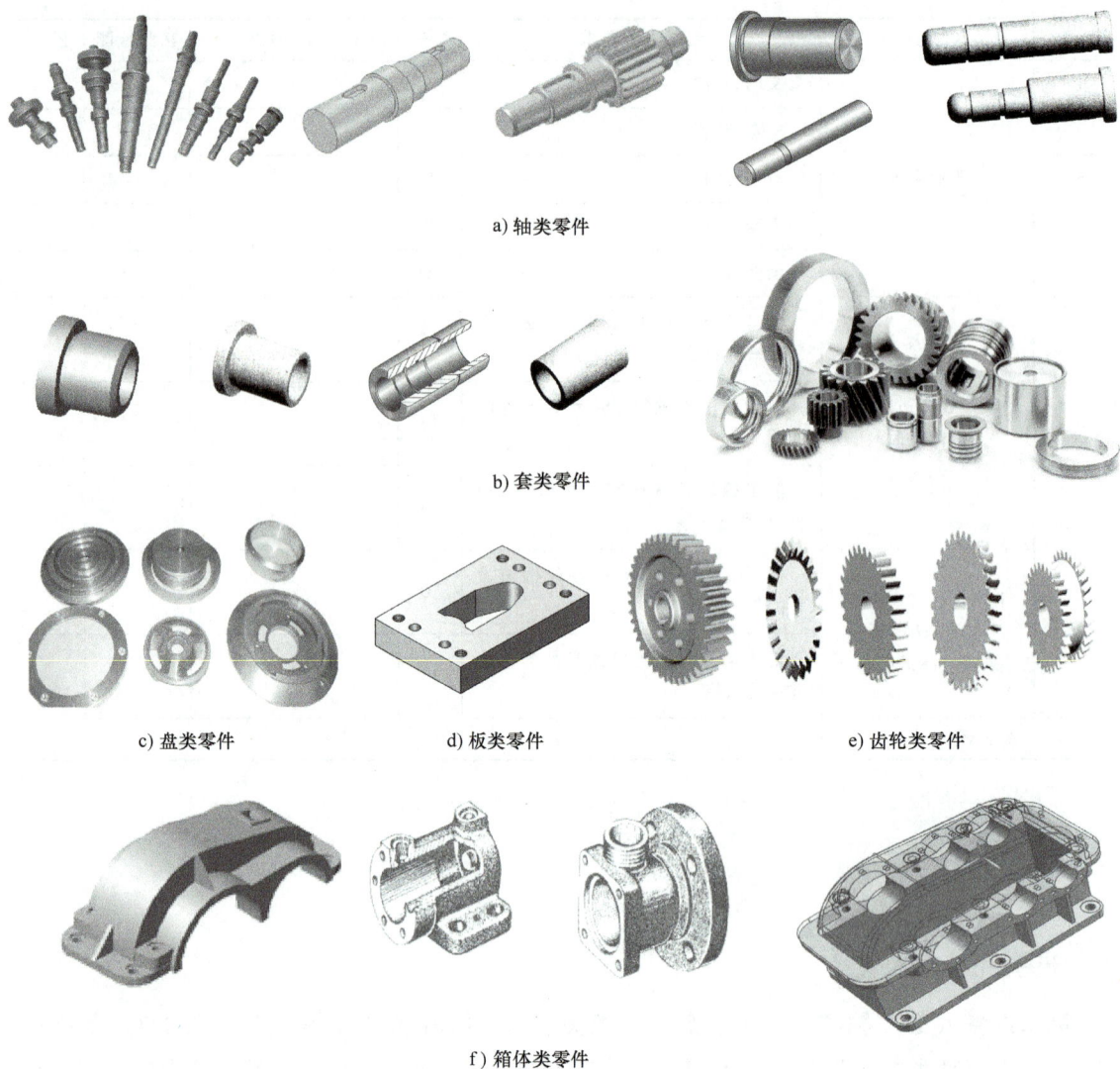

图 1-7　常见的零件形状

一、通用机械切削机床的分类与型号

通用机械切削机床种类繁多，为了便于设计、制造、使用和管理，需要进行适当的分类。

1. 通用机械切削机床的分类

通用机械切削机床可按以下几种方法进行分类。

（1）按机床加工性质和使用刀具的不同进行分类　这种分类方法是根据国家制定的机床型号编制方法进行分类的，机床共分为 12 类，即车床（图 1-8）、钻床（图 1-9）、镗床（图 1-10）、磨床（图 1-11）、齿轮加工机床（图 1-12）、螺纹加工机床（图 1-13）、铣床（图 1-14）、刨插床（图 1-15）、拉床（图 1-16）、特种加工机床（图 1-17）、锯床（图 1-18）和其他机床。

a) 卧式车床　　　　　　　b) 立式车床　　　　a) 台式钻床　　　b) 立式钻床　　　c)摇臂钻床

图 1-8　车床　　　　　　　　　　　　图 1-9　钻床

a) 平面磨床　　　　　　b) 外圆磨床　　　　c)内圆磨床

图 1-10　镗床　　　　　　　　　图 1-11　磨床

图 1-12　齿轮加工机床　　　　　　　　　图 1-13　螺纹加工机床

a) 立式铣床　　　　b) 卧式铣床　　　　　　　a) 刨床　　　　b) 插床

图 1-14　铣床　　　　　　　　　　图 1-15　刨插床

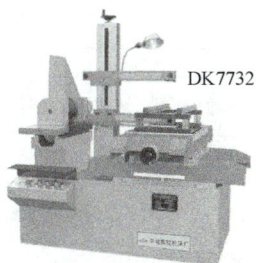
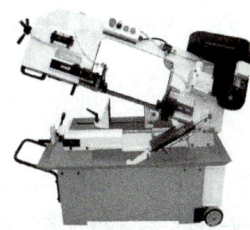

图 1-16　拉床　　　　图 1-17　特种加工机床　　　　图 1-18　锯床

（2）按机床在使用中的通用程度分类　机床按其通用程度（应用范围）可分为以下类型。

1）通用机床（俗称万能机床）。通用机床的工艺范围很宽，可以加工一定尺寸范围内的各种类型零件和完成各种各样的工序，如卧式车床、万能外圆磨床和摇臂钻床等。通用机床主要适用于单件及小批量生产。

2）专门化机床。专门化机床的工艺范围较窄，只能加工一定尺寸范围的某一类（或少数几类）零件，完成某一种（或少数几种）特定工序，如凸轮轴车床、轧辊车床、花键轴铣床和曲轴磨床等。专门化机床适用于成批生产。

3）专用机床。专用机床的工艺范围最窄，通常只能完成某一特定零件的特定工序，汽车、拖拉机制造中大量使用的各种组合机床就属此类，如加工机床主轴箱的专用镗床和加工车床导轨的专用磨床等。专用机床适用于大批量生产。

（3）按机床工作精度分类　同一类机床按照加工精度的不同又可分为普通机床、精密机床和高精度机床等。

（4）按机床的重量分类　机床按重量不同可分为仪表机床、中型机床（一般机床）、大型机床（重量达到10t）、重型机床（重量达到30～100t）、超重型机床（重量>100t）。机床的轻重一般从机床所能加工零件的尺寸来考虑，即零件越大，机床也越大、越重。而机床过大、过重，将会给制造、运输、安装等带来许多特殊的问题。

此外，机床还可按照其主要工作部件的多少分为单轴、多轴或单刀、多刀机床；按照布局方式不同，可分为卧式、立式、台式、单臂、单柱、双柱、马鞍机床；按照自动化程度不同，可分为手动、机动、半自动和自动机床；按照机床的自动化控制方式，可分为仿形机床、数控机床和加工中心。随着机床工业的不断发展，其分类方法也将不断完善和补充。

2. 通用机械切削机床的型号

机床型号是机床的产品代号，用以简明地表示机床的类型、主要技术参数、性能和结构特点等。

目前，机床型号是采用汉语拼音字母和阿拉伯数字按一定规律组合来表示的，其表示方法如下：

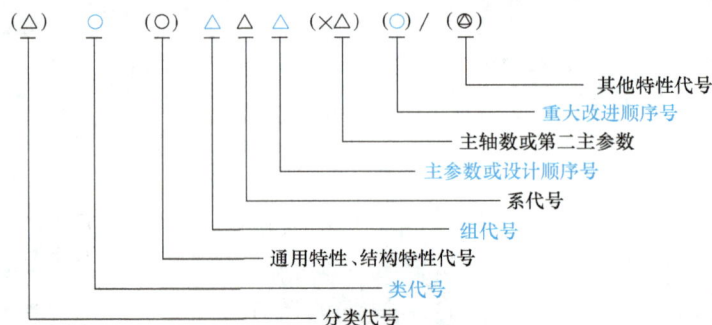

其中，（ ）当无内容时不表示；○为大写的汉语拼音字母；△为阿拉伯数字；◎为大写的汉语拼音字母或阿拉伯数字或两者兼有。

例如：CM6132型精密普通卧式车床，型号中的代号及数字的含义如下：

```
C  M  61  32
              └─ 机床主参数代号：最大回转直径的1/10
          └───── 机床组、系代号：卧式车床
       └──────── 机床通用特性代号：精密机床
    └─────────── 机床类代号：车床类
```

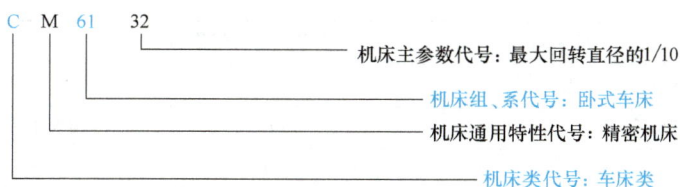

再如：Z3040 型号中代号及数字的含义如下：

```
Z  3  0  40
            └─ 主参数代号：最大钻孔直径40mm
         └──── 系代号：摇臂钻床系(机床名称)
      └─────── 组代号：摇臂钻床组
   └────────── 类代号：钻床类
```

关于我国机床型号编制方法，可参阅 GB/T 15375—2008《金属切削机床　型号编制方法》。现将机床分类代号、通用特性代号、组系代号列于表 1-4~表 1-6。

表 1-4　通用机械切削机床的分类及其代号

类别	车床	钻床	镗床	磨　床			齿轮加工机床	螺纹加工机床	铣床	刨(插)床	拉床	锯床	其他机床
代号	C	Z	T	M	2M	3M	Y	S	X	B	L	G	Q

表 1-5　通用机械切削机床通用特性代号

通用特性	高精度	精密	自动	半自动	数控	加工中心(自动换刀)	仿形	轻型	加重型	柔性加工单元	数显	高速
代号	G	M	Z	B	K	H	F	Q	C	R	X	S

表 1-6　常用机床组系代号及主参数

类	组	系	机床名称	主参数的折算系数	主参数
车床	1	1	单轴纵切自动车床	1	最大棒料直径
	1	2	单轴横切自动车床	1	最大棒料直径
	1	3	单轴转塔自动车床	1	最大棒料直径
	2	1	多轴棒料自动车床	1	最大棒料直径
	2	2	多轴卡盘自动车床	1/10	卡盘直径
	2	6	立式多轴半自动车床	1/10	最大车削直径
	3	0	回轮车床	1	最大棒料直径
	3	1	滑鞍转塔车床	1/10	卡盘直径
	3	3	滑枕转塔车床	1/10	卡盘直径
	4	1	曲轴车床	1/10	最大工件回转直径
	4	6	凸轮轴车床	1/10	最大工件回转直径
	5	1	单柱立式车床	1/100	最大车削直径

（续）

类	组	系	机床名称	主参数的折算系数	主参数
车床	5	2	双柱立式车床	1/100	最大车削直径
	6	0	落地车床	1/100	最大工件回转直径
	6	1	卧式车床	1/10	床身上最大回转直径
	6	2	马鞍车床	1/10	床身上最大回转直径
	6	4	卡盘车床	1/10	床身上最大回转直径
	6	5	球面车床	1/10	刀架上最大回转直径
	7	1	仿形车床	1/10	刀架上最大车削直径
	7	5	多刀车床	1/10	刀架上最大车削直径
	7	6	卡盘多刀车床	1/10	刀架上最大车削直径
	8	4	轧辊车床	1/10	最大工件直径
	8	9	铲齿车床	1/10	最大工件直径
钻床	1	3	立式坐标镗钻床	1/10	工作台面宽度
	2	1	深孔钻床	1/10	最大钻孔直径
	3	0	摇臂钻床	1	最大钻孔直径
	3	1	万向摇臂钻床	1	最大钻孔直径
	4	0	台式钻床	1	最大钻孔直径
	5	0	圆柱立式钻床	1	最大钻孔直径
	5	1	方柱立式钻床	1	最大钻孔直径
	5	2	可调多轴立式钻床	1	最大钻孔直径
齿轮加工机床	3	6	卧式滚齿机	1/10	最大工件直径
	4	2	剃齿机	1/10	最大工件直径
	5	1	珩齿机	1/10	最大工件直径
	5	1	插齿机	1/10	最大工件直径
	6	0	花键轴铣床	1/10	最大铣削直径
	7	0	碟形砂轮磨齿机	1/10	最大工件直径
	7	1	锥形砂轮磨齿机	1/10	最大工件直径
	7	2	蜗杆砂轮磨齿机	1/10	最大工件直径
	8	0	车齿机	1/10	最大工件直径
	9	3	齿轮倒角机	1/10	最大工件直径
	9	9	齿轮噪声检查机	1/10	最大工件直径
螺纹加工机床	3	0	套丝机	1	最大套螺纹直径
	4	8	卧式攻丝机	1/10	最大攻螺纹直径
	6	0	丝杠铣床	1/10	最大铣削直径
	6	2	短螺纹铣床	1/10	最大铣削直径
	7	4	丝杠磨床	1/10	最大工件直径
	7	5	万能螺纹磨床	1/10	最大工件直径
	8	6	丝杠车床	1/100	最大工件长度
	8	9	多头螺纹车床	1/10	最大车削直径

（续）

类	组	系	机床名称	主参数的折算系数	主参数
铣床	2	0	龙门铣床	1/100	工作台面宽度
	3	0	圆台铣床	1/100	工作台面直径
	4	3	平面仿形铣床	1/10	最大铣削宽度
	4	4	立体仿形铣床	1/10	最大铣削宽度
	5	0	立式升降台铣床	1/10	工作台面宽度
	6	0	卧式升降台铣床	1/10	工作台面宽度
	6	1	万能升降台铣床	1/10	工作台面宽度
	7	1	床身铣床	1/100	工作台面宽度
	8	1	万能工具铣床	1/10	工作台面宽度
	9	2	键槽铣床	1	最大键槽宽度
刨插床	1	0	悬臂刨床	1/100	最大刨削宽度
	2	0	龙门刨床	1/100	最大刨削宽度
	2	2	龙门铣磨刨床	1/100	最大刨削宽度
	5	0	插床	1/10	最大插削长度
	6	0	牛头刨床	1/10	最大刨削长度
	8	8	模具刨床	1/10	最大刨削长度

二、通用机械切削机床的组成与传动形式

1. 机床的组成

为实现加工过程中所需的各种运动，机床必须具备以下三个基本部分（图1-19）。

（1）执行件　执行机床运动的部件，如主轴、刀架和工作台。

（2）传动装置　传递运动和动力的装置，通过它把动力源的运动和动力传给执行件，在传递过程中，有时需完成变速、变向等任务。机床的传动装置按其所采用的传动介质不

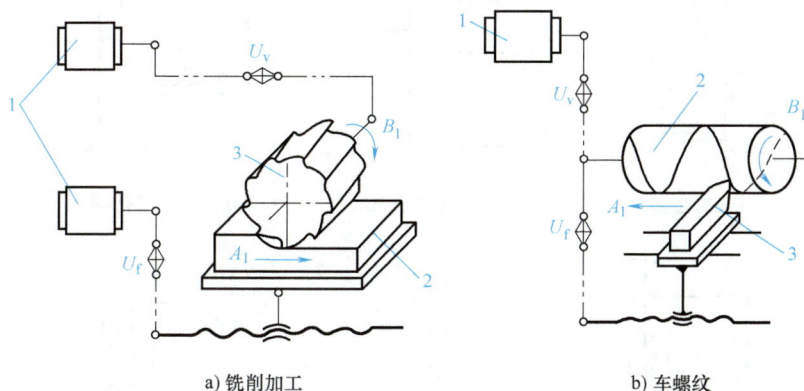

a) 铣削加工　　　　　　　　　　b) 车螺纹

图 1-19　组成机床的三个基本部分示意图

1—运动源（电动机）　　2、3—执行件（工件与主轴、刀架）　　U_v、U_f—传动装置

A_1—进给运动　B_1—主运动

同，可分为机械传动、液压传动、电气传动和气压传动，其中最常见的是机械传动。

（3）运动源 提供动力和运动的装置，是执行件的运动来源。一般机床都采用电动机作为动力源。

2. 机床的机械传动形式

机床上常用的机械传动形式有以下两种。

（1）定比传动机构 具有固定传动比或固定传动关系的传动机构，如带传动、齿轮传动、蜗杆传动、齿轮齿条传动和丝杠螺母传动等，如图 1-20 所示。

a) 带传动　　　　　　b) 同步带传动　　　　　　c) 齿轮传动

d) 蜗杆传动　　　　　e) 齿轮齿条传动　　　　　f) 丝杠螺母传动

图 1-20　定比传动机构

（2）变速机构 改变机床部件运动速度的机构，如塔轮变速机构、滑移齿轮变速机构、离合器变速机构及交换齿轮变速机构等，如图 1-21 所示。

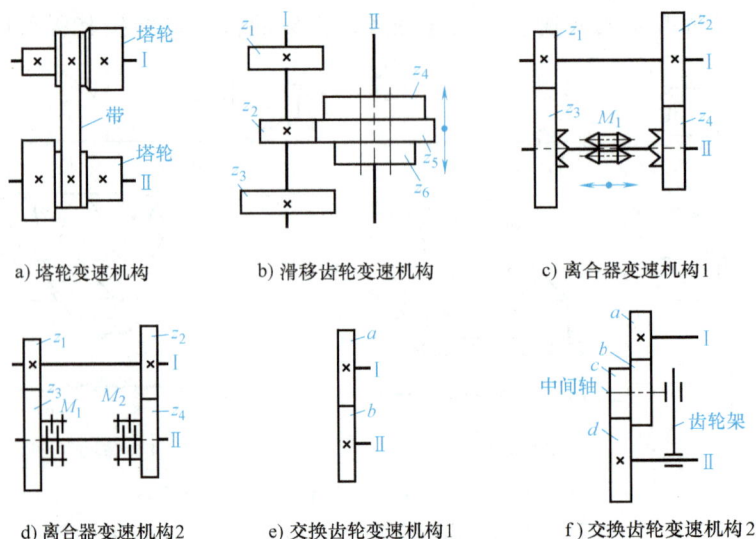

a) 塔轮变速机构　　　b) 滑移齿轮变速机构　　　c) 离合器变速机构1

d) 离合器变速机构2　　e) 交换齿轮变速机构1　　f) 交换齿轮变速机构2

图 1-21　常用变速机构

三、机床的运动

机械零件的形状多种多样，但其内、外形轮廓总不外乎平面、圆柱面、圆锥面、端面、螺旋面，以及各种成形面，如图 1-22 所示。在机床上加工零件，其实质就是借助于一定形状的切削刃以及切削刃与被加工零件表面之间按一定规律的相对运动，得到所需形状的表面。以车床车削圆柱面为例，如图 1-23 所示，把零件安装在自定心卡盘上做旋转主运动（运动Ⅰ），通过手动使车刀做纵、横向（运动Ⅱ和运动Ⅲ）移动靠近零件；然后根据所要求的加工直径 d 使车刀横向切入一定深度（运动Ⅳ）；接着通过零件的旋转运动（运动Ⅰ）和车刀的纵向直线运动（运动Ⅴ）车削出圆柱面；当车刀纵向移动到所需长度 l 时，使其横向退离零件（运动Ⅵ）并纵向退回至起始位置（运动Ⅶ），这样就车削出了所需的圆柱面。

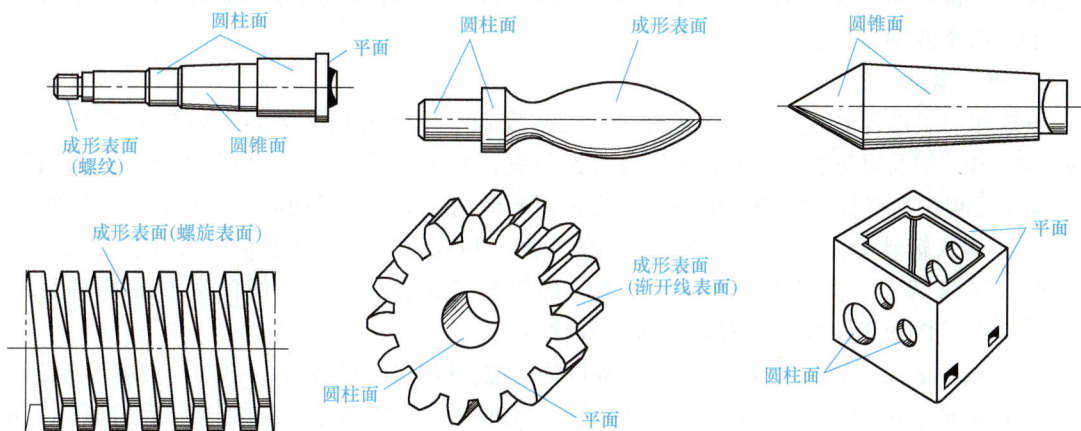

图 1-22　机械零件上的各种表面

由图 1-23 可知，机床在加工过程中需要多种运动，按其功用不同分为表面成形运动和辅助运动两类。表面成形运动简称成形运动，是保证得到要求的零件表面形状的运动。表面成形运动是机床上最基本的运动，是机床上的刀具和零件为了形成表面发生线而做的相对运动。如图 1-23 所示，工件的旋转运动Ⅰ和车刀的纵向运动Ⅴ是形成圆柱面的成形运动。

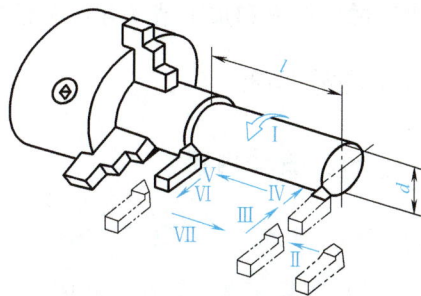

图 1-23　车削圆柱表面

1. 成形运动

成形运动又分为主运动和进给运动。图 1-24 所示为几种常见切削加工方法的主运动和进给运动。

（1）主运动　由机床或人力提供的主要运动，它促使刀具和零件之间产生相对运动，从而使刀具前面接近零件。主运动是切除零件上的被切削层，使之转变为切屑的运动，是成形运动中的主要运动。机床主运动只有一个，它的形式有主轴的旋转、刀架或工作台的直线往复运动等，如车床上工件的旋转，钻床、镗床及外圆磨床上刀具的旋转，牛头刨床上刨刀的直线往复运动，龙门刨床上工作台的直线往复运动等。

（2）进给运动　由机床或人力提供的运动，它使刀具与零件之间产生附加的相对运动。进给运动加上主运动，可不断地切除切屑，并得出具有所需几何特性的已加工表面。进给运

a) 车外圆　　　b) 铣平面　　　c) 刨平面　　　d) 钻孔　　　e) 磨外圆

图 1-24　常见切削加工方法的主运动和进给运动

1—主运动　2—进给运动　3—待加工表面　4—过渡表面　5—已加工表面

动是使工件切削层材料相继投入切削，从而加工出完整表面所需的运动，如车外圆时车刀的纵向移动、铣平面时工件的纵向移动、刨平面时工件的横向间歇移动等机床的进给运动可以是一个、两个或两个以上。

2. 辅助运动

机床在加工过程中除完成成形运动外，还需完成一系列的辅助运动。如图 1-23 所示，运动 II、III、IV、VI 及 VII 与表面成形过程没有直接关系，都属于辅助运动。辅助运动的作用是实现机床加工过程中所必需的各种辅助动作，为表面成形创造条件。辅助运动主要有以下几种。

（1）切入运动　刀具相对工件切入一定深度，以保证零件达到要求的尺寸。

（2）分度运动　多工位工作台、刀架等的周期转位或移位，以便依次加工零件上的各个表面，或依次使用不同刀具对零件进行顺序加工。

（3）调位运动　加工开始前机床有关部位的移位，以调整刀具和零件之间的正确相对位置。

（4）其他各种空行程运动　如在切削前、切削后，刀具或零件的快速趋近和退回运动，开机、停机、变速、变向等控制运动，装卸、夹紧、松开工件的运动等。

辅助运动虽然并不参与表面成形过程，但对机床整个加工过程却是不可缺少的，同时对机床的生产率和加工精度有重大影响。

任务实施

一、活动内容

活动 1：收集实习车间通用机械切削机床的型号并说明其含义

1）收集车床、铣床、刨床、钻床、磨床、数控机床的型号。

2）说明收集到的机床型号的含义。

3）指出收集到的机床的三个基本组成部分在什么部位及其名称和作用。

活动 2：分别说明各种通用切削机床的运动形式

1）作图表明车床、铣床、刨床、钻床、磨床的主运动和进给运动形式。

2）说明在机床运动中为何辅助运动不能取消？

机械零件
表面的形成

二、考核评价

根据活动内容填写考核评价表，见表 1-7。

表 1-7 考核评价表

序号	考核项目	考核内容要求	配分	学生自检	学生互检	教师检测	得分
1	职业素养	文明、礼仪	5				
2		安全、纪律	10				
3		行为习惯	5				
4		工作态度	5				
5		团队合作	5				
6	说明通用机械切削机床型号的含义	能收集 10 种机床型号并进行分析比较	15				
		能说明收集到的机床型号的含义	15				
		能正确说明机床三个基本组成部分的作用	15				
7	说明各种通用切削机床的运动形式	能作图表明车床、铣床、刨床、钻床、磨床的主运动和进给运动形式	15				
		能说明在机床运动中辅助运动为何不能取消	10				
	综合评价						

任务三　学会机械拆装工具的使用

任务描述

机械是由若干相互联系的零部件按一定要求装配而成的，在装配机械零件时，要用到许多工具，合理、正确地使用这些工具是每一位装配工必须掌握的技能。本任务就是通过对这些工具的认识来掌握其正确的使用方法。

知识链接

一、认识常用机械拆装工具

机械拆装工具有许多种类型，一般分成通用和专用两种。常用的机械拆装工具见表 1-8。

表 1-8 常用的机械拆装工具

种类	名称	图　　示	说　　明
通用工具	螺钉旋具	一字螺钉旋具	用于头部带一字形沟槽的螺钉的拧紧和松开
		十字螺钉旋具	用于头部带十字形沟槽的螺钉的拧紧和松开
		弯头旋具	用于螺钉头部空间狭小而不能使用标准旋具拧紧或松开螺钉的场合

（续）

种类	名称		图　示	说　明
通用工具	螺钉旋具	快速旋具		用于快速装拆螺钉的场合
	活扳手			用于多种大小不一的六角螺栓和螺母的拧紧与松开
	平头钳和尖头钳			它们是电工、仪表及通信器材等的装配及修理时的常用工具，有时拆装机械时也会用到
专用工具	专用扳手	呆扳手	双头 单头	只能用于配对单一的六角螺栓和螺母的拧紧与松开
		梅花扳手		只能用于配对单一的内六角或内四角螺栓的拧紧与松开
		套筒扳手		用于拆装位置狭小、特别隐蔽的螺母和螺栓
		内六方扳手		用于拆装标准的内六角螺钉
	特殊用途扳手	圆螺母套筒扳手		用于扳动埋入孔内的圆螺母，使用方法为：将套筒扳手端面齿插入圆螺母槽中，双手握住手柄并旋转，同时向下用力，即可将圆螺母拧紧或松开
		钳形扳手		用途和使用方法与圆螺母套筒扳手相似，将叉销插入圆螺母槽或孔内，旋转扳手，即可拧紧或松开圆螺母
		单头钩形扳手		用于扳动在圆周方向上开有直槽或孔的圆螺母，使用时将钩头勾在圆螺母的直槽或孔中，转动扳手，即可拧紧或松开圆螺母
		棘轮扳手		用于狭窄位置螺母或螺栓的拧紧与松开。使用时正转拧紧螺母或螺栓，反转为空程。若要拧松螺母或螺栓，则必须将扳手翻转180°使用

（续）

种类	名称	图　　示	说　　明
专用工具	弹性挡圈装拆用钳子	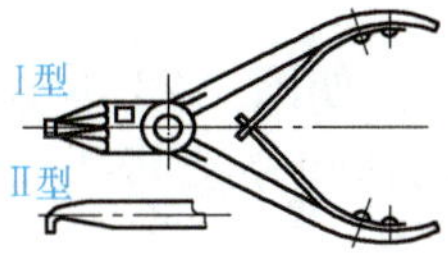 轴用弹性挡圈装拆用钳子　Ⅰ型　Ⅱ型　　孔用弹性挡圈装拆用钳子　Ⅰ型　Ⅱ型	Ⅰ型用于箱体内弹性挡圈的装拆，Ⅱ型用于箱体外弹性挡圈的装拆
	顶拔器（俗称拉模）	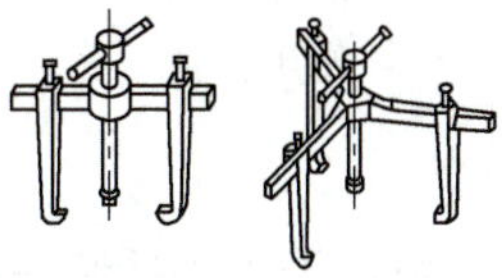	顶拔器有两种不同形状，一种有两个拉杆，另一种有三个拉杆。顶拔器主要用于顶拔轴端零件，如齿轮或滚动轴承
	弹性锤子	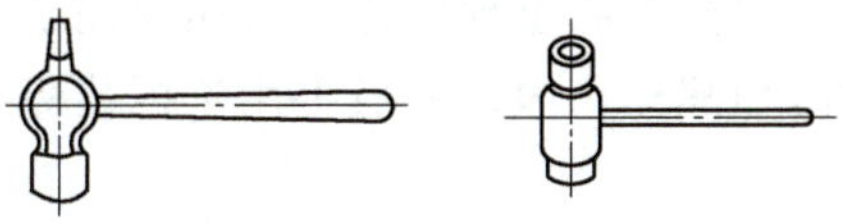	弹性锤子由黄铜或橡胶制成，有圆头和尖头两种形状。使用铜锤时，要垂直于工作面敲击，同时要注意防止铜锤末掉入箱体内

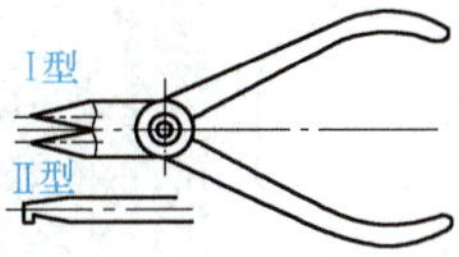

二、常用机械拆装工具的使用方法

1. 螺钉旋具的使用方法

根据螺钉头部沟槽的形状和尺寸大小选用相应的螺钉旋具，使用时如图 1-25 所示，手握旋具手柄，使其头部对准螺钉头部沟槽，向下用力，同时顺时针方向或逆时针方向旋转旋具，即可拧紧或松开螺钉。

图 1-26 所示为螺钉旋具不正确的使用方法。

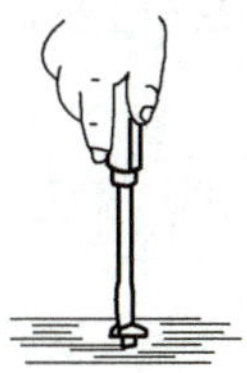

螺钉旋具的使用方法

a)　　　　b)　　　　c)

图 1-25　螺钉旋具正确的使用方法　　　　图 1-26　螺钉旋具不正确的使用方法

1）不能用锤子敲击旋具头部，如图 1-26a 所示。

2）不能拿旋具当撬棒使用，如图 1-26b 所示。

3）不能在旋具头部附近用扳手或钳子来增加扭力，如图 1-26c 所示。

2. 活扳手的使用方法

活扳手是常用的六角头螺栓或六角螺母装拆工具，其使用方法如下：

1）根据螺母或螺栓头部的尺寸，旋转调节螺杆，将活动钳口开口调整到比螺母或螺栓头部对边尺寸稍大，如图 1-27a 所示。

2）将扳手钳口套在螺栓头部或螺母上，顺时针方向或逆时针方向旋转扳手手柄，即可拧紧或松开螺栓或螺母。

3）扳手手柄不能用套管任意加长，如图 1-28 所示。

4）使用扳手时，应使扳手的活动钳口承受推力，固定钳口承受拉力，并且用力均匀。图 1-27b 所示的使用方法不正确。

a) 正确的使用方法　　　　b) 不正确的使用方法

图 1-27　活扳手的使用方法

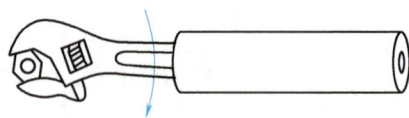

活扳手的
使用方法

图 1-28　不能用套管任意加长

3. 专用扳手的使用方法

专用扳手的使用方法与活扳手基本相同。呆扳手用于拆装一般标准规格的螺母和螺栓；梅花扳手与呆扳手用途相同，能将螺母或螺栓头部全部围住，从而保证了工作的可靠性；套筒扳手用于拆装位置狭小、特别隐蔽的螺母和螺栓；内六角扳手用于拆装标准的内六角螺钉。

4. 平头钳和尖头钳的使用方法

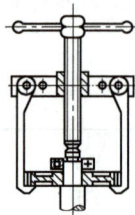

如图 1-29 所示，平头钳或尖头钳主要用来剪切线径较细的单股与多股铜线，以及给单股导线接头弯圈、剥塑料绝缘层等，能在较狭小的工作空间操作。其不带刃口者只能用于夹捏工作，带刃口者能剪切细小零件。

5. 特殊用途扳手的使用方法

特殊用途扳手的使用方法已在表 1-8 中阐述，这里不再重复。

6. 顶拔器（俗称拉模）

顶拔器主要用于顶拔轴端零件，顶拔时用顶拔器的钩头勾住被顶零件，同时转动螺杆顶住轴端面中心，用力旋转螺杆转动手柄，即可将零件缓慢拉出，如图 1-30 所示。

平头钳和尖头钳
的使用方法

图 1-29　平头钳和尖头钳的使用方法

图 1-30　顶拔器的使用方法

使用顶拔器时应使钩头尽量勾得牢固，以免打滑。顶拔时，螺杆一定要顶住轴端面中心，并且要垂直于轴端面，拧入的螺纹牙数应尽量多。拆滚动轴承时，顶拔器的钩头一定要勾住滚动轴承的内圈。

三、使用工具时的注意事项

在拆装机械结构的过程中，要使用各种工具。为避免因错误使用工具使机械结构的连接表面受损，一定要根据不同机械结构的形状及其连接方式正确选择、使用工具，切忌随意使用工具。

如图 1-31 所示，要拆卸零件上的螺纹联接，应注意以下事项。

1）根据观察的固定板上的螺钉头部沟槽形状和尺寸大小选用相应的螺钉旋具。

2）按规定顺序拆卸，即先四周后中间，或者按对角线拆卸，如图 1-31 所示。拆卸时，先将各螺钉按顺序均拧松 1~2 圈，然后再按顺序逐一拆卸，以免拧紧力矩最后集中到一个螺钉上，造成难以拆卸或使零件变形和损坏。

3）拆下的螺钉放在干净、无灰尘的场地（可放入塑料盘中以免丢失），并按拆卸的先后顺序分部位排放整齐。

4）拆卸下的有关配合表面应擦拭干净，并涂以机油。

5）要注意在拆卸前先看好零件原始的方向和位置（必要时做好记号）后再拆卸，必要时做好记录。

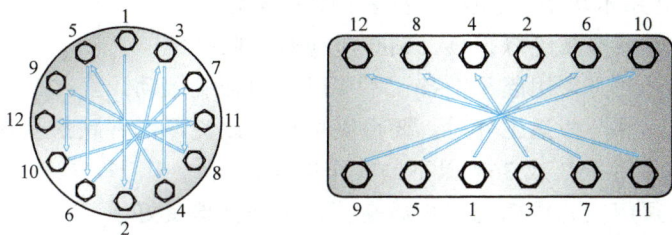

图 1-31　螺栓的拆卸顺序

任务实施

一、活动内容

本活动要求如下：

1）带领学生到实训车间进行安全教育。

2）把常用的机械拆装工具分发给学生。

3）让学生体验如何正确使用常用拆装工具。

4）讨论常用拆装工具的使用注意事项。

活动 1：掌握机械拆装的安全要求

1）在实训车间进行安全教育。在车间工作的过程中，一些设备和工具如操作使用不当，会对人身安全造成威胁。所以，在进入车间实习前要进行安全教育。

机械拆装过程中的安全知识和注意事项如下：

① 进入实训场地必须统一穿着学校指定的实习工作服，女同学戴好工作帽，不允许穿拖鞋或凉鞋，不允许戴戒指、手镯。

② 在实训场地不允许说笑打闹、大声喧哗。

③ 工作前必须检查手用工具是否正常，并按手用工具安全规定操作。

④ 拆装机床时，首先应了解机床性能、作用及各部分的重要性，按顺序拆装。

⑤ 实训场地要经常保持整洁，通道不准放置物品，废料应及时清除。

⑥ 在修理任何机床设备（如车床）前，要切断电源和相联部分（如操作杆、总线上的开关、管道等），并将机床总开关保险关闭，挂上"有人检修，禁止使用"的警告标志，防止误开机床发生事故。

⑦ 拆卸机床时应注意有弹性的零件，防止这些零件突然弹出伤人，拆卸压力机应首先放下锤头。

⑧ 工具、量具、刃具、辅助器材及工件应按规定摆放（严禁放在机床导轨上）。

⑨ 拆卸下的零部件应摆放有序，不得乱丢、乱放，能滚动的零部件应妥善放置，防止其滚动。

⑩ 协同作业时必须互相联系协调，禁止互不通气盲目行事。

⑪ 拆装机床时，手脚不得接触机床的转动部分。

⑫ 在垂直导轨上拆装进给箱、主轴箱等部件或在其下面工作时，必须将垂直导轨上的部件用吊车吊起，并用木块垫牢，防止这些部件下落伤人。

⑬ 使用手电钻时要穿戴绝缘护具，钻孔时应戴上防护镜。

⑭ 拆卸笨重机件时必须用起重设备，不要以人力强制搬动。

⑮ 装拆零件、部件与搬运工件时，要稳妥可靠，以免零部件跌落受损或伤人。

⑯ 使用行灯必须用 36V 或 36V 以下的安全电压。

⑰ 使用电钻必须用三芯或四芯定相插座，并保证接地良好。

⑱ 试车用电必须通过专业电工将电线接妥好方可进行。

⑲ 使用三脚吊架时，必须将三只脚用绳子绑住，以免滑倒。

⑳ 使用电动或手摇吊车时必须按照吊车的安全操作规程操作。

㉑ 把轴类零件插入机床进行组合时，禁止用手引导、用手探测或把手插入孔内。

㉒ 递接工具材料、零件时，禁止投掷。

㉓ 锤击零件时，受击面应垫硬木、纯铜棒或尼龙 66 棒等材料。

㉔ 修理受压设备时，应按照受压容器规定进行；使用喷灯时，严格遵守喷灯安全操作规程。

㉕ 工作完毕要做到"三清"，即场地清、设备清、工具清。

2）用考卷形式考核机械拆装过程中的安全知识。

3）签订实习安全工作协议书。

活动 2：认识机械拆装工具及其使用方法

1）分组发放机械拆装工具，清点工具并且填写工具名称、规格和数量。

2）根据教师的示范体验机械拆装工具的使用方法。

二、考核评价

根据活动内容填写考核评价表，见表1-9。

表 1-9 考核评价表

序号	考核项目	考核内容要求	配分	学生自检	学生互检	教师检测	得分
1	职业素养	文明、礼仪	5				
2		安全、纪律	10				

（续）

序号	考核项目	考核内容要求	配分	学生自检	学生互检	教师检测	得分
3	职业素养	行为习惯	5				
4		工作态度	5				
5		团队合作	5				
6	掌握机械拆装的安全要求	能正确回答教师的提问	10				
		能正确穿好工作衣裤,戴好安全帽,穿工作鞋	10				
		能正确解答安全知识考试题	10				
		签订实习安全工作协议书,并且有家长(或监护人)知晓的签字	10				
7	认识机械拆装工具及其使用方法	能正确填写工具名称、规格和数量	15				
		能正确、合理地使用机械拆装工具	15				
	综合评价						

任务四　机械设备的使用与维护

任务描述

机械设备使用期限的长短、生产率和工作精度的高低，虽然取决于机械设备本身的结构精度和性能，但在很大程度上也取决于其使用和维护情况。正确使用机械设备，可以保持设备良好的技术状态，防止发生非正常磨损和避免突发性故障，延长其使用寿命，提高使用效率；精心维护设备则对设备起着"保健"作用，可改善其技术状态，延缓劣化进程。为此，必须明确生产部门与使用人员对设备进行使用维护的责任与工作内容，建立必要的规章制度，以确保各项设备使用维护措施的贯彻执行。本任务的目的就是学习通用机械设备的使用与维护知识，从而建立起正确、合理、规范的使用通用机械设备的习惯。

知识链接

机械设备的使用和维护工作包括：制订并完善设备技术状态完好的标准、设备使用的基本要求和设备操作维护规程，进行设备的日常维护与定期维护，开展设备点检、设备润滑、设备状态监测和故障诊断、设备维修等方面的工作。

一、机械设备的使用

机械设备在负荷下运转并发挥其规定功能的过程即为使用过程。机械设备在使用过程中，由于受到各种力的作用和环境条件、使用方法、工作规范、工作持续时间长短等因素的影响，其技术状态会发生变化，从而逐渐降低其工作能力。要控制这一时期的技术状态变化，延缓机械设备工作能力下降的进程，除应创造适合机械设备工作的环境条件外，还要采用正确、合理的使用方法和允许的工作规范，控制机械设备的持续工作时间，精心维护机械设备。这些措施都要由机械设备操作者来执行，他们直接使用机械设备，最先接触和感受机械设备工作能力的变化情况。因此，正确使用是控制机械设备技术状态变化和延缓机械设备工作能力下降的重要保证。

1. 使用机械设备前的准备工作

新的机械设备投入正常运行前，必须做好以下准备工作。

1）编制必要的技术资料。如设备操作规程、设备档案、设备的润滑图表、设备的点检卡片和设备操作保养袋。

2）配备必需的检查和维护工具。

3）全面检查设备的安装精度、性能及安全装置，向操作者点交设备附件。

2. 机械设备的使用程序

（1）分级　上岗前将操作工人分为三级（公司、车间、班组）进行技术安全教育。

（2）实行定人定机制度　严格岗位责任，实行定人定机制度，以确保正确使用设备和落实日常维护工作。

（3）操作证管理制度　设备操作证是准许操作工人独立使用设备的证明文件，是生产设备的操作工人通过技术基础理论和实际操作技能培训，经考试合格后所取得的。凭证操作是保证正确使用设备的基本要求。

（4）对机械设备操作工人定期进行基本功培训　我国企业机械设备管理的特点之一就是实行"专群结合"的设备使用维护管理制度，该制度首先要求抓好机械设备操作者的基本功培训，包括"三好""四会"和操作的"五项纪律"等。

1）对设备操作工人的"三好"要求。

① 管好设备：操作者应负责管好自己使用的设备，未经领导同意不准他人操作、使用。

② 用好设备：严格贯彻操作维护规程和工艺规程，不超负荷使用设备，禁止不文明操作。

③ 修好设备：设备操作工人要配合维修工人修理设备，及时排除设备故障，按计划交修设备。

2）对设备操作工人的"四会"要求。

① 会使用：操作者应先学习设备操作维护规程，熟悉设备性能、结构和传动原理，弄懂加工工艺和工装刀具，正确使用设备。

② 会维护：学习和执行设备维护、润滑规定，上班加油，下班清扫，经常保持设备内外清洁、完好。

③ 会检查：了解自己所用设备的结构、性能及易损零件的部位，熟悉日常点检、完好检查的项目、标准和方法，并能按规定要求进行日常点检。

④ 会排除故障：熟悉所用设备的特点，懂得拆装注意事项及鉴别设备正常与异常的方法，会进行一般的调整和简单故障的排除，自己不能解决的问题要及时报告，并协同维修人员进行排除。

3）对设备操作工人的"五项纪律"要求。

① 实行定人定机，凭操作证使用设备，遵守安全操作规程。

② 经常保持设备整洁，按规定加油，保证合理润滑。

③ 遵守交接班制度。

④ 管好工具和附件，不得损坏和遗失。

⑤ 发现异常立即停机检查，自己不能处理的问题应及时通知有关人员进行检查处理。

3. 机械设备使用责任制

定人定机台账一旦确定，操作工人对所操作的设备即负有一定的责任。

4. 交接班制度

交接班制度是指生产车间的操作工人在操作设备时交接班应遵守的制度。主要生产设备为多班制生产时，必须执行交接班制度，其主要内容如下：

1）交班人在下班前除完成日常维护外，必须将本班设备运转情况、运行中发现的问题、故障维修情况等详细记录在交接班记录簿上，并应主动向接班人介绍本班生产和设备情况，双方当面检查，交接完毕后在记录簿上签字。如属连续生产或加工不允许中途停机者，可在运行中完成交接班手续。

2）接班工人不能及时接班时，交班人可在做好日常维护工作的同时，将操纵手柄置于安全位置，并将运行情况及发现的问题详细地记录好，交生产班长签字代接。

3）接班工人如发现设备有异常情况、记录不清、情况不明和设备未清扫时，可以拒绝接班。如交接不清，设备在接班后发现问题，由接班人负责。

4）对于一班制生产的主要设备，虽不进行交接班，但也应在设备发生异常情况时填写运行记录，记载故障情况，特别是要记载重点设备的运行情况，以便掌握设备的技术状态信息，为检修提供依据。

二、机械设备的维护

机械设备的维护是操作工人为了保持设备的正常技术状态，延长其使用寿命所必须进行的日常工作，也是操作工人的主要责任之一。机械设备的维护工作做好了，可以减少停工损失和维修费用，降低产品成本，保证产品质量，提高生产率，给国家、企业和个人都带来良好的经济效益。因此，企业必须重视和加强这方面的工作。

1. 机械设备维护的要求

机械设备维护必须达到下面四项要求。

（1）整齐　工具、工件、附件放置整齐，零部件及安全防护装置齐全，线路、管道完整。

（2）清洁　设备内、外清洁，各滑动面、丝杠、齿条等无黑油污和碰伤，各部位不漏油、不漏水、不漏气、不漏电，切屑和垃圾清扫干净。

（3）润滑　按时加油、换油，油质符合要求，油壶、油枪、油杯、油嘴齐全，油毡、油线清洁，油标明亮，油路畅通。

（4）安全　实行定人定机和交接班制度，熟悉设备结构，遵守操作维护规程，合理使用、精心维护、监测异状、不出事故。

2. 机械设备维护的内容

机械设备的维护分为日常维护和定期维护两类。

（1）机械设备的日常维护　机械设备日常维护包括每班维护和周末维护两种，主要由操作者负责进行，电气部分由维修电工负责。每班维护要求操作工人在每班生产中必须做到：班前对设备各部位进行检查，并按规定加油润滑；规定的点检项目应在检查后记录到点检卡上，确认正常后才能使用设备；设备运行中要严格按操作规程正确使用设备，注意观察其运行情况，发现异常要及时处理；操作者不能排除的故障应通知维修工人检修并由维修工在故障修理单上做好检修记录；下班前15min左右认真清扫、擦拭设备，并将设备情况记录在交接班记录簿上，办理交接班手续。周末维护主要是要求在每周末和节假日前，用1~2h对设备进行较彻底的清扫、擦拭和涂油，并按机械设备维护四项要求进行检查评定，予以考核。

日常维护是机械设备维护的基础工作必须做到制度化和规范化。

（2）机械设备的定期维护　机械设备的定期维护是在维修工指导下，由操作者进行的定期维护工作，是设备管理部门以计划形式下达执行的。两班制生产的设备约三个月进行一次定期维护，干磨多尘设备每月进行一次定期维护，其作业时间按设备复杂系数计算，视设备的结构情况而定，精密、大型、稀有、关键设备的维护和要求另行规定。设备定期维护的主要内容如下：

1）拆卸指定的部件、箱盖及防护罩等，彻底清洗、擦拭设备。

2）检查、调整各部配合间隙，紧固松动部件，更换个别易损件。

3）疏通油路，增添润滑油，清洗过滤器、油毡、油线、油标，更换切削液，清洗切削液箱。

4）清洗导轨及滑动面，清除毛刺。

5）清扫、检查、调整电气线路及装置（由维修电工负责）。

机械设备通过定期维护后，必须达到内外清洁、呈现本色、油路畅通、油标明亮，操作灵活、运转正常的要求。

3. 建立机械设备操作维护规程

机械设备操作维护规程是指导工人正确使用和维护设备的技术性规范。它包括设备的主要规格、加工范围、传动系统图、润滑图表、操作要领以及定期维护等内容，可按同类设备或单台设备制订。机械设备操作维护规程是属于操作技术方面的，安全规程是属于生产方面的，在一般情况下将两者合并，统称安全技术操作维护规程。每个操作者必须严格遵守机械设备操作维护规程，以保证设备正常运行，减少故障，防止事故的发生。

4. 对机械设备定期进行检查评比

对机械设备定期进行检查评比，主要是对设备操作者是否合理使用设备及对日常（周末）维护情况的检查。表1-10为某企业机械切削机床维护工作检查评分标准。

表1-10　某企业机械切削机床维护工作检查评分标准

项目	检　查　内　容	满分	项目	检　查　内　容	满分
清洁 40 分	1. 外观无灰尘、油垢，呈现本色	10	整齐 20 分	1. 应有的螺钉、螺母、标牌、灯罩、手柄、手球等均齐全	4
	2. 各润滑面和导轨、丝杠、齿条、镗杆等无油黑及锈蚀	15		2. 各手柄运转灵活，无绳索捆绑与附加物	4
	3. 内部各润滑面及啮合件无油黑、油垢	4		3. 附件、工具摆放整齐	4
	4. 所有盖罩内部无杂物、灰尘、油垢	3		4. 电气装置及线路完整、良好	4
	5. 各部无"四漏"，周围地面干净	4		5. 工件、毛坯、脚踏板摆放整齐、合理	4
	6. 所有电气装置内均无灰尘、杂物	4			

（续）

项目	检查内容	满分	项目	检查内容	满分
润滑 25 分	1. 油壶、油枪、油桶有固定位置,清洁好用	4	安全 15 分	1. 定人、定机,有操作证,多班制生产,有交接班簿,记录齐全	5
	2. 油质良好,无铁屑、杂物	5		2. 各限位开关、信号及安全防护装置齐全,灵敏可靠	5
	3. 油孔、油嘴、油杯齐全,完整好用,油毡、油线、过滤器清洁,各滑动面润滑良好	6		3. 各电气装置绝缘良好,接地可靠,有安全照明	5
	4. 润滑油路畅通,切削液清洁	5			
	5. 油标醒目、明亮,油池有油,油线齐全,放置合理	5			

注：满分为 100 分，85 分为合格。

任务实施

设备操作
维护规程

一、活动内容

本活动要求如下：
1）认真观看通用机械设备使用与维护的宣传片。
2）讨论为何要对通用机械设备进行使用维护。
3）牢固掌握"三好""四会"和"五项纪律"的技能要求。
4）学会对机械设备进行日常维护和定期维护的技能。

活动1：讨论通用机械设备使用与维护的要求

1）观看通用机械设备使用与维护的宣传片。
2）讨论为何要对通用机械设备进行使用维护。
3）讨论如何做到"三好""四会"和"五项纪律"。

活动2：实操维护保养工作

1）在实训车间对通用切削机床设备（如车床）进行一次维护保养。
2）同学之间按照表1-10中的维护工作检查评分标准互相进行检查评分。

二、考核评价

根据活动内容填写考核评价表，见表1-11。

表 1-11　考核评价表

序号	考核项目	考核内容要求	配分	学生自检	学生互检	教师检测	得分
1	职业素养	文明、礼仪	5				
2		安全、纪律	10				
3		行为习惯	5				
4		工作态度	5				
5		团队合作	5				
6	讨论通用机械设备使用与维护的要求	能正确回答教师的提问	10				
		懂得"三好""四会"技能	10				
		掌握"五项纪律"的内容	10				
7	实操维护保养工作	能正确对通用切削机床设备进行维护保养	30				
		能按照表1-10的内容认真进行互评	10				
	综合评价						

项目二

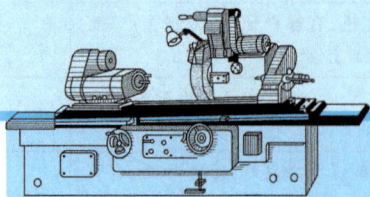

车床机械结构及维护

项 目 描 述

　　车床是机械行业中使用最为广泛的一类机床，其在机械制造企业中的使用量占切削加工机床总数的 25%~50%，甚至更多。车床中的机械结构在机械中是比较典型的结构，如变速操纵机构、双向式多片摩擦离合器和制动机构等。本项目主要学习车床的工作原理和机械传动结构，并且通过两个具体的拆装实训来掌握常用机械结构中箱体、导轨副的拆装与维护技能。

学习目标

一、知识目标

1. 了解车床的工作范围、工作原理和传动系统。
2. 掌握车床机械结构的特点。

二、技能目标

1. 能正确描述车床主轴箱、进给箱、溜板箱的相互传动关系。
2. 会识别车床各部件的作用。
3. 会识读和分析车床传动系统图。
4. 掌握机械结构中箱体的拆装与维护技能。
5. 掌握机械结构中导轨副的拆装与维护技能。

任务一　　认识车床的工作过程

任务描述

　　图 2-1 所示为卧式车床的外形图。车床是以主轴带动零件旋转做主运动，刀架带动刀具

移动做进给运动来完成零件与刀具之间的相对
运动的一类机床。通过本任务的学习，将了解
车床的工作范围，车床整个传动系统的运动规
律，通过实际操作车床三大箱（主轴箱、进给
箱、溜板箱）的操纵手柄，可理解车床各个部
件的运动关系，更加牢固地掌握车床的工作
原理。

知识链接

图 2-1　卧式车床的外形图

一、车床的工作范围

车床的工作范围一般是指它的加工工艺范围。车床的加工工艺范围很
广，可以进行多种表面的加工：可车削各种轴类、盘套类的回转表面，如
内、外圆柱面和圆锥面；可车削环槽及成形回转面；还可车削端面，也可以
进行钻孔、扩孔、铰孔、车螺纹、滚花等加工；若配合一些功能附件，还可
实现很多的加工工艺，见表 2-1。此外，利用车床还能完成车偏心轴、镗削
箱体、车多边形、拉油槽、卷弹簧等工序。

车床的
加工范围

表 2-1　卧式车床所能加工的典型表面

表面类型	示　意　图			
外圆柱面和端面的加工	车端面 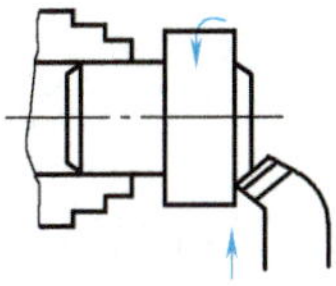	车外圆 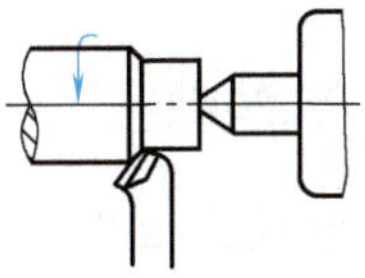	外圆滚压 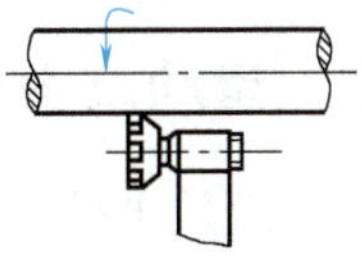	外圆滚花 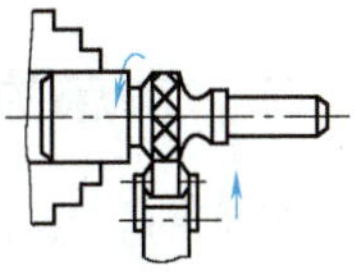
内圆柱面的加工	钻孔 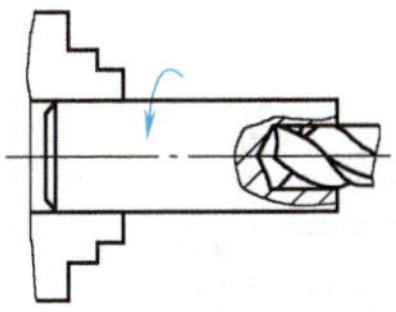	铰孔 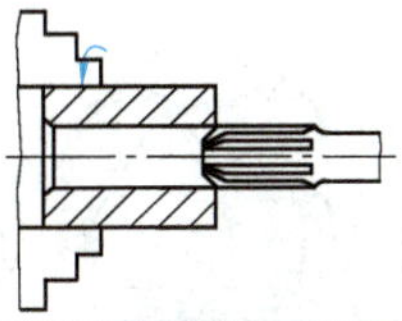	车孔 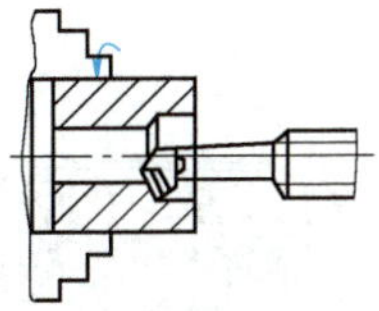	内圆滚压 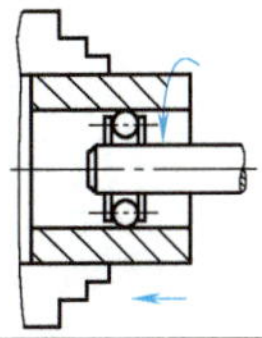
螺旋面的加工	车外螺纹 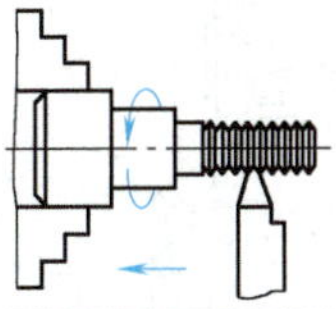	车内螺纹 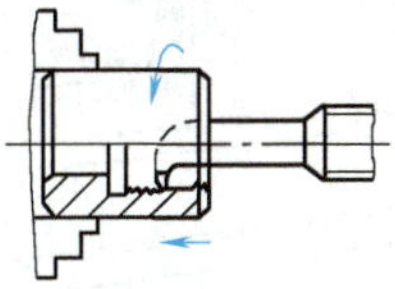	旋风车螺纹 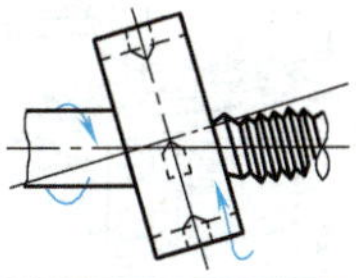	攻内螺纹 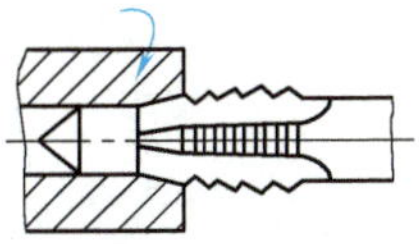
切断、车槽	车外槽 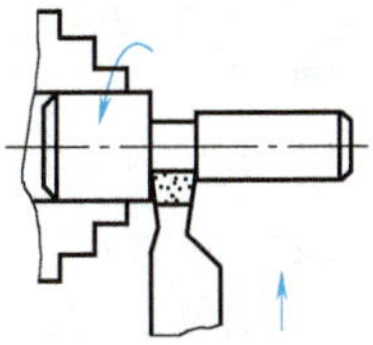	切断 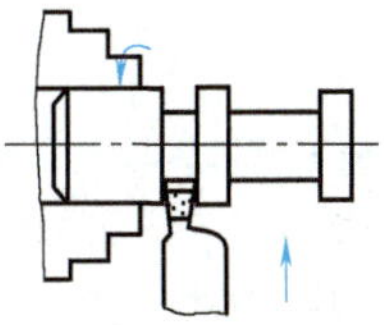	车内槽 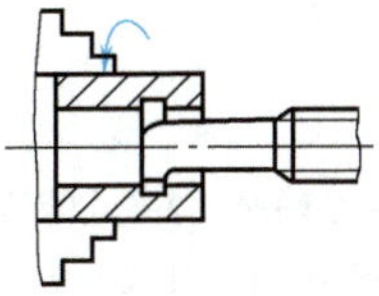	车端面槽 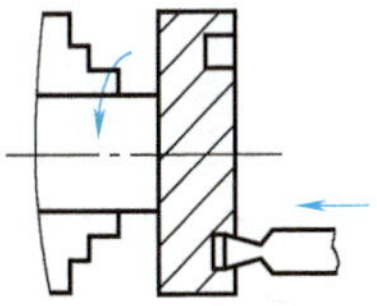

（续）

表面类型	示意图			
锥面、球面、椭圆柱面的加工	车锥面 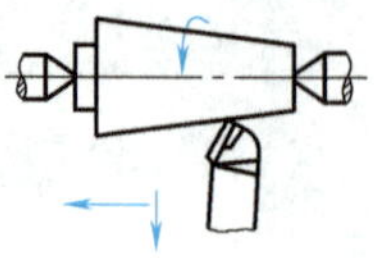	车外球面 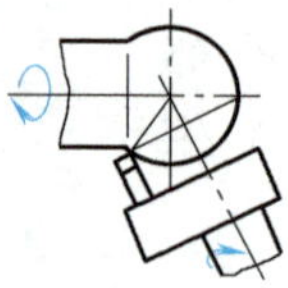	车内球面 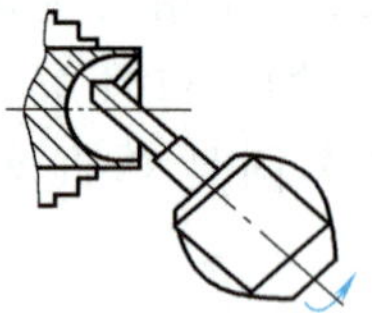	车椭圆柱面 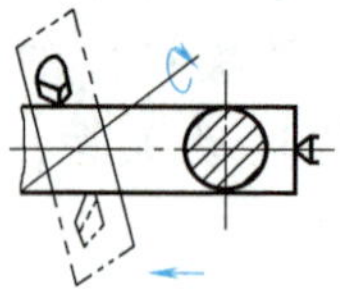
成形表面的加工	成形车削 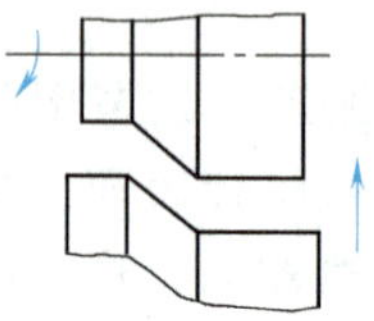	同轴靠模车削 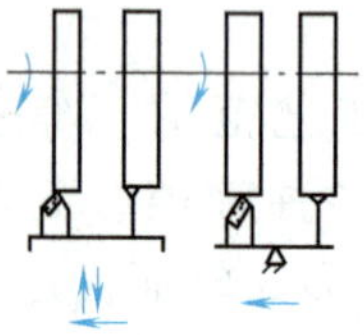	仿形车削 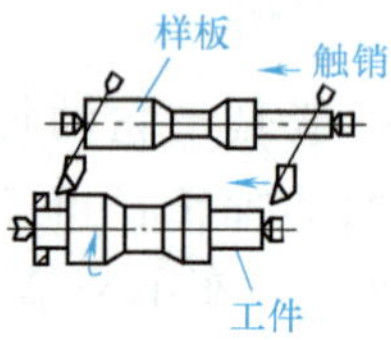 样板　触销 工件	车削曲面 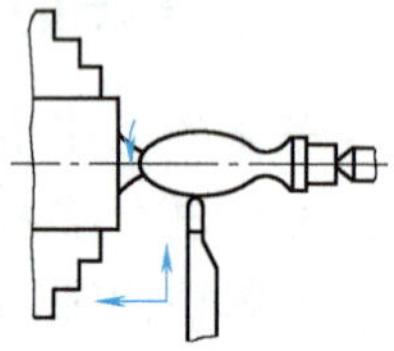

注：内外圆滚压、滚花、钻孔、铰孔、旋风车螺纹、攻内螺纹等不属于车削加工，属于车床上可加工的工序。

表 2-1 中，有些工艺的实现方法不止一种。如车锥面，可转动刀架回转滑座，利用手动进给，车削锥度大、长度短的内、外圆锥体；可偏置尾座，车削锥度较小、长度较长的外圆锥体；利用成形车刀，车削长度较短的圆锥体；可均匀地转动溜板箱纵横向进给手轮，车削较粗糙的圆锥体；利用仿形附件车削圆锥体等。

二、车床的组成、运动及主要技术参数

车床的类型有很多，但其机械结构和组成都很相似，其中具有代表性并且使用较广泛的典型车床是 CA6140 型卧式车床，如图 2-2 所示，因此本项目以 CA6140 型卧式车床为例。

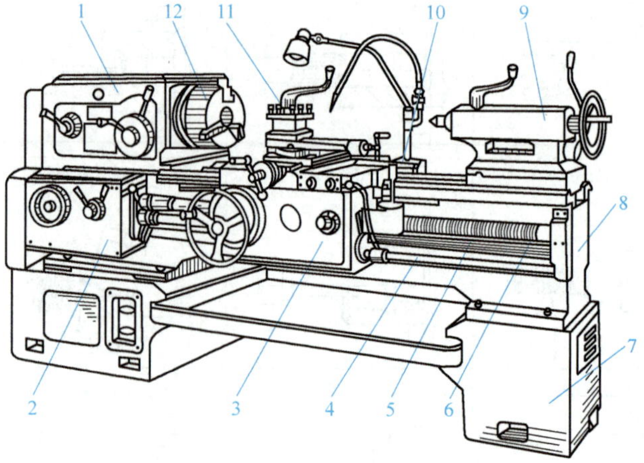

图 2-2 CA6140 型卧式车床外形图

1—主轴箱　2—进给箱　3—溜板箱　4—开关杠　5—光杠　6—丝杠
7—床腿　8—床身　9—尾座　10—溜板　11—方刀架　12—自定心卡盘

1. 卧式车床的组成

CA6140型卧式车床的组成和各部件的作用见表2-2。

表 2-2　CA6140 型卧式车床的组成和各部件的作用

序号	部件名称	主 要 作 用
1	主轴箱	用于支承主轴,并安装主轴的传动、变速装置,使主轴获得各种不同的转速,以实现主切削运动
2	进给箱	能使刀架获得各种不同的进给量,以实现刀具的进给运动,完成各种不同螺距的螺纹的加工或改变机动进给的进给量。它的运动从主轴箱传入,然后由丝杠或光杠传出
3	溜板箱	用于将进给箱传来的运动传递给刀架,使刀架实现纵、横向机动进给、车螺纹或快速移动。溜板箱与溜板相连,可沿床身上的导轨移动
4	开关杠	用于控制机床的启动或停止。有些机床无开关杠,而是直接用按钮启动或停止
5	光杠	在车削内、外圆表面或端面时用于带动大溜板的纵向移动中溜板的横向移动
6	丝杠	在车削螺纹时,丝杠使溜板、刀架按要求的速度移动
7	床腿	主要用于支承床身。有些车床的切削液箱、电动机座和配电盘等也设计在床腿内,充分利用其空间
8	床身	是机床的基本支承件,机床的各主要部件都安装在床身上,并保证各部件间具有准确的相对位置关系和相对运动关系
9	尾座	位于床身的尾座导轨上,可沿此导轨纵向调整位置。在尾座套筒孔内可安装顶尖或钻头,用于支承工件或钻孔等
10	溜板	溜板共分三层,大溜板在下,向上依次为中溜板、小溜板。大溜板可沿床身导轨纵向移动,用于车削较长的工件;中溜板又称横溜板,用于横向车削,如车端面;小溜板用于纵向车削较短的工件,如短锥形工件
11	方刀架	用于装夹刀具
12	自定心卡盘	用于夹持工件

另外,普通车床还有其他一些部件和附件,如单动卡盘、中心架和跟刀架等,如图2-3所示。

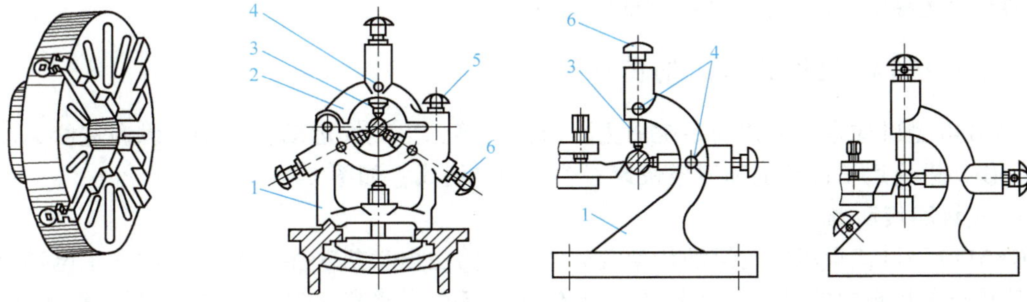

a) 单动卡盘　　　　　b)中心架　　　　　c)跟刀架

图 2-3　车床部件和附件

1—架座　2—架盖　3—支承爪　4—紧固螺钉　5—螺母　6—捏手

2. 车床的运动

(1) 主运动　车床的主运动是指主轴的旋转运动。由于主轴上装有卡盘,用于装夹工件,因此车床的主运动一般又可认为是工件的旋转运动。

（2）进给运动　车床的进给运动是指刀具的直线移动。其中，刀具平行于工件旋转轴线方向的移动称为纵向进给运动，刀具与工件旋转轴线成垂直方向的移动称为横向进给运动。

（3）辅助运动　辅助运动是指为实现机床辅助工作而必需的运动。如切削前后刀具或工件的快速趋近和退回运动，开机、停机、变速、变向等控制运动，装卸、夹紧、松开工件的运动等。

辅助运动虽然并不参与表面成形过程，但对机床整个加工过程却是不可缺少的，同时对机床的生产率和加工精度有重大影响。在卧式车床上，这些运动通常由操作者用手工操作来完成。

3. 车床的主要技术参数

卧式车床的第一主参数是指床身上能安装被加工零件的最大回转直径，第二主参数是指最大加工长度。此外，卧式车床的技术参数还有主轴的转速范围、主轴孔的最大棒料直径、主轴中心线到床身矩形导轨的距离（中心高）、刀架上最大回转直径、车螺纹及蜗杆的范围、进给量范围和主电动机功率等。

CA6140 型卧式车床的主要技术参数如下：

床身上最大工件（能安装被加工零件）回转直径：$D = 400\text{mm}$；

最大工件长度：750mm、1000mm、1500mm、2000mm；

最大车削长度：650mm、900mm、1400mm、1900mm；

刀架上最大工件回转直径：$D_1 = 210\text{mm}$；

主轴中心高：$H = 205\text{mm}$；

主轴内孔直径：$d = 48\text{mm}$；

主轴中心孔前端锥度：莫氏 6 号；

主轴转速：正转 24 级，$n = 10 \sim 1400\text{r/min}$；反转 12 级，$n = 14 \sim 1580\text{r/min}$；

进给量：纵向进给量 $f_{\text{纵}} = 0.028 \sim 6.33\text{mm/r}$，横向进给量 $f_{\text{横}} = 0.5 f_{\text{纵}}$；

溜板及刀架纵向快移速度：$v_{\text{快}} = 4\text{m/min}$；

车削螺纹的范围：米制螺纹 44 种，寸制螺纹 20 种，模数螺纹 39 种，径节螺纹 37 种；

主电动机：7.5kW，1450r/min；

溜板快速移动电动机：370W，2600r/min。

三、CA6140 型卧式车床的传动系统

CA6140 型卧式车床的传动系统由主运动传动链、车螺纹运动传动链、纵向进给运动传动链、横向进给运动传动链和刀架快速移动传动链组成，如图 2-4 所示。

1. 主运动传动链

CA6140 型卧式车床的主运动传动链的两端件为主电动机和主轴Ⅵ。运动由主电动机经传动带传至主轴箱中的轴Ⅰ。在轴Ⅰ上装有双向多片摩擦离合器 M_1，它控制主轴的起动、停止和换向。离合器左半部接合时，主轴正转；右半部接合时，主轴反转；左右都不接合时，轴Ⅰ空转，主轴Ⅵ停转。当 M_1 向左接合时，轴Ⅰ的运动经 M_1 左部摩擦片及齿轮副 $\frac{56}{38}$ 或 $\frac{51}{43}$ 传给轴Ⅱ。当 M_1 向右接合时，轴Ⅰ的运动经 M_1 右部摩擦片及齿轮 z_{50} 传给轴Ⅶ上的齿轮 z_{34}，然后传给轴Ⅱ的齿轮 z_{30}，使轴Ⅱ的转向与 M_1 向左接合时的转向相反。轴Ⅱ的运动

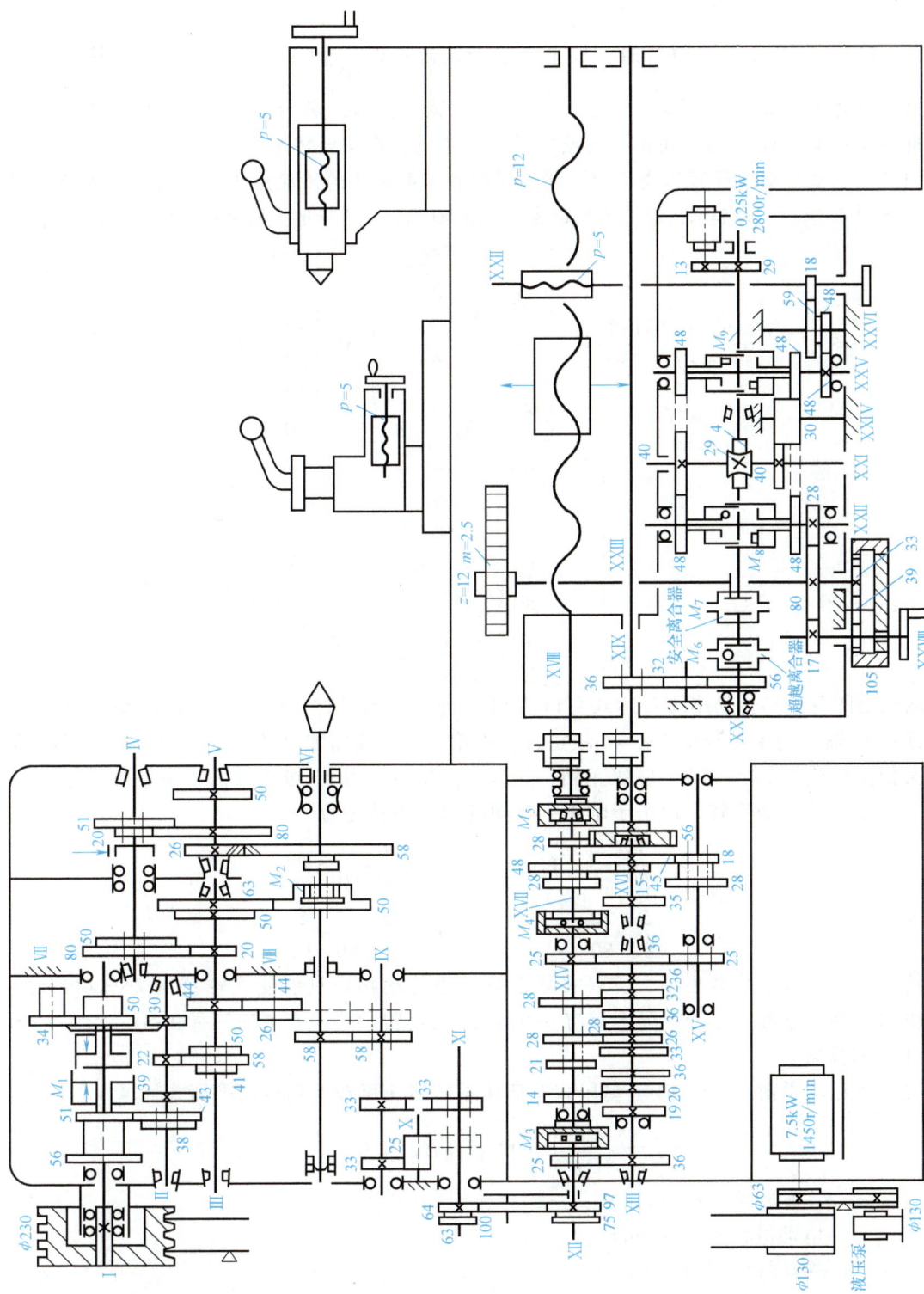

图 2-4　CA6140 型卧式车床的传动系统

可分别通过三对齿轮副 $\dfrac{22}{58}$、$\dfrac{30}{50}$ 或 $\dfrac{39}{41}$ 传给轴 Ⅲ。轴 Ⅲ 的运动分两路传给主轴 Ⅵ：一路为主轴 Ⅵ 上的滑动齿轮 z_{50} 处于左端位置时，轴 Ⅲ 的运动经齿轮副 $\dfrac{63}{50}$ 直接传给主轴 Ⅵ，使其高速运转；另一路为主轴 Ⅵ 上的滑移齿轮 z_{50} 处于右端位置，使齿式离合器 M_2 接合时，轴 Ⅲ 的运动经 Ⅲ—Ⅳ—Ⅴ—Ⅵ 间的背轮机构传给主轴，使主轴获得中低转速。

（1）主运动传动路线表达式　为了便于说明和了解机床的传动路线，通常用传动结构式（或传动路线表达式）来表示机床的传动路线。CA6140 型卧式车床的主运动传动路线表达式为

$$\text{电动机}\begin{pmatrix}7.5\text{kW}\\1450\text{r/min}\end{pmatrix}-\dfrac{\phi130}{\phi230}-\text{I}-\begin{bmatrix}\overleftarrow{M_1}\text{左}-\begin{bmatrix}\dfrac{56}{38}\\\dfrac{51}{43}\end{bmatrix}\\\overrightarrow{M_1}\text{右}-\dfrac{50}{34}-\text{Ⅶ}-\dfrac{34}{30}\end{bmatrix}-\text{Ⅱ}-\begin{bmatrix}\dfrac{39}{41}\\\dfrac{22}{58}\\\dfrac{30}{50}\end{bmatrix}-\text{Ⅲ}-$$

$$\begin{bmatrix}\dfrac{63}{50}-\overleftarrow{M_2}\text{左}\\\begin{bmatrix}\dfrac{20}{80}\\\dfrac{50}{50}\end{bmatrix}-\text{Ⅳ}-\begin{bmatrix}\dfrac{20}{80}\\\dfrac{51}{50}\end{bmatrix}-\text{Ⅴ}-\dfrac{26}{58}-\overrightarrow{M_2}\text{右}\end{bmatrix}-\text{Ⅵ（主轴）}$$

从以上的分析和传动路线表达式可以看出，当主轴正转时，由第一条传动路线（Ⅰ—Ⅱ—Ⅲ—Ⅳ 轴）使主轴获得 2×3＝6 级正转；由第二条传动路线（Ⅰ—Ⅱ—Ⅲ—Ⅳ—Ⅴ—Ⅵ 轴）又使主轴获得 2×3×2×2＝24 级正转，这样，主轴可获得 30 级正转。当主轴反转时，可获得 3+3×2×2＝15 级反转。但由于轴 Ⅲ—Ⅴ 间的四种传动比为

$$U_1=\dfrac{50}{50}\times\dfrac{51}{50}\approx1 \qquad U_3=\dfrac{20}{80}\times\dfrac{51}{50}\approx\dfrac{1}{4}$$

$$U_2=\dfrac{50}{50}\times\dfrac{20}{80}=\dfrac{1}{4} \qquad U_4=\dfrac{20}{80}\times\dfrac{20}{80}=\dfrac{1}{16}$$

其中，U_2 和 U_3 基本相等，所以实际上第二条传动路线只能使主轴获得 2×3×(2×2-1)＝18 级正转，这样，主轴实际上只有 6+18＝24 级正转。同理，主轴只有 3+3×(2×2-1)＝12 级不同的反转。

（2）主运动平衡式　CA6140 型卧式车床主轴的转速可按下列运动平衡式计算

$$n_\text{主}=n_\text{电}\dfrac{D_1}{D_2}(1-\varepsilon)U_{\text{I}-\text{Ⅱ}}U_{\text{Ⅱ}-\text{Ⅲ}}U_{\text{Ⅲ}-\text{Ⅳ}}$$

式中　$n_\text{主}$——主轴转速（r/min）；

$\quad\quad n_\text{电}$——电动机转速（r/min）；

$\quad\quad D_1$——主动带轮直径（mm）；

$\quad\quad D_2$——从动带轮直径（mm）；

$\quad\quad \varepsilon$——V 带的滑动系数，一般 $\varepsilon=0.02$；

$U_{Ⅰ-Ⅱ}$、$U_{Ⅱ-Ⅲ}$、$U_{Ⅲ-Ⅵ}$——分别为轴Ⅰ—Ⅱ、Ⅱ—Ⅲ、Ⅲ—Ⅵ间的可变传动比。

主轴反转时，轴Ⅰ—Ⅱ间的传动比大于正转时的传动比，故反转转速高于正转转速。主轴反转主要用于车螺纹过程中，在不断开主轴和刀架间传动联系的情况下，使刀架退回起始位置，采用较高的转速，可节省辅助时间。

（3）主传动系统的转速分布图　CA6140型卧式车床的主轴最高转速 $n_{max} \approx 1400 \text{r/min}$，最低转速 $n_{min} \approx 10 \text{r/min}$。在主轴最高及最低转速范围内，各级转速按等比级数排列，等比级数的公比为1.25。主传动系统的转速分布图如图2-5所示。

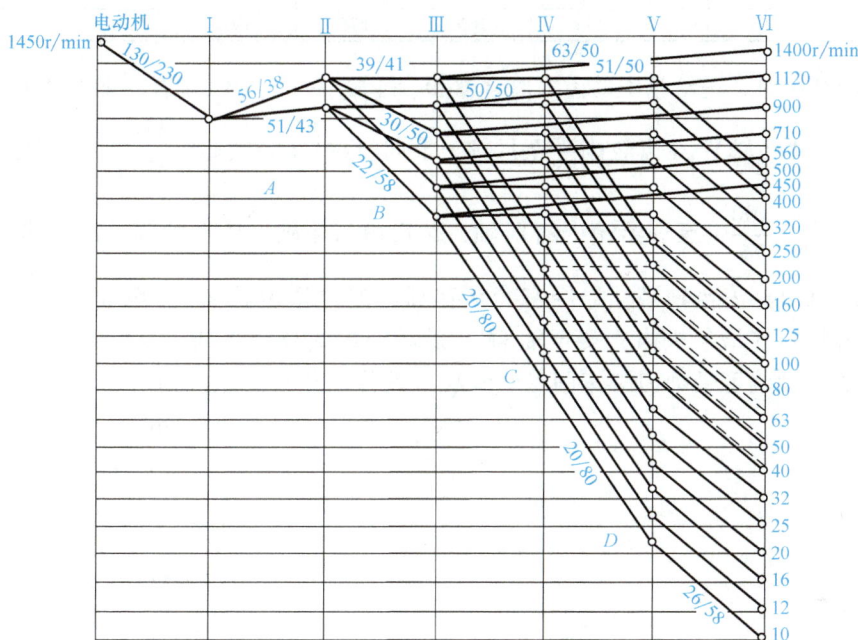

图 2-5　主传动系统的转速分布图

2. 车螺纹传动链

CA6140型车床能车削常用的米制、寸制、模数制、径节制四种标准的左、右旋螺纹，还可车削大导程螺纹、非标准螺纹和较精密的左、右旋螺纹。

车削螺纹时，必须严格保证主轴每转一转，刀具应均匀地移动被加工螺纹一个导程的距离。螺纹传动链的两端件是主轴和刀架，由此可列出车螺纹传动链的运动平衡式为

$$I_{(主轴)} U_X T_丝 = T_工$$

式中　$I_{(主轴)}$——主轴箱的主传动比；

　　　　U_X——主轴至丝杠之间全部传动机构的总传动比；

　　　　$T_丝$——机床丝杠的导程，CA6140型车床的 $T_丝 = 12 \text{mm}$；

　　　　$T_工$——被加工螺纹的导程（mm）。

为了车削不同标准和不同导程的各种螺纹，必须对车螺纹传动链进行适当调整，使 U_X 做相应的改变。

（1）车削米制螺纹　米制螺纹是国家标准规定采用的常用螺纹。由表2-3可以看出，米

制螺纹螺距数列是按等差数列的规律排列的，又是按等比数列分段的，其公比 $\phi=2$。

表 2-3　米制螺纹标准螺距

分段	标准螺距/mm							各段等差值/mm
一	1	1.25	1.5	1.75	2	2.25	2.5	0.25
二	3	3.5	4	4.5	5	5.5	6	0.5
三	7	8	9	10	11	12		1
四	14	16	18	20	22	24		2
五	28	2	36	40	44	48		4
六	56	64	72	80	88	96		8
七	112	118	144	160	176	192		16

车削米制螺纹时，进给箱中的齿式离合器 M_3 和 M_4 脱开，M_5 接合，如图 2-4 所示，其传动路线为：运动由主轴Ⅵ 经齿轮副 $\frac{58}{58}$ 至Ⅸ轴、换向机构（车右旋螺纹 $\frac{33}{33}$，车左旋螺纹 $\frac{33}{25}\times\frac{25}{33}$）、交换齿轮机构 $\frac{63}{100}\times\frac{100}{75}$ 传至进给箱中的Ⅻ轴，然后由齿轮副 $\frac{25}{36}$ 传至轴ⅩⅢ，经滑移齿轮变速机构（基本螺距机构）传至轴ⅩⅣ，再经空套在轴ⅩⅢ上的过桥齿轮 z_{36} 传至轴ⅩⅤ，再经轴ⅩⅤ—ⅩⅦ 之间的滑移齿轮副（增倍机构）传至轴ⅩⅦ，最后经齿式离合器 M_5 传至丝杠ⅩⅧ。当闭合螺母时，主轴的运动就可带动刀架车削米制螺纹。其传动路线表达式为

$$\text{主轴Ⅵ}-\frac{58}{58}-\text{Ⅸ}-\begin{bmatrix}\dfrac{33}{33}\\(\text{右旋螺纹})\\\dfrac{33}{25}\times\dfrac{25}{33}\\(\text{左旋螺纹})\end{bmatrix}-\text{Ⅺ}-\frac{63}{100}\times\frac{100}{75}-\text{Ⅻ}-\frac{25}{36}-\text{ⅩⅢ}-\begin{bmatrix}\dfrac{26}{28}\\\dfrac{28}{28}\\\dfrac{32}{28}\\\dfrac{36}{28}\\\dfrac{19}{14}\\\dfrac{20}{14}\\\dfrac{33}{21}\\\dfrac{36}{21}\end{bmatrix}-\text{ⅩⅣ}$$

$$-\frac{25}{36}\times\frac{36}{25}-\text{ⅩⅤ}-\begin{bmatrix}\dfrac{28}{35}\times\dfrac{35}{28}\\\dfrac{18}{45}\times\dfrac{35}{28}\\\dfrac{28}{35}\times\dfrac{15}{48}\\\dfrac{18}{45}\times\dfrac{15}{48}\end{bmatrix}-\text{ⅩⅦ}-M_5-\text{ⅩⅧ（丝杠）}-\text{刀架}$$

进给箱中轴XIII至轴XIV间的滑移变速机构是获得各种螺距的基本机构，通常称为基本螺距机构，或称基本组。这一机构可以变换如下八种不同的传动比，以近似于等差数列的规律排列

$$U_{基1}=\frac{26}{28}=\frac{6.5}{7} \qquad U_{基5}=\frac{19}{14}=\frac{9.5}{7}$$

$$U_{基2}=\frac{28}{28}=\frac{7}{7} \qquad U_{基6}=\frac{20}{14}=\frac{10}{7}$$

$$U_{基3}=\frac{32}{28}=\frac{8}{7} \qquad U_{基7}=\frac{33}{21}=\frac{11}{7}$$

$$U_{基4}=\frac{36}{28}=\frac{9}{7} \qquad U_{基8}=\frac{36}{21}=\frac{12}{7}$$

进给箱中轴XV到轴XVII之间又有如下四种不同的传动比

$$U_{倍1}=\frac{18}{45}\times\frac{15}{48}=\frac{1}{8} \qquad U_{倍3}=\frac{18}{45}\times\frac{35}{28}=\frac{1}{2}$$

$$U_{倍2}=\frac{28}{35}\times\frac{15}{48}=\frac{1}{4} \qquad U_{倍4}=\frac{28}{35}\times\frac{35}{28}=1$$

上述四种传动比成倍数排列。这套变速机构用于扩大机床车削螺纹导程的种数，一般称为增倍机构或增倍组。

CA6140 型卧式车床的进给箱将螺纹基本组和增倍组串联使用，这样就可能加工出表2-3 所列标准螺距分段的前三段，即螺距值为 1~12mm 的标准螺纹。

根据传动系统图或传动链的传动路线表达式，可列出车削米制（右旋）螺纹时的运动平衡式

$$T_{工}=kP=I_{(主轴)}\times\frac{58}{58}\times\frac{33}{33}\times\frac{63}{100}\times\frac{100}{75}\times\frac{25}{36}\times U_{基}\times\frac{25}{36}\times\frac{36}{25}\times U_{倍}\times12$$

式中　k——螺纹线数；

　　　P——螺纹螺距；

　　　$U_{基}$——基本螺距机构的传动比；

　　　$U_{倍}$——增倍机构的传动比。

将上式化简后可得：$T_{工}=7U_{基}U_{倍}$

如果将 $U_{基}$ 与 $U_{倍}$ 的传动比不同数值分别代入上式，可得 8×4＝32 种不同的导程值，其中符合标准的只有 20 种，见表2-4。

表 2-4　CA6140 型卧式车床车削米制螺纹导程值　　　　　（单位：mm）

$U_{倍}$	$U_{基}$							
	$\frac{26}{28}$	$\frac{28}{28}$	$\frac{32}{28}$	$\frac{36}{28}$	$\frac{19}{14}$	$\frac{20}{14}$	$\frac{33}{21}$	$\frac{36}{21}$
$\frac{18}{45}\times\frac{15}{48}=\frac{1}{8}$	—	—	1	—	—	1.25	—	1.5
$\frac{28}{35}\times\frac{15}{48}=\frac{1}{4}$	—	1.75	2	2.25	—	2.5	—	3

（续）

$U_{倍}$	$U_{基}$							
	$\dfrac{26}{28}$	$\dfrac{28}{28}$	$\dfrac{32}{28}$	$\dfrac{36}{28}$	$\dfrac{19}{14}$	$\dfrac{20}{14}$	$\dfrac{33}{21}$	$\dfrac{36}{21}$
$\dfrac{18}{45}\times\dfrac{35}{28}=\dfrac{1}{2}$	—	3.5	4	4.5	—	5	5.5	6
$\dfrac{28}{35}\times\dfrac{35}{28}=1$	—	7	8	9	—	10	11	12

由表 2-4 可以看出，利用基本螺距机构可以得到大体上按等差数列排列的导程值，利用增倍机构可把由基本螺距机构得到的导程值成倍地增大或缩小。两种变速机构组合的结果，便可获得常用的各种标准螺纹。

（2）车削寸制螺纹 车削寸制螺纹时，交换齿轮用 $\dfrac{63}{100}\times\dfrac{100}{75}$，进给箱中的齿式离合器 M_3 和 M_5 接合，M_4 脱开，同时轴 XV 左端的滑动齿轮 z_{25} 左移，与固定在轴 XIII 上的齿轮 z_{36} 啮合。此时，基本螺距机构的运动传递方向与车米制螺纹时相反，即运动由轴 XII 经 M_3 先传到轴 XIV，然后再经过两轴的滑移变速机构（基本组）传至轴 XIII，再传到 XV。其余部分的传动路线与车米制螺纹时相同。其传动路线表达式为

$$
主轴\,VI - \frac{58}{58} - IX -
\begin{bmatrix}
\dfrac{33}{33} \\
（右旋螺纹）\\
\dfrac{33}{25}\times\dfrac{25}{33} \\
（左旋螺纹）
\end{bmatrix}
- XI - \frac{63}{100}\times\frac{100}{75} - XII - M_3 - XIV -
\begin{bmatrix}
\dfrac{28}{26} \\
\dfrac{28}{28} \\
\dfrac{28}{32} \\
\dfrac{28}{36} \\
\dfrac{14}{19} \\
\dfrac{14}{20} \\
\dfrac{21}{33} \\
\dfrac{21}{36}
\end{bmatrix}
- XIII -
$$

$$
- \frac{36}{25} - XV -
\begin{bmatrix}
\dfrac{28}{35}\times\dfrac{35}{28} \\
\dfrac{18}{45}\times\dfrac{35}{28} \\
\dfrac{28}{35}\times\dfrac{15}{48} \\
\dfrac{18}{45}\times\dfrac{15}{48}
\end{bmatrix}
- XVII - M_5 - XVIII（丝杠） - 刀架
$$

车削寸制螺纹的运动平衡式为

$$T_\text{a}=\frac{25.4k}{a}=I_{(主轴)}\times\frac{58}{58}\times\frac{33}{33}\times\frac{63}{100}\times\frac{100}{75}\times U_基\times\frac{36}{25}\times U_倍\times12$$

上式中　$\dfrac{63}{100}\times\dfrac{100}{75}\times\dfrac{36}{25}\approx\dfrac{25.4}{21}$　$U'_基=\dfrac{1}{U_基}$

代入化简后得

$$T_\text{a}=\frac{25.4k}{a}=\frac{4}{7}\times25.4\frac{U_倍}{U_基}$$

$$a=\frac{7U_基}{4U_倍}k$$

当 $k=1$ 时，a 值与 $U_基$、$U_倍$ 的关系见表 2-5。

表 2-5　CA6140 型卧式车床车削寸制螺纹 1in 牙数表　　　（单位：牙数/in）

$U_倍$	$U_基$							
	$\frac{26}{28}$	$\frac{28}{28}$	$\frac{32}{28}$	$\frac{36}{28}$	$\frac{19}{14}$	$\frac{20}{14}$	$\frac{33}{21}$	$\frac{36}{21}$
$\frac{18}{45}\times\frac{15}{48}=\frac{1}{8}$	—	14	16	18	19	20	—	24
$\frac{28}{35}\times\frac{15}{48}=\frac{1}{4}$	—	7	8	9	—	10	11	12
$\frac{18}{45}\times\frac{35}{28}=\frac{1}{2}$	$3\frac{1}{4}$	$3\frac{1}{2}$	4	$4\frac{1}{2}$	—	5	—	6
$\frac{28}{35}\times\frac{35}{28}=1$	—	—	2	—	—	—	—	3

3. 纵向和横向机动进给传动链

车床的进给运动与主轴之间的传动关系是主轴转一转，刀架要移动一个进给量 f。CA6140 型卧式车床车削时，刀架机动进给的纵向和横向进给传动链，由主轴Ⅵ至进给箱轴 ⅩⅦ 的传动路线与车削米制和寸制螺纹时的传动路线相同，其后，运动由轴ⅩⅦ经齿轮副 $\frac{28}{56}$ 传至光杠（此时离合器 M_5 脱开，齿轮 z_{28} 与轴ⅩⅨ上的齿轮 z_{56} 啮合），再由光杠经溜板箱中的传动机构分别传至齿轮齿条机构和横向进给丝杠 ⅩⅩⅦ，使刀架做纵向或横向机动进给运动，其传动路线表达式为

主轴Ⅵ-$\begin{Bmatrix}米制螺纹传动路线\\寸制螺纹传动路线\end{Bmatrix}$-ⅩⅦ-$\frac{28}{56}$-ⅩⅨ（光杠）-$\frac{36}{32}\times\frac{32}{56}$-$M_6$（超越离合器）-

—M_7（安全离合器）-ⅩⅩ-$\frac{4}{29}$-ⅩⅪ-

$\begin{bmatrix}\begin{Bmatrix}\frac{40}{30}\times\frac{30}{48}-M_8\Downarrow & （刀架左移）\\ \frac{40}{48}-M_8\Uparrow & （刀架右移）\end{Bmatrix}-ⅩⅫ-\frac{28}{80}-ⅩⅩⅢ-z_{12}-齿条-刀架（纵向进给）\\ \begin{Bmatrix}\frac{40}{30}\times\frac{30}{48}-M_9\Downarrow & （刀架向后）\\ \frac{40}{48}-M_9\Uparrow & （刀架向前）\end{Bmatrix}-ⅩⅩⅤ-\frac{48}{48}-ⅩⅩⅥ-\frac{59}{18}-横向丝杠ⅩⅩⅦ-刀架（横向进给）\end{bmatrix}$

溜板箱中由双向牙嵌离合器 M_8、M_9 和齿轮副 $\dfrac{40}{48}$、$\dfrac{40}{30} \times \dfrac{30}{48}$ 组成换向机构，用来变换纵向和横向进给运动的方向。利用进给箱中的基本螺距机构和增倍机构，以及进给传动链的不同传动路线，可以获得纵向和横向进给量各 64 级。下面以纵向进给运动为例，说明按不同路线传动时进给量的计算。

当进给运动经米制常用螺纹路线传动时，运动平衡式为

$$f_{纵} = I_{(主轴)} \times \frac{58}{58} \times \frac{33}{33} \times \frac{63}{100} \times \frac{100}{75} \times \frac{25}{36} \times U_{基} \times \frac{25}{36} \times \frac{36}{25} \times U_{倍} \times \frac{28}{56}$$

$$\times \frac{36}{32} \times \frac{32}{56} \times \frac{4}{29} \times \frac{40}{30} \times \frac{30}{48} \times \frac{28}{80} \pi \times 2.5 \times 12$$

化简后可得

$$f_{纵} = 0.71 U_{基} \, U_{倍}$$

变换 $U_{基}$ 和 $U_{倍}$，可得到 32 级进给量，其范围为 $0.08 \sim 1.22 \text{mm/r}$。

当进给运动经寸制常用螺纹路线传动时，运动平衡式为

$$f_{纵} = I_{(主轴)} \times \frac{58}{58} \times \frac{33}{33} \times \frac{63}{100} \times \frac{100}{75} \times \frac{1}{U_{基}} \times \frac{36}{25} \times U_{倍} \times \frac{28}{56}$$

$$\times \frac{36}{32} \times \frac{32}{56} \times \frac{4}{29} \times \frac{40}{30} \times \frac{30}{48} \times \frac{28}{80} \pi \times 2.5 \times 12$$

化简后得

$$f_{纵} = 1.474 \frac{U_{倍}}{U_{基}}$$

变换 $U_{基}$ 并使 $U_{倍} = 1$，可以得到 $0.86 \sim 1.59 \text{mm/r}$ 的八级较大的进给量。当 $U_{倍}$ 为其他值时，所得到的 $f_{纵}$ 值与上一条传动路线重复。

刀架的纵向和横向快速移动是以装在溜板箱内的快速电动机为运动源的。当需要快速移动时，接通快速电动机，运动经齿轮副 $\dfrac{13}{29}$ 传到轴 XX，由蜗杆副 $\dfrac{4}{29}$ 可分别传到刀架而获得快速的纵向或横向运动。因有超越离合器 M_6，刀架做快速移动过程中，光杠仍可继续转动，不必脱开进给运动传动链。刀架快速移动的目的是使刀具快速退离或快速接近工件，从而减轻工人的劳动强度，缩短加工的辅助时间。

任务实施

一、活动内容

◆ 活动 1：实地操作车床并指出各部件的名称和作用

1）在实训车间观察车床的组成。

2）空运转操作车床三大箱（主轴箱、进给箱、溜板箱）的操纵手柄，体会车床各种运动。

3）在图 2-6 中填写车床各部件的名称，并说出各部件的作用。

车床的
传动系统

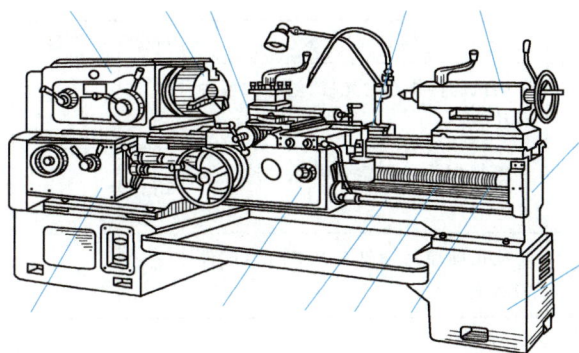

图 2-6　填写车床各部件的名称

活动 2：实地操作、体会车床工作过程并分析车床传动系统

1）使车床起动、停止，体会车床的工作过程。

2）操作车床操纵开关，体会车床正转、反转、变速等运动。

3）画出车床的传动系统工作原理框图（图 2-7）并分析车床的传动系统工作原理。

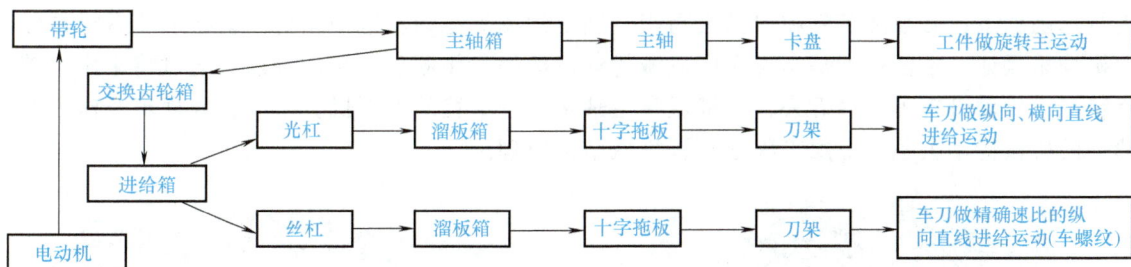

图 2-7　车床的传动系统工作原理框图

二、考核评价

根据活动内容填写考核评价表，见表 2-6。

表 2-6　考核评价表

序号	考核项目	考核内容要求	配分	学生自检	学生互检	教师检测	得分
1	职业素养	文明、礼仪	5				
2		安全、纪律	10				
3		行为习惯	5				
4		工作态度	5				
5		团队合作	5				
6	讲解部件名称	能正确说出各部件的名称和作用	10				
7	基本操作能力	能操作各种操纵手柄,控制各种运动	10				
8	手动操作能力	能手动操作刀架,使其纵向、横向、斜向运动	10				

（续）

序号	考核项目	考核内容要求	配分	学生自检	学生互检	教师检测	得分
9	机动操作能力	能机动操作控制光杠、丝杠的各种运动	10				
10	控制调速运动能力	能根据要求调整各种运动速度和方向	15				
11	填写各部件的名称	能正确填写图2-6中车床各部件的名称	15				
	综合评价						

任务二　了解车床机械传动机构

任务描述

图2-8a和图2-8b所示分别为车床主轴箱和进给箱的内部机械结构图。为使车床能正确进行切削加工，必须使工件和刀具之间产生确定的相对运动，这一相对运动必须要有机械传动机构来保证。本任务就是学习车床机械传动机构的工作原理、结构特点，通过将车床主轴箱箱盖、传动带罩等零件拆去，仔细观察主轴箱、进给箱的内部机械结构，并理解车床各个部件的机械传动关系，更加牢固地掌握机械结构原理。

a) 主轴箱内部机械结构　　　　　　　　　　b) 进给箱内部机械结构

图2-8　车床主轴箱和进给箱的内部机械结构图

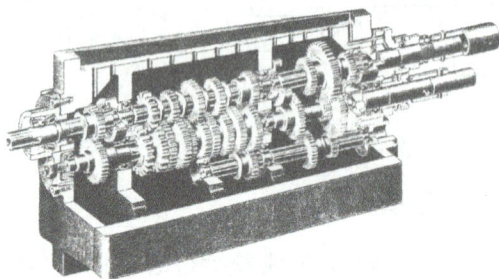

知识链接

CA6140型卧式车床的主要机械结构

1. 主轴箱

CA6140型卧式车床的主轴箱是一个比较复杂的传动部件。它的功用是支承主轴和传递动力给主轴使其旋转，并使其实现启动、停止、变速和换向等。它主要由主轴部件、传动机构、开停及制动装置、换向装置、操纵机构和润滑装置等组成。

为了便于了解主轴箱内各传动件的传动关系，其传动件的结构、形状、装配方式及其支承结构常采用主轴箱展开图表示。此展开图基本上按主轴箱内各传动轴传动运动的先后顺序，沿其轴线取剖切面展开而绘制成的平面装配图。图 2-9 所示为 CA6140 型卧式车床主轴箱的展开图。它是沿轴Ⅳ—Ⅰ—Ⅱ—Ⅲ（Ⅴ）—Ⅵ—Ⅹ—Ⅸ—Ⅺ 的轴线剖切展开的（图 2-10），图中轴Ⅶ和轴Ⅷ是另外单独取剖切面展开的。由于展开图是把立体的传动结构展开在一个平面上绘制成的，其中有些轴之间的距离被拉开了，如轴Ⅶ和轴Ⅰ、轴Ⅳ和轴Ⅲ、轴Ⅸ和轴Ⅵ 等，从而使某些原来相互啮合的齿轮副分开了，利用展开图分析传动件的传动关系时应予注意。下面结合图 2-9 介绍主轴箱内主要部件的结构、工作原理及调整方法。

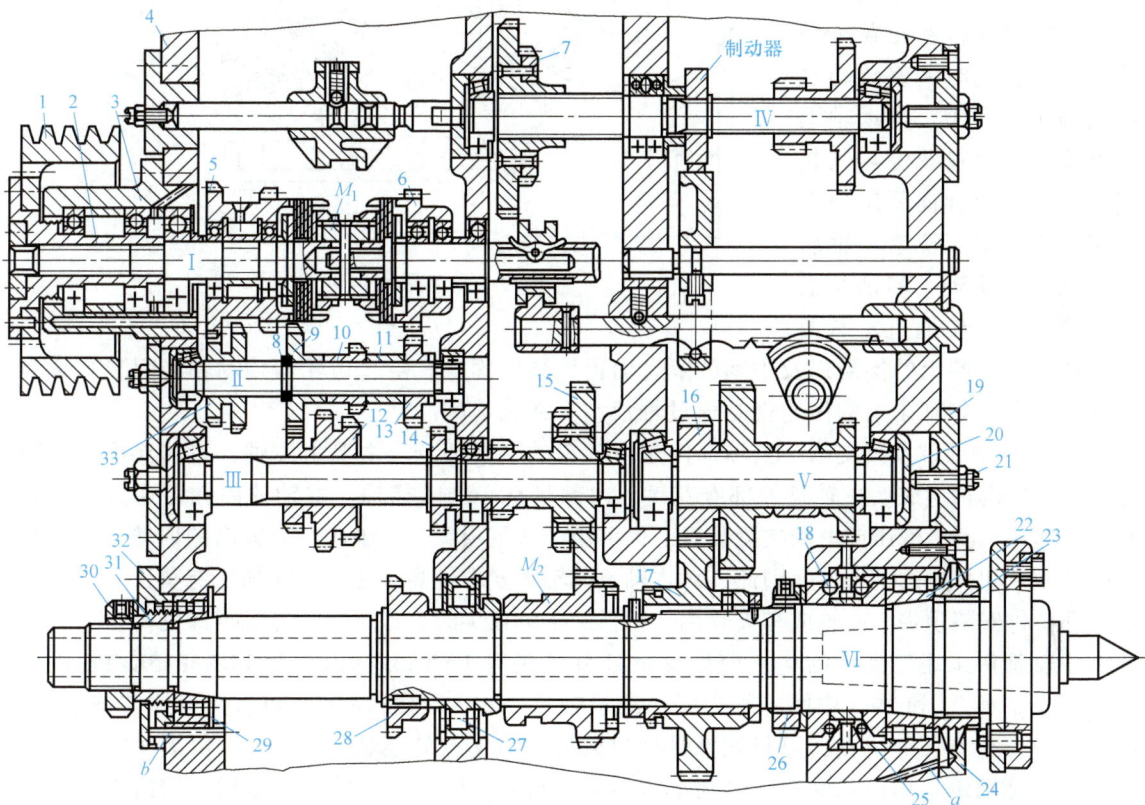

图 2-9 CA6140 型卧式车床主轴箱的展开图

1—带轮 2—花键套 3—法兰 4—主轴箱体 5—双联空套齿轮 6—空套齿轮 7、33—双联滑移齿轮
8—半圆环 9、10、13、14、28—固定齿轮 11、25—隔套 12—三联滑移齿轮 15—双联固定齿轮
16、17—斜齿轮 18—双向推力角接触球轴承 19—盖板 20—轴承压盖 21—调整螺钉
22、29—双列圆柱滚子轴承 23、26、30—螺母 24、32—轴承端盖 27—圆柱滚子轴承 31—套筒

（1）卸荷式带轮 主轴箱的运动由主电动机经传动带（V带）传入，从而使输入轴Ⅰ旋转。为改善主轴箱输入轴的工作条件，使传动平稳，输入轴Ⅰ上的带轮采用了卸荷式结构。如图 2-9 所示，带轮 1 通过螺钉与花键套 2 连成一体，支承在法兰 3 内的两个深沟球轴承上。法兰 3 则用螺钉固定在主轴箱体 4 上。当带轮 1 通过花键套 2 的内花键带动输入轴Ⅰ旋转时，传动带（V带）的拉力经轴承、法兰 3 传至箱体，从而使输入轴Ⅰ免受传动带（V带）的拉力，减少了轴的弯曲变形，提高了传动的平稳性。

（2）传动轴及其支承的结构 主轴箱内传动轴转速较高，通常采用角接触球轴承或圆锥滚子轴承支承，一般采用双支承结构，对较长的传动轴。有时为了提高刚度，也采用三支承，如轴Ⅲ的两端各有一个圆锥滚子轴承，中间还有一个深沟球轴承作为附加支承。在传动轴靠箱体外壁一端有轴承间隙调整装置，可通过螺钉和压盖推动轴承外圈，同时调整传动轴两端轴承的间隙。传动轴上的齿轮一般通过花键与其相连接。齿轮的轴向固定通常采用弹性挡圈、隔套、轴肩和半圆环等实现，如轴Ⅴ上的三个固定齿轮通过左右两

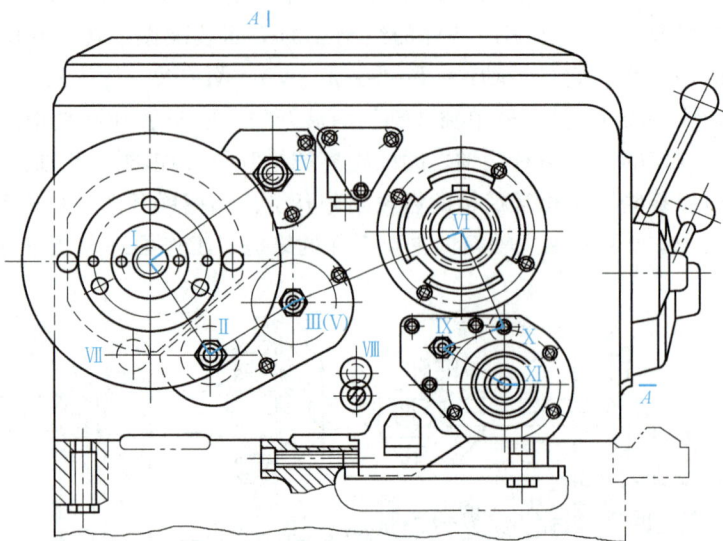

图 2-10　主轴箱的左视图

端顶在轴承内圈上的挡圈以及中间的隔套而得以轴向固定。空套齿轮与传动轴之间装有滚动轴承或铜套，如轴Ⅰ上的齿轮就是通过轴承空套在轴上的。

（3）主轴部件及其支承　主轴部件是主轴箱的主要部分，主要由主轴、主轴支承及安装在主轴上的齿轮组成。主轴是外部有花键、内部呈空心的阶梯轴。主轴的内孔可通过长的棒料，或通过气动、液压或电动夹紧装置，也可用于卸下顶尖。主轴应具有较高的回转精度以及足够的刚度和良好的抗振性。因此，对主轴及其轴承要求较高。主轴前端加工有莫氏6号锥度的锥孔，供安装顶尖、心轴或车夹具用。在拆卸主轴顶尖时，还可由孔穿过拆卸钢棒。

主轴部件采用三支承结构，前后支承处分别装有 LNN3021K/P5 和 LNN3015K/P6 双列圆柱滚子轴承 22 和 29，中间支承为圆柱滚子轴承 27。双列圆柱滚子轴承具有旋转精度高、刚度好、调整方便等优点，但只能承受径向载荷。前支承处还装有一个 60°角接触的双向推力角接触球轴承，用以承受左、右两个方向的进给力。轴承的间隙对主轴回转精度有较大影响，使用中由于磨损导致间隙增大时，应及时进行调整。调整前轴承时，先松开轴承右端螺母 23，再拧开左端螺母 26 上的紧定螺钉，然后拧动螺母 26，通过轴承 18 左、右内圈及垫圈，使轴承 22 的内圈相对于主轴锥形轴颈右移。在锥面的作用下，轴承内圈径向外胀，从而消除轴承间隙。中间轴承 27 的间隙不能调整。后轴承的调整方法与前轴承类似，但一般情况下只需调整前轴承即可。只有当调整前轴承后仍不能达到要求的旋转精度时，才需要调整后轴承。推力轴承的间隙由垫圈予以控制，如间隙增大，可通过磨削垫圈来进行调整。主轴的轴承由液压泵供给润滑油进行充分的润滑。为防止润滑油外漏，前后支承处都有油沟式密封装置。在螺母 23 和套筒 31 的外圆上有锯齿形环槽。主轴旋转时，依靠离心力的作用把经过轴承向外流出的润滑油甩到轴承端盖 24 和 32 的接油槽里，然后经回油孔 a、b 流回主轴箱。

由于采用三支承结构的箱体加工工艺性较差，前、中、后三个支承孔很难保证有较高的同轴度，安装主轴时易产生变形，影响传动件精确啮合，工作时噪声及发热较大，所以目前

有的 CA6140 型卧式车床的主轴部件采用双支承结构（图 2-11）。在双支承的主轴部件结构中，前支承仍采用 LNN3021K/P5 双列圆柱滚子轴承，后支承采用角接触球轴承，承受背向力及向右的进给力，向左的进给力则由后支承中的推力球轴承承受。滑移齿轮 1（z_{50}）的套筒上加工有两个槽，左边槽为拨叉槽，右边的燕尾槽中均匀安装着四块平衡块（图 2-11 中未示），用以调整轴的平稳性。前支承 LNN3021K/P5 轴承的左侧安装有减振套 2。该减振套与隔套 3 之间有 0.02~0.03mm 的间隙，在间隙中存有油膜，起到阻尼减振的作用。

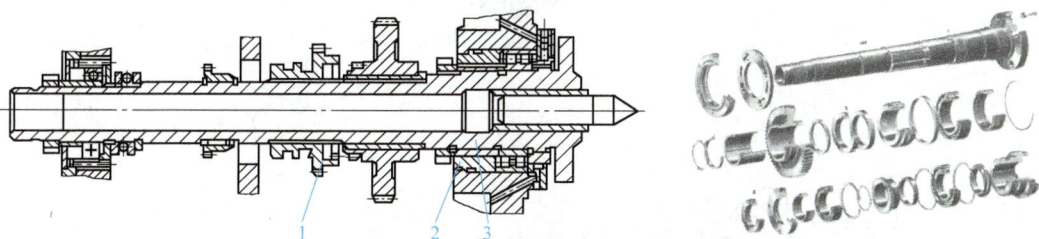

图 2-11　采用双支承结构的主轴部件

1—滑移齿轮　2—减振套　3—隔套

（4）主轴前端与卡盘等夹具的安装　主轴前端与卡盘或拨盘等夹具结合部分采用短锥法兰式结构，如图 2-12 所示。这种结构具有定心精度高、轴端悬伸长度小、刚度好、安装方便等优点，应用较多。主轴 1 以前端短锥和轴肩端面作为定位面，通过四个螺栓将卡盘或拨盘固定在主轴前端，而由安装在轴肩端面的两圆柱形端面键 3 传递转矩。安装时，先把螺母 6 及螺栓 5 安装在卡盘座 4 上，然后将带螺母的螺栓从主轴轴肩和锁紧盘 2 的孔中穿过去，再将锁紧盘拧过一个角度，使四个螺栓进入锁紧盘圆弧槽较窄的部位，把螺母卡住。拧紧螺母 6 和螺钉 7，就可把卡盘紧固在轴端。

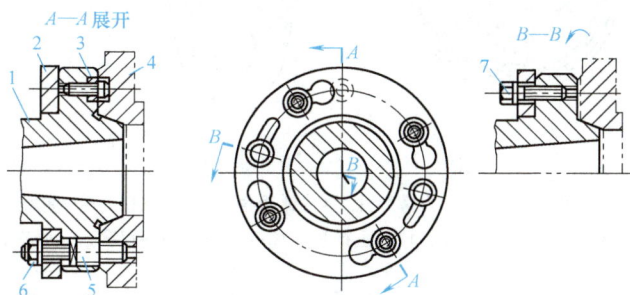

图 2-12　主轴前端结构

1—主轴　2—锁紧盘　3—圆柱形端面键　4—卡盘座　5—螺栓　6—螺母　7—螺钉

（5）双向式多片离合器和制动机构　双向多片离合器 M_1 装在输入轴 I 上，其作用是控制主轴 VI 正转、反转或停止。制动器安装在轴 IV 上，当多片离合器 M_1 脱开时，用制动器进行制动，使主轴迅速停止运动，以便缩短辅助时间。

多片离合器的结构如图 2-13 所示，分左离合器和右离合器两部分，左、右两部分的结构相似、工作原理相同。左离合器控制主轴正转，由于正转需传递的转矩较大，所以摩擦片的片数较多；右离合器控制主轴反转，主要用于退刀，传递的转矩较小，摩擦片数较少。图 2-13a 所示的是左离合器的立体图，它是由外摩擦片 2、内摩擦片 3、压套 8、螺母 9、止推

图 2-13　双向式多片离合器

1—空套双联齿轮　2—外摩擦片　3—内摩擦片　4—弹簧销　5—圆柱销　6—羊角形摆块　7—拉杆
8—压套　9a、9b—螺母　10、11—止推片　12—销轴　13—滑套　14—空套齿轮

片 10 和 11 及空套双联齿轮 1 等组成的。内摩擦片 3 装在输入轴 I 的花键上，与轴 I 一起旋转。外摩擦片 2 以其 4 个凸齿装入空套双联齿轮 1（用两个深沟球轴承支承在输入轴 I）的缺口中，多个外摩擦片 2 和内摩擦片 3 相间安装。输入轴 I 右半部为空心轴，在其右端安装有可绕圆柱销轴 12 摆动的羊角形摆块 6，羊角形摆块下端弧形尾部卡在拉杆 7 的缺口槽内。当用操纵机构拨动滑套 13 移至右边位置时，滑套将羊角形摆块 6 的右角压下，由于羊角形摆块用销轴 12 装在输入轴 I 上，故羊角形摆块就绕销轴做顺时针摆动，其弧形尾部推动拉杆 7 向左，通过固定在拉杆左端的圆柱销 5，带动压套 8 和螺母 9a 左移，将左离合器内、外摩擦片压紧在止推片 10 和 11 上，通过摩擦片间的摩擦力，使输入轴 I 和双联齿轮连接，经多级齿轮副带动主轴正转。当用操纵机构拨动滑套 13 移至左边位置时，压套 8 右移，将右离合器的内、外摩擦片压紧，空套齿轮 14 与输入轴 I 连接，主轴实现反转。滑套处于中间

位置时，左、右离合器的摩擦片均松开，主轴停止转动。

多片离合器还可起过载保护作用。当机床超载时，摩擦片打滑，于是主轴停止转动，从而避免损坏机床零部件。摩擦片之间的压紧力是根据离合器应传递的额定转矩来确定的。当摩擦片磨损后压紧力减小时，可通过压套 8 上的螺母 9 来调整压紧力。压下弹簧销 4（图 2-13 中 B—B 剖面），转动螺母 9 使其做少量轴向位移，即可调节摩擦片间的压紧力，从而改变离合器传递转矩的能力。调整妥当后弹簧销复位，插入螺母槽口中，使螺母在运转中不会自行松开。

为了在多片离合器松开后克服惯性作用，使主轴迅速制动，在主轴箱轴Ⅳ上装有制动装置，如图 2-14 所示。制动装置由通过花键与轴Ⅳ联接的制动轮 7、制动钢带 6、杠杆 4 以及调整装置等组成。制动带内侧固定一层铜丝石棉，以增大制动摩擦力矩。制动带一端通过调节螺钉 5 与箱体 1 联接，另一端固定在杠杆上端。当杠杆 4 绕其支承轴 3 逆时针方向摆动时，拉动制动带，使其包紧在制动轮上，并通过制动带与制动轮之间的摩擦力使主轴得到迅速制动。制动摩擦力矩的大小可由调节装置中的螺钉 5 进行调整。

双向式多片离合器与制动装置采用同一操纵机构控制，如图 2-15 所示，以协调两机构的工作。当抬起或压下手柄 7 时，通过曲柄 9、拉杆 10、曲柄 11 及扇形齿轮 13，使齿条轴 14 向右或

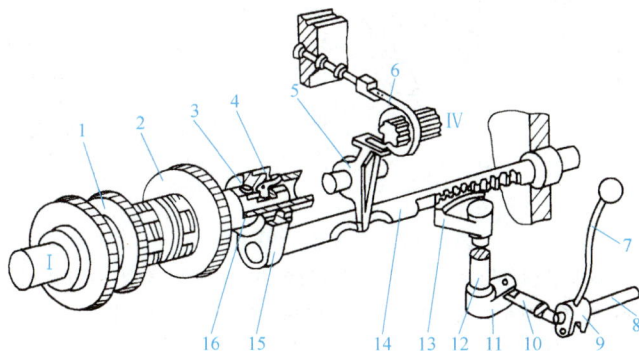

图 2-14 制动装置

1—箱体 2—齿轮轴 3—杠杆支承轴
4—杠杆 5—调节螺钉 6—制动钢带
7—制动轮 8—轴Ⅳ

向左移动，再通过羊角形摆块 3 和拉杆 16 使左边或右边的离合器结合（参见图 2-13），从而使主轴正转或反转。此时杠杆 5 下端位于齿条轴圆弧形凹槽内，制动带处于松开状态。当操纵手柄 7 处于中间位置时，齿条轴 14 和滑套 4 也处于中间位置，多片离合器左、右摩擦片组都松开，主轴与运动源断开。这时，杠杆 5 下端被齿条轴两凹槽间的凸起部分顶起，从而拉紧制动带，使主轴迅速制动。

图 2-15 多片离合器与制动装置的操纵机构

1—双联齿轮 2—齿轮 3—羊角形摆块 4—滑套 5—杠杆 6—制动带 7—手柄 8—操纵杆
9、11—曲柄 10、16—拉杆 12—轴 13—扇形齿轮 14—齿条轴 15—拨叉

（6）六速变速操纵机构　主轴箱内的变速操纵机构用来操纵滑移齿轮移动的位置，实现主轴转速的变换。轴Ⅲ可通过轴Ⅰ—Ⅱ间的双联滑移齿轮机构及轴Ⅱ—Ⅲ间的三联滑移齿轮机构得到六级转速。控制这两个滑移齿轮机构的是一个单手柄六速变速操纵机构如图2-16a所示。转动手柄9可通过链轮、链条带动装在轴7上的盘形凸轮6和曲柄5上的拨销4同时转动。手柄轴和轴7的传动比为1∶1，因而手柄旋转1周，盘形凸轮6和拨销4也均转过1周。盘形凸轮上的封闭曲线槽由半径不同的两段圆弧和过渡直线组成。杠杆11上端有一个销10插入盘形凸轮的曲线槽内，下端也有一个销嵌于拨叉12的槽内。当盘形凸轮上大半径圆弧的曲线槽转至杠杆11上端的销10处时，销往下移动，如图2-16b、c、d所示，带动杠杆顺时针方向摆动，从而使双联滑移齿轮块1处于左位；当盘形凸轮上小半径圆弧曲线槽转至销处时，销往上移动，如图2-16e、f、g所示，从而使双联滑移齿轮块1处于右位。曲柄5上的拨销4上装有滚子，并嵌入拨叉3的槽内。轴7带动曲柄5转动时，拨销4绕轴7转动，并通过拨叉3使三联滑移齿轮块2被拨至左、中、右不同位置，如图2-16b～g所示。每次顺序转动手柄60°，就可通过双联滑移齿轮块1的左、右不同位置与三联滑移齿轮块2的左、中、右三个不同位置的组合，而使轴Ⅲ得到六级转速。单手柄操纵六级变速的组合情况见表2-7。

表2-7　单手柄操纵六级变速的组合情况

曲柄5上的销位置	a	b	c	d	e	f
三联滑移齿轮块2的位置	左	中	右	右	中	左
杠杆11下端销的位置	a'	b'	c'	d'	e'	f'
双联滑移齿轮块1的位置	左	左	左	右	右	右
齿轮工作情况（图2-4）	$\frac{56}{38} \times \frac{39}{41}$	$\frac{56}{38} \times \frac{22}{58}$	$\frac{56}{38} \times \frac{30}{50}$	$\frac{51}{43} \times \frac{30}{50}$	$\frac{51}{43} \times \frac{22}{58}$	$\frac{51}{43} \times \frac{39}{41}$

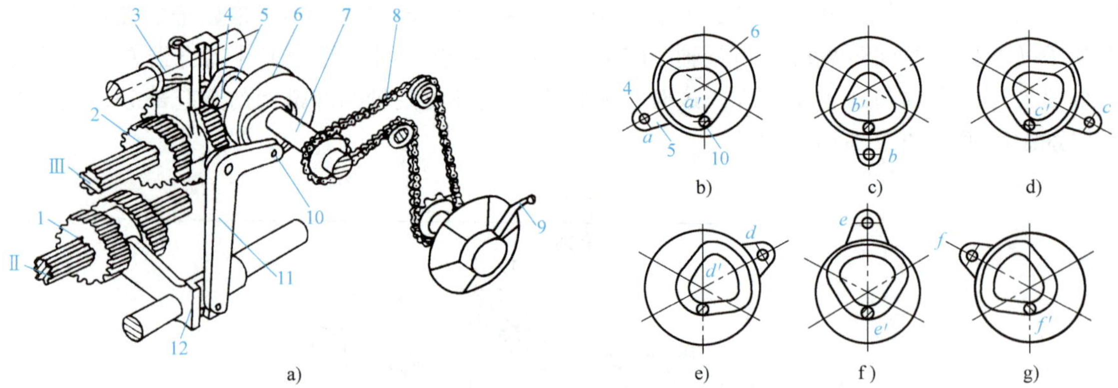

图2-16　六级变速操纵机构

1—双联滑移齿轮块　2—三联滑移齿轮块　3、12—拨叉　4—拨销
5—曲柄　6—盘形凸轮　7—轴　8—链条　9—手柄　10—销　11—杠杆

（7）润滑装置　CA6140型卧式车床主轴箱采用液压泵供油循环润滑系统，如图2-17所示。主电动机通过带轮带动液压泵3，将左床腿油池内的润滑油经网式过滤器1、精过滤器5和油管6输入分油器8，由分油器上伸出的油管7、9分别对轴Ⅰ上的多片离合器和主轴前

轴承进行直接供油。其他传动件由分油器径向孔喷出的油经高速齿轮溅散而得到润滑。分油器上另有一油管 10 通向油标 11，以便观察润滑系统工作是否正常。各处流回到主轴箱底部的润滑油经回油管流回油池。采用这种箱外循环润滑的方式可使升温后的润滑油得以冷却，从而降低主轴箱温度，减少主轴箱的热变形。另外，润滑油在回流时，还可将主轴箱内的脏物及时排出，减少传动件的磨损。

2. 进给箱

卧式车床进给箱的功用是变换车螺纹运动和纵、横向机动进给运动的进给速度，实现被加工螺纹种类和导程的变换，获得纵、横向机动进给所需的各种进给量。进给箱通常由以下几部分组成：变换螺纹导程和进给量的变速机构、变换螺纹种类的移换机构、丝杠和光杠运动转换机构及操纵机构等。加工不同种类的螺纹，通常由调整进给箱中的移换机构和交换齿轮架上的交换齿轮来实现。变速机构是根据加工螺纹的导程设计的，分为基本螺距机构和增倍机构两部分。进给箱内主要传动轴以两组同心轴的形式布置，如图 2-18 所示。

图 2-17　主轴箱润滑系统

1—网式过滤器　2—回油管　3—液压泵
4、6、7、9、10—油管
5—精过滤器　8—分油器　11—油标

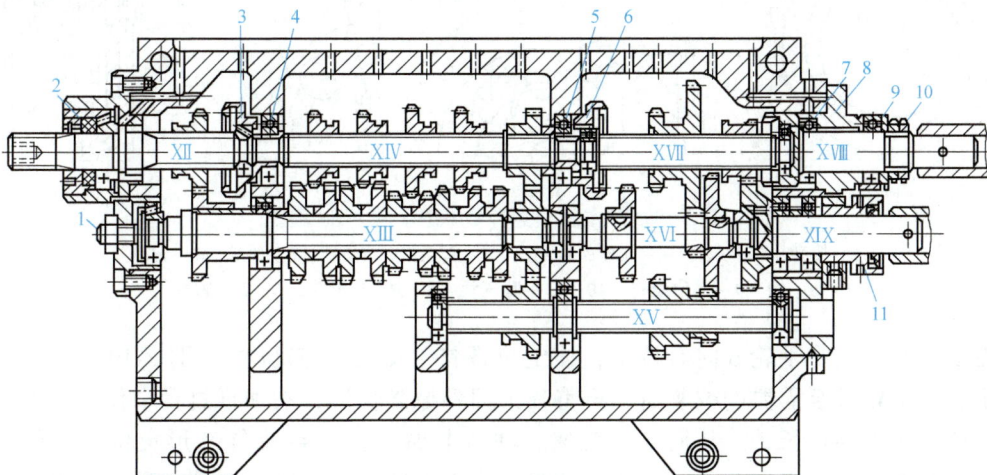

图 2-18　进给箱机构图

1—调节螺钉　2、11—调节螺母　3、6—内齿离合器　4、5—深沟球轴承　7、9—推力球轴承　8—支承套　10—锁紧螺母

（1）进给箱的轴结构及轴承间隙的调整　轴 XII、XIV、XVII 及丝杠布置在同一轴线上。轴 XIV 两端以半月键联接两个内齿离合器，并以套在离合器上的两个深沟球轴承支承在箱体上。内齿离合器的内孔中安装有圆锥滚子轴承，分别作为轴 XII 右端及轴 XVII 左端的支承。轴 XVII 右端由轴 XVIII 左端内齿离合器孔内的圆锥滚子轴承支承。轴 XVIII 由固定在箱体上的支承套 8 支承，并通过联轴器与丝杠相连，两侧的推力球轴承 7 和 9 分别承受丝杠工作时所产生的两个方向的进给力。松开锁紧螺母 10，然后拧动其左侧的调整螺母，可调整轴 XVIII 两侧推力轴承的间隙，以防止丝杠在工作时发生轴向窜动。拧动轴 XII 左端的调节螺母 2，可以通过轴承内圈、

内齿离合器端面，以及轴肩使同心轴上的所有圆锥滚子轴承的间隙得到调整。

轴ⅩⅢ、ⅩⅥ及ⅩⅨ组成另一同心轴组。轴ⅩⅢ及ⅩⅥ上的圆锥滚子轴承可通过轴ⅩⅢ的左端调节螺钉1进行调整。轴ⅩⅨ上的角接触球轴承可通过右侧的调节螺母11进行调整。

（2）基本组变速操纵机构　图2-19所示为基本组变速操纵机构的工作原理图。轴ⅩⅣ上的四个滑移齿轮（图2-18）由一个手轮6通过四个杠杆2集中操纵，杠杆2的一端装有拨叉1，嵌在滑移齿轮的环形槽内。杠杆摆动时，可通过拨叉使滑移齿轮换位。杠杆2的另一端装有长销5。四个长销穿过进给箱前盖插入手轮6内侧的环形槽内，并在圆周上均匀分布。手轮环形槽上有两个间隔45°、直径略大于槽宽的圆孔 C 和 D，在孔内分别装有带内斜面的圆压块10和带外斜面的圆压块11，如图2-19a所示。每次变速时，手轮转动角度为45°或其倍数，这样总有一个（也只能有一个）圆压块压向四个长销中的一个。当外斜圆压块或内斜圆压块转至某一长销处时，则迫使长销沿径向外移（图2-19c）或内移（图2-19d），并经杠杆、拨叉使相应的滑移齿轮根据杠杆旋转方向移动到左边或右边的啮合位置。未被圆压块压动的三个长销，均位于环形槽内，此时与其相应的滑移齿轮位于中间，不与轴ⅩⅢ上的齿轮啮合，如图2-19b所示。

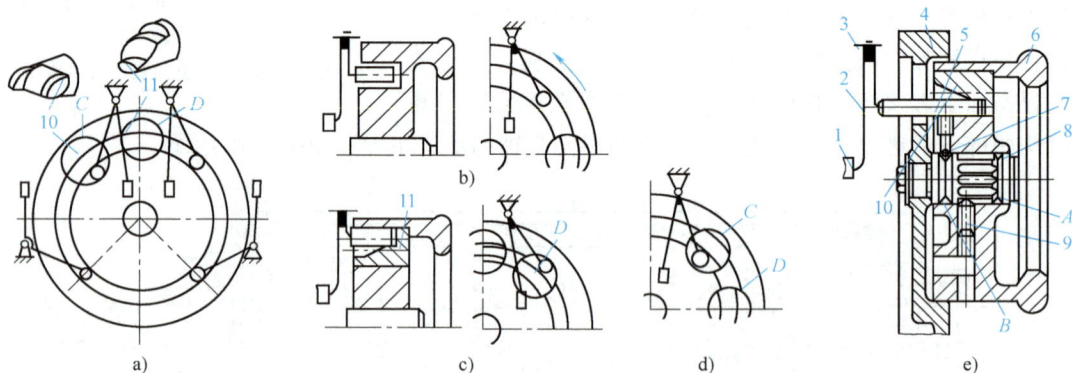

图2-19　基本组变速操纵机构的工作原理图

1—拨叉　2—杠杆　3—杠杆回转支点　4—前盖　5—长销　6—手轮　7—钢球
8—轴　9—定位螺钉　10、11—圆压块　A、B—V形槽　C、D—圆孔

需变速时，先将手轮6向右拉出，使定位螺钉9处于 A 槽位置（图2-19e），然后才能转动手轮。手轮转至需要的位置后，再将其推回到原来位置，在回推过程中使内斜圆压块或外斜圆压块压向某一长销，从而实现变速。轴8上加工有八条轴向V形定位槽，可通过定位螺钉9对手轮进行周向定位。手轮的轴向定位由钢球7嵌入轴8左端的环形槽内实现。

（3）移换机构及光杠、丝杠转换的操纵原理　移换机构用于车削米制螺纹改为车削寸制螺纹时变换基本变速组的传动路线。车削米制螺纹时轴ⅩⅡ上的齿轮 z_{25}（参见图2-4）左移，与轴ⅩⅢ上的齿轮 z_{36} 相啮合，轴ⅩⅤ上的齿轮 z_{25} 右移，与轴ⅩⅢ上的空套齿轮 z_{36} 相啮合；车削寸制螺纹时，轴ⅩⅡ上的齿轮 z_{25} 右移，M_3 合上，轴ⅩⅤ上的齿轮 z_{25} 左移，与轴ⅩⅢ上的固定齿轮 z_{36} 相啮合。

轴ⅩⅦ上的齿轮 z_{28} 右移，M_5 合上，接通丝杠传动；轴ⅩⅦ上的齿轮 z_{28} 左移，与齿轮 z_{56} 相啮合，接通光杠传动。此部分称为丝杠—光杠转换机构，这两个机构的工作转换由一个手柄集中操纵（图2-20）。

图2-20所示为移换机构及光杠、丝杠转换的操纵示意图。空心轴3上固定一带有偏心

圆槽的盘形凸轮 2，偏心圆槽的 a、b 点与圆盘回转中心的距离均为 l，c、d 点与回转中心的距离均为 L。杠杆 4、5、6 用于控制移换机构，杠杆 1 用于控制光杠、丝杠传动的转换。转动装在空心轴 3 上的操纵手柄，就可通过盘形凸轮的偏心槽使杠杆上插入偏心槽的销改变离圆盘回转中心的距离（l 或 L），并使杠杆摆动，从而通过与杠杆连接的拨叉使滑移齿轮移位，以得到不同的传动路线。如图 2-20 所示，凸轮位置为起始位置（0°），依次顺时针方向转动手柄 90°，传动方式的转变见表 2-8。

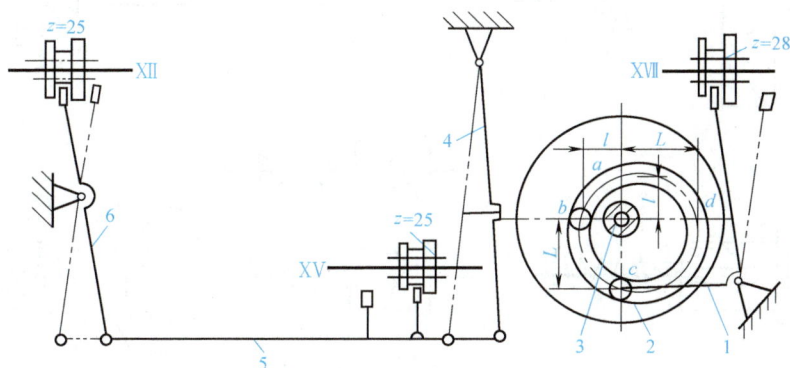

图 2-20　移换机构及光杠、丝杠转换的操纵示意图

1、4、5、6—杠杆　2—盘形凸轮　3—空心轴

表 2-8　螺纹种类及丝杠、光杠转换表

滑移齿轮位置	凸轮旋转角度			
	0°	90°	180°	270°
$z=25$（XII）	左	右	右	左
$z=25$（XV）	右	左	左	右
$z=28$（XVII）	左	左	右	右
功能	接通米制路线光杠进给	接通寸制路线光杠进给	接通寸制路线丝杠进给	接通米制路线丝杠进给

3. 溜板箱

溜板箱内包含以下机构：实现刀架快、慢移动自动转换的超越离合器，起过载保护作用的安全离合器，接通和断开丝杠传动的开合螺母机构，纵、横向机动进给运动的操纵机构，以及避免运动干涉的互锁机构等。下面介绍主要机构的结构、工作原理及调整方法。

（1）安全离合器　安全离合器是防止进给机构过载或发生偶然事故时损坏机床部件的保护装置。在刀架机动进给的过程中，如进给力过大或刀架移动受到阻碍，安全离合器能自动断开机动进给运动传动链，保护其他的传动机件不致损坏。

安全离合器的结构示意图如图 2-21 所示。它由端面带螺旋形齿爪的左半离合器 5 和右半离合器 6 及弹簧 7 等组成。左半离合器 5 和星形体 4 用键联接，空套在轴 XX 上；右半离合器 6 与轴 XX 用花键联接。在正常工作情况下，弹簧 7 的作用力使两半离合器接合，将超越离合器星形体传来的运动和转矩传给轴 XX，带动刀架进给。当刀架受阻或切削力大于某一数值时，安全离合器传递的转矩所产生的进给力分力 $F_{轴}$ 大于弹簧 7 对离合器的压紧力，进给力分力使右半离合器 6 右移，断开机动进给运动传动链，刀架停止进给运动，从而保证其他传动机件不因过载而损坏。当切削阻力降低后，在弹簧 7 的作用下，又自动恢复接合状

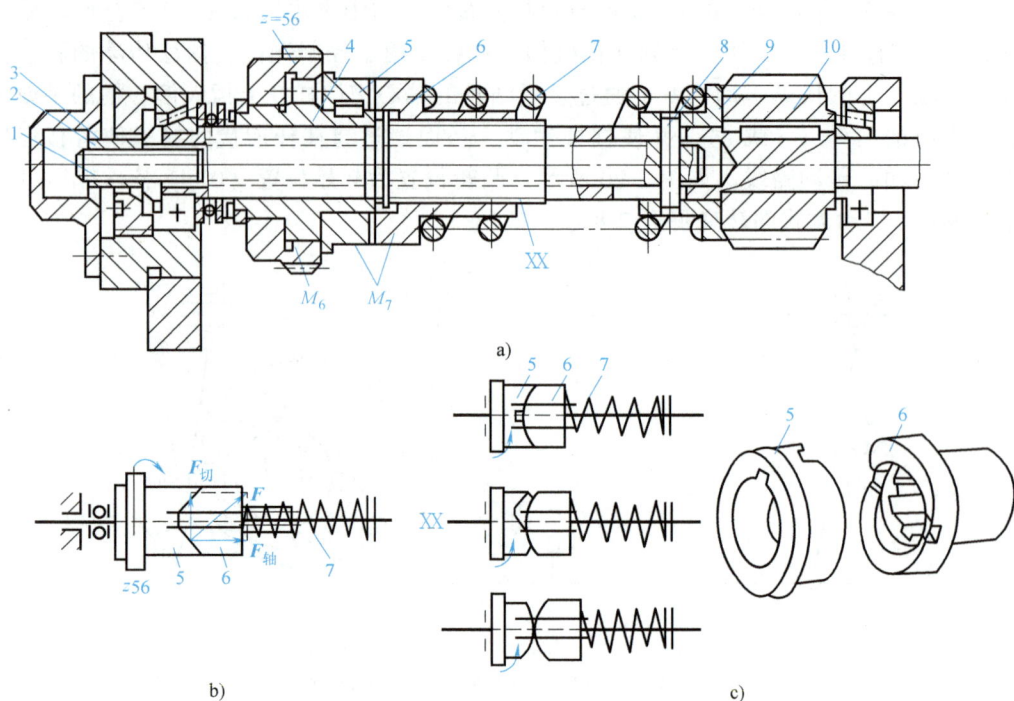

图 2-21 安全离合器的结构示意图

1—拉杆 2—锁紧螺母 3—调整螺母 4—超越离合器的星形体 5—左半离合器
6—右半离合器 7—弹簧 8—销 9—弹簧座 10—蜗杆

态而正常工作。

安全离合器所能传递的最大转矩由弹簧7的压紧力决定，它在机床出厂时已调好。工作中若发现安全离合器打滑，不要急于调大弹簧力，应认真检查机床是否过载或受阻。只有在证实安全离合器传递转矩不足时，方可调整。其调整方法是：松开锁紧螺母2，拧转调整螺母3，通过拉杆1、销8、弹簧座9调整弹簧7的压缩量。调整完毕应重新紧固锁紧螺母。弹簧压紧力调得过小，安全离合器能传递的转矩小，机床的性能不能充分发挥；弹簧压紧力调得过大，安全离合器又失去过载保护作用，可能导致其他传动件损坏。因此，调整时应严格按机床使用说明书规定的允许最大切削力或切削参数进行调整。

（2）超越离合器 超越离合器的作用是实现同一轴运动的快、慢速自动转换。其结构如图2-22所示，由外壳1（z_{56}空套齿轮）、星形体2、滚柱3、顶销4和弹簧5等组成。弹簧5和顶销4推动滚柱3，使其保持与外壳1和星形体2相接触。快速电动机未启动时，外壳1由光杠（轴XIX）带动，慢速逆时针方向旋转，摩擦力和弹簧力推动滚柱3压向外壳与星形体之间的楔缝处，带动星形体2逆时针方向慢速旋转，通过键、安全离合器M_7（图2-21）使轴XX逆时针方向慢速旋转，带动刀架做纵、横向机动进给运动。若启动快速电动机，轴XX获得逆时针方向快速旋转运动。此时，星形体2通过安全离合器也获得快速逆时针方向的旋转运动。由于星形体2的转速高于外壳1的转速，滚柱3反向滚动，并压缩弹簧5及顶销4而退到外壳1与星形体2之间缝隙的较宽处，使超越离合器自动分离，断开星形体与外壳的运动联系，外壳空转。当快速电动机停止时，弹簧5又推动滚柱至外壳与星形体的楔缝，使外壳 1 与星形体 2 相互楔紧，恢复外壳与星形体的运动联系，使轴 XX 重新获得从光杠传来的慢速逆时针方向的旋转运动。由此可见，超越离合器可实现轴 XX 快、慢速运动的自动转换。

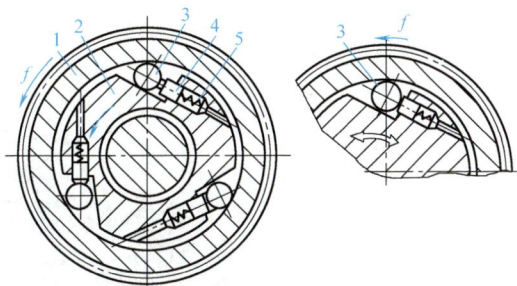

图 2-22　超越离合器

1—外壳（空套齿轮）　2—星形体　3—滚柱
4—顶销　5—弹簧

（3）开合螺母机构　开合螺母机构的结构如图 2-23 所示，其作用是接通或断开丝杠传动。开合螺母由上、下两个半螺母 5 和 4 组成（图 2-23a）。两个半螺母安装在溜板箱后壁的燕尾导轨上，可上下移动。上、下半螺母背面各装有一圆柱销 6，销的另一端分别插在操纵手柄左端圆盘 7 的两条曲线槽中（图 2-23b）。扳动手柄使圆盘 7 逆时针方向转动，圆盘端面的曲线槽迫使两圆柱销 6 相互靠近，从而使上、下半螺母合拢，与丝杠啮合，接通车螺纹运动。如扳动手柄，使圆盘顺时针方向转动，则圆盘 7 上的曲线槽使两圆柱销 6 分开，并使上、下半螺母随之分开，与丝杠脱离啮合，从而断开车螺纹运动。

需调整开合螺母与丝杠啮合间隙时，可拧动螺钉 10，调整销 9 的轴向位置，通过限定开合螺母合拢时的距离来调整开合螺母与丝杠的啮合间隙（图 2-23c）。开合螺母与燕尾导轨间的间隙可由螺钉 12 经平镶条 11 进行调整（图 2-23d）。

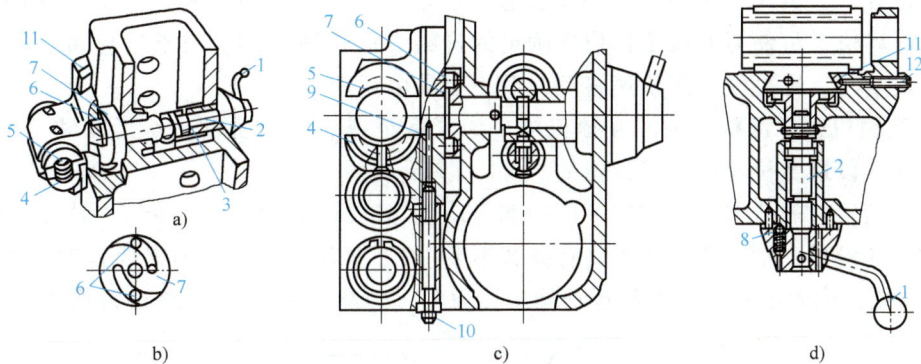

图 2-23　开合螺母机构的结构

1—手柄　2—轴　3—轴承套　4—下半螺母　5—上半螺母　6—圆柱销　7—圆盘
8—定位钢球　9—销　10、12—螺钉　11—平镶条

（4）纵、横向机动进给操纵机构　图 2-24 所示为 CA6140 型卧式车床刀架纵、横向机动进给操纵机构。纵、横向机动进给的接通、断开和换向由一个手柄集中操纵。手柄 1 通过销轴 2 与轴向固定的轴 23 相连接。向左或向右扳动手柄 1 时，手柄下端缺口通过球头销 4 拨动轴 5 轴向移动，然后经杠杆 11、连杆 12 以及偏心销使圆柱形凸轮 13 转动。凸轮上的曲线槽通过圆柱销 14、拨叉轴 15 和拨叉 16 拨动离合器 M_8，使之与空套在轴 XXⅡ 上的两个空套齿轮之一啮合，从而接通纵向机动进给，并使刀架向左或向右移动。

向前或向后扳动手柄 1 时，通过手柄下端方形部带动轴 23 转动，并使轴 23 左端的凸轮 22 随之转动，从而通过凸轮上的曲线槽推动圆柱销 19，并使杠杆 20 绕销轴 21 摆动。杠杆 20 上的另一圆柱销 18 通过拨叉轴 10 上的缺口带动拨叉轴 10 轴向移动，并通过固定在轴上

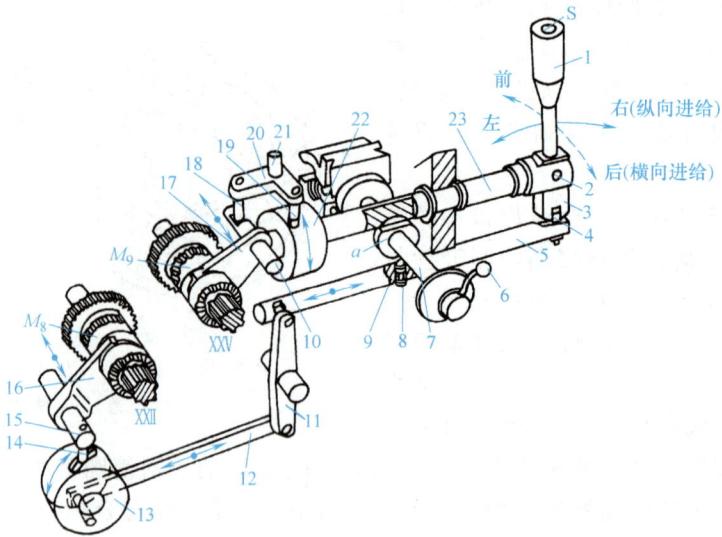

图 2-24 纵、横向机动进给操纵机构

1、6—手柄 2、21—销轴 3—手柄座 4、9—球头销 5、7、23—轴 8—弹簧销 10、15—拨叉轴
11、20—杠杆 12—连杆 13—凸轮 14、18、19—圆柱销 16、17—拨叉 22—凸轮 S—按钮

的拨叉拨动离合器 M_9，使之与轴 XXV 上的两空套齿轮之一啮合，从而接通横向机动进给。

纵、横向机动进给机构的操纵手柄扳动方向与刀架进给方向一致，给使用带来方便。手柄在中间位置时，两离合器均处于中间位置，机动进给断开。按下操纵手柄顶端的按钮 S，接通快速电动机，可使刀架按手柄位置确定的进给方向快速移动。由于超越离合器的作用，即使机动进给时，也可使刀架快速移动，而不会发生运动干涉。

（5）互锁机构 溜板箱内的互锁机构是为了保证纵、横向机动进给运动和车螺纹运动不同时接通，以避免机床损坏而设置的。

操纵手柄轴 7 的凸肩 a 上带有一削边和一 V 形槽（图 2-24、图 2-25）。轴 23 上铣有能与凸肩相配的键槽；轴 5 的小孔内装有弹簧销 8。在手柄轴 7 的凸肩与支承套 24 之间有一球头销 9。当纵、横向进给及车螺纹运动均未接通时，凸肩 a 未进入轴 23 的键槽中，球头销 9

图 2-25 互锁机构的工作原理

5、23—轴 7—手柄轴 8—弹簧销 9—球头销 24—支承套

的头部与凸肩 a 的 V 形槽相切。球头销 9 与弹簧销 8 的接触界面正好位于支承套 24 与轴 5 相切之处，因而此时可根据加工要求转动手柄轴 7 或通过进给操纵手柄转动轴 23 或移动轴 5，以便接通三种进给运动中的一种。

如转动手柄轴 7，合上开合螺母，由于手柄轴 7 上的凸肩 a 进入轴 23 的键槽之中，使轴 23 不能转动。另外，凸肩的圆周部分将球头销 9 压下，使其一部分在支承套 24 内，一部分压缩弹簧销 8 进入轴 5 的小孔中，使轴 5 不能移动。这样就保证了接通车螺纹运动后，不能再接通纵、横向机动进给。如移动轴 5 接通纵向进给运动，轴 5 小孔中的弹簧销 8 与球头销 9 脱离接触，球头销 9 被轴 5 的圆周表面顶住，其上端又卡在凸肩 a 的 V 形槽中，因此操纵手柄轴 7 被锁住，无法转动使开合螺母合拢。如转动轴 23，接通横向进给运动，这时轴 23 上的键槽不再对准凸肩 a，于是凸肩 a 被轴 23 顶住，操纵手柄轴 7 无法转动，不能使开合螺母合拢。由此可见，由于互锁机构的作用，合上开合螺母后，不能再接通纵、横向进给运动，而接通了纵向或横向进给运动后，就无法再接通车螺纹运动。

操纵进给方向手柄的面板上开有十字槽，以保证手柄向左或向右扳动后不能前后扳动；反之，向前或向后扳动后不能左右扳动。这样就实现了纵向与横向机动进给运动之间的互锁。

任务实施

一、活动内容

活动 1：认识车床机械传动结构

1. 拆去车床主轴箱箱盖、带罩等零件，进行观察

在实训车间，当把车床主轴箱的箱盖、带罩等零件拆去后，可以看到车床内有动力系统、传动系统、控制系统、执行系统和辅助系统等。

动力系统的作用是产生动力，即机械能，一般由电能通过电动机转换而成，除了电能以外还有液压能、蒸汽动力、内燃机动力等。车床的动力系统是电动机。传动系统的主要作用是把动力传至执行系统，使执行系统执行某项任务。机械传动系统的传动一般有带传动、齿轮传动、螺母副传动、联轴器传动等，因此车床的机械传动系统也一样。

2. 手工盘车，仔细观察车床机械传动装置的运动

通过手工盘车，可以发现车床运动和动力的传递情况如下：

1）运动和动力由电动机的输出轴→带传动的主动轮→带传动的从动轮→主轴箱中第Ⅰ轴（装有双向式多片摩擦离合器）上的直齿圆柱齿轮的主动齿轮→第Ⅱ轴（主轴正转）或第Ⅷ轴（主轴反转）上的直齿圆柱齿轮的从动齿轮→其他轮系传动的主动齿轮→其他轮系传动的从动齿轮→车床主轴→卡盘→工件。主轴转动并输出转动和转矩，带动工件旋转。

2）进入主轴箱的动力→换向机构→交换齿轮机构→进给变速机构→丝杠或光杠→溜板箱→刀架。溜板箱把丝杠或光杠的旋转运动变成直线运动，带动刀架上的刀具做直线移动。

3. 表述主轴箱中有哪些机械结构

观察主轴箱后，说说主轴箱的结构。

活动2：观察进给箱和溜板箱的内部结构，体会其工作过程

1）观察并说明进给箱的内部结构，体会其工作过程。

2）观察并说明溜板箱的内部结构，体会其工作过程。

二、考核评价

根据活动内容填写考核表，见表2-9。

表2-9 考核评价表

序号	考核项目		考核内容要求	配分	学生自检	学生互检	教师检测	得分
1	职业素养		文明、礼仪	5				
2			安全、纪律	10				
3			行为习惯	5				
4			工作态度	5				
5			团队合作	5				
6	观察车床机械传动机构		能正确指出动力系统、传动系统、控制系统、执行系统、辅助系统等	10				
7	基本操作能力		手工盘车，仔细观察车床机械传动装置并能说明其运动传递过程	10				
8	主轴箱	摩擦离合器	能说明双向式多片摩擦离合器的作用和内部结构	10				
		制动机构	能说明制动机构的作用和内部结构	10				
9	进给箱	丝杠和光杠的转换	能说明丝杠和光杠的作用，体验操作丝杠和光杠的转换机构及操纵机构	10				
		基本组变速操纵机构	体验操作并说明基本组变速操纵机构的工作过程	5				
10	溜板箱	纵、横向机动进给操纵机构	体验操作并说明纵、横向机动进给操纵机构的工作过程	10				
		互锁机构	体验操作并说明互锁机构的作用	5				
	综合评价							

任务三　车床箱体的拆装与维护

任务描述

图2-26所示为箱体类零件，其中图2-26a、b、c所示为整体式箱体，图2-26d、e所示为分体式箱体。箱体类零件是机器及其部件的基础零件，其功能是将机器及其部件中的轴、轴承套和齿轮等零件按一定的相互关系装配成一个整体，并按预定的传动关系保证箱内零件运动的平稳。因此，箱体上零件、紧固螺钉的安装质量直接影响箱体部件的精度、机器性能和寿命等。本任务以车床箱体零件为引领，学习拆装箱体上紧固螺钉的方法，对锈死螺栓进

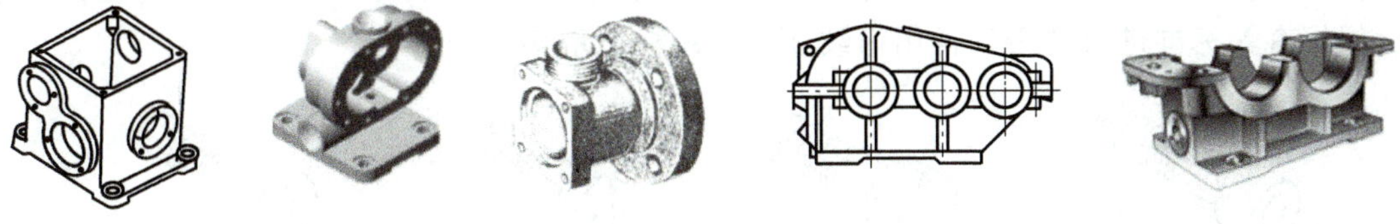

图 2-26　箱体类零件

行处理的方法，以及如何对箱体类零件进行维护。

知识链接

一、箱体类零件分析

1. 箱体类零件的结构分析

箱体的结构形式虽然多种多样，但各种箱体仍有一些共同特点，如形状比较复杂、箱壁较薄且不均匀、内部呈腔形，既有精度要求较高的孔系和平面，也有许多精度要求较低的紧固螺纹孔。因此，箱体类零件的拆装部位多、难度大。

2. 箱体类零件常用材料

箱体类零件材料一般选用 HT200 ~ HT400 的灰铸铁，其中最常用的为 HT200。灰铸铁不仅成本低，而且具有较好的耐磨性、铸造性、可加工性和阻尼特性（减振性）。单件生产的或某些简易机床的箱体，为了缩短生产周期和降低成本，也可采用钢材焊接的结构。此外，精度要求较高的坐标镗床主轴箱则选用耐磨铸铁，负荷大的主轴箱也可采用铸钢件。铸造箱体毛坯时，应防止砂眼和气孔的产生。为了减少制造毛坯时产生的残余应力，应使箱体壁厚尽量均匀，箱体浇注后还应安排时效处理或退火工序。

3. 箱体的维护保养内容

（1）日常检查　箱体的日常检查是非常必要的，检查的部位主要是螺栓、润滑油面、轴承等，如果发现有松动的零件或者有漏油现象，要马上进行处理，但要注意在检查的时候不要打开视孔盖，否则灰尘易进入箱内。

（2）箱体内部检查　箱体的内部检查需要定期进行，一般不需要很频繁，一年或者半年检修一次就可以。在检查并维修好之后，要将内部齿轮、齿面等清理干净。

（3）运行过程中的检查　在箱体运行的时候要注意查看设备是不是出现了异常的声音，是不是温度升高不合理。机体内的温度最高不能超过 80℃，温度升高的范围要在 40℃ 以下。工作过程中不应该出现噪声和撞击声，发现异常的时候要马上停止运行并进行检查。

（4）箱体的清理　将箱体清理干净是减少故障的重要保障，因此要将箱体的表面清理干净，通气孔和加油孔应保持通畅，箱体不能出现裂纹或变形。查看裂纹的方法有超声波探伤和磁粉探伤两种。

二、箱体上常用的螺纹联接件

1. 常用螺纹联接件

常用的螺纹联接件有螺栓、螺钉、螺母和垫圈等，如图 2-27 所示。它们的结构、尺寸都已标准化，使用时可根据螺栓、螺钉所能承受的载荷或结构要求，计算螺纹的公称直径，然后根据有关标准进行选用。常用螺纹联接件的标记示例见表 2-10。

a) 内六角圆柱头螺钉 b) 六角头螺栓 c) 开槽盘头螺钉 d) 十字槽沉头螺钉

e) 开槽锥端紧定螺钉 f) 螺柱 g) 六角螺母 h) 六角开槽螺母 i) 平垫圈 j) 弹簧垫圈

图 2-27 常用螺纹联接件

表 2-10 常用螺纹联接件标记示例

名称	标记示例	标记格式	说　明
螺栓	螺栓 GB/T 5780 M10×40	名称　标准编号 螺纹代号×公称长度	螺纹规格为 M10,公称长度 $l=40\mathrm{mm}$(不包括头部厚度)的 C 级六角头螺栓
螺母	螺母 GB/T 6170 M20	名称 标准编号 螺纹代号	螺纹规格 M20 的 A 级 1 型六角螺母
双头螺柱	螺柱 GB/T 899 M10×40	名称　标准编号 螺纹代号×公称长度	螺纹规格 M10,公称长度 $l=40\mathrm{mm}$(不包括旋入端长度)的双头螺柱
平垫圈	垫圈 GB/T 97.2 8 140 HV	名称　标准编号 公称尺寸 性能等级	公称规格 8mm,性能等级为 140HV 级,倒角型,不经表面处理的平垫圈
螺钉	螺钉 GB/T 67 M10×40	名称　标准编号 螺纹代号×公称长度	螺纹规格为 M10,公称长度 $l=40\mathrm{mm}$(不包括头部厚度)的开槽盘头螺钉

2. 常用螺纹联接的基本类型

螺纹联接的方式比较多，通常有螺栓联接、螺柱联接和螺钉联接，如图 2-28 所示。

（1）螺栓联接 螺栓联接的特点是：螺栓穿过被联接件的通孔后配有螺母和垫片。螺

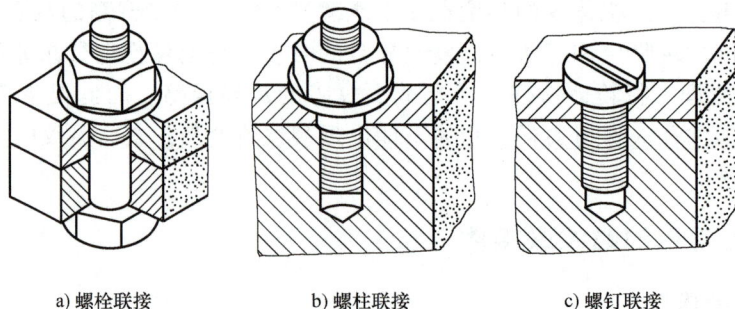

a) 螺栓联接 b) 螺柱联接 c) 螺钉联接

图 2-28 螺纹联接类型的三种形式

栓联接有普通螺栓联接和铰制孔螺栓联接两种，如图 2-29 所示。

1）普通螺栓联接：螺栓与被联接件通孔间留有间隙，螺杆与孔的加工精度要求低，结构简单，装拆方便，应用最广泛，如图 2-29a 所示。

2）铰制孔螺栓联接：孔与螺杆多采用过渡配合，螺杆与孔的加工精度要求较高，能承受与螺栓轴线垂直方向的横向载荷，有定位作用，如图 2-29b 所示。

（2）双头螺柱联接 当被联接件之一较厚，不能制成通孔，又需经常拆卸时，可采用双头螺柱联接，如图 2-30 所示。

a)   b)

图 2-29   螺栓联接

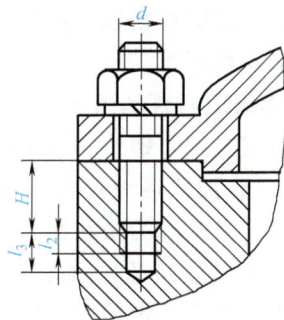

图 2-30   双头螺柱联接

（3）螺钉联接 如图 2-31 所示，螺钉不配有螺母，而是穿过被联接件的通孔，直接拧入另一被联接件的螺纹孔内，其结构简单，受力不大，不宜经常装拆。

（4）紧定螺钉联接 将紧定螺钉拧入被联接件之一的螺纹孔内，其末端与被联接件表面顶紧，主要起固定位置并传递不大的力或转矩的作用，如图 2-32 所示。

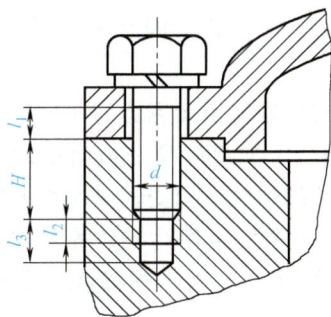

图 2-31   螺钉联接

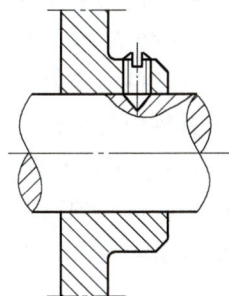

图 2-32   紧定螺钉联接

三、螺纹联接

1. 螺纹联接的种类

机床各零部件间的相互固定和联接，一般是通过螺纹联接和导轨副连接来实现的。

螺纹联接是将两个或两个以上的零件连成一体的结构。由于制造、安装、运输和维修的需要，工业上广泛采用各种连接。连接可分为两大类：一类是动连接，即运动副；另一类是静连接，即被连接零件间不允许产生相对运动的连接。

连接通常又按是否可拆分为可拆连接和不可拆连接。可拆连接在拆卸时，不会破坏或损伤连接中的任何零件，如键联接、销联接和螺纹联接等。可拆连接一般具有通用性强、可随时更换、维修方便、允许多次重复拆装等优点。不可拆连接在拆卸时，至少要破坏或损伤连接中的一个零件，如焊接、铆接、黏结或过盈连接等。不可拆连接结构简单，成本低廉。

螺纹联接件具有联接简单、便于调节，可多次拆装等优点。螺纹联接件的拆卸比较容易，但如果工具选用不当或拆卸方法不正确，则可能造成其损坏。例如，使用大于螺母宽度的扳手进行拆装，可能使螺母棱角被拧圆；使用的螺钉旋具的头部厚度尺寸与螺钉顶部开槽不符，或用力不当，将使开槽边缘被削平、损坏；使用过长的加力杆或在未搞清螺纹旋向时进行拆装，可能拧断螺栓或损坏螺纹等。因此，要选择正确的工具进行拆卸，如拆卸双头螺柱要用梅花扳手等。

2. 螺纹联接件的预紧

在装配时拧紧螺纹联接的螺母，使各联接件在承受工作载荷之前，受到预紧力的作用（螺栓受拉，被联接件受压），这就是螺纹联接的预紧。这种螺纹联接称为紧联接，而不需预紧的螺纹联接称为松联接。

（1）螺纹联接的预紧力矩 如图2-33所示，在螺纹联接的预紧中，操作者给扳手施加的力为 F，力 F 距螺栓中心的距离为 L，则操作者给螺纹联接施加的力矩为

$$T_0 = FL$$

可见，操作人员对螺纹联接施加的力矩与 F 和 L 有关，F 或 L 越大，力矩 T_0 越大。如果预紧力过大，会损坏螺纹联接件；预紧力过小，则达不到预紧的目的。因此，要保证螺纹联接的安全性，不至于使其因过载而受到破坏，对于钢制 M10～M68 的普通螺栓，预紧力矩

$$T = (0.15 \sim 0.25) F_0 d$$

式中　F_0——预紧力；

　　　d——螺栓的公称直径。为保证被联接件均匀受压，装拆时应按一定的顺序逐次（一般为2～3次）拧紧或松开螺栓。

（2）螺纹联接件的受力分析 如图2-34a所示，当螺纹联接受预紧力矩 T 时，螺栓受到力 F_0 的作用，沿其轴向发生伸长变形，称为轴向拉伸；相反，如果螺栓受力沿轴向发生缩短变形，称为轴向压缩。所以在预紧力矩的作用下，螺纹联接件中的螺栓受轴向拉力的作用。

对于螺母，在螺纹预紧力的作用下，螺母本身存在一个发生相对错动的环截面，这种截面间发生的相对错动变形，称为剪切变形，如图2-34b所示。同时，螺母和被联接件之间的

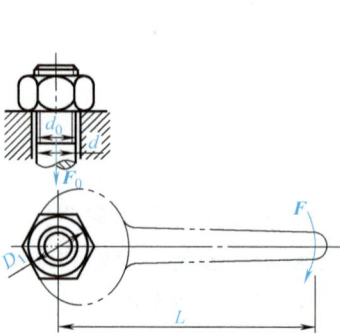

图 2-33　力矩

a)　　　　　　　　　　　b)

图 2-34　螺栓受力图

接触面上由于局部承受较大的压力而出现塑性变形的现象（即压陷），称为挤压破坏，作用于接触面间的压力称为挤压力。

（3）螺纹联接的防松方法　在静载和工作温度变化不大时，螺纹联接件自锁可靠，不会松动。但受到冲击、振动、变载荷或温度变化较大时，螺纹联接常失去自锁能力，产生自动松脱的现象。为确保机器正常工作，避免事故，螺纹联接要采取有效的防松措施，常用的防松方法见表 2-11。

表 2-11　螺纹联接常用的防松方法

防松方法	图示及说明		
摩擦力防松	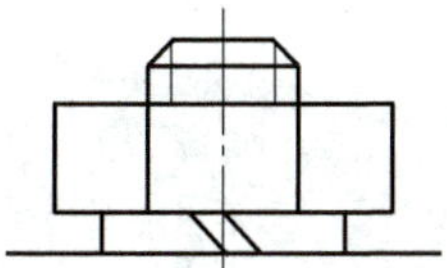 弹簧垫圈	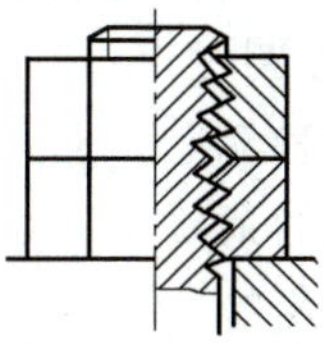 对顶螺母	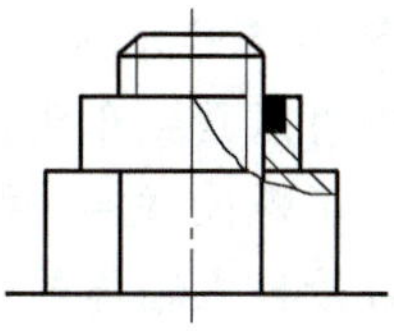 尼龙圈锁紧螺母
	弹簧垫圈材料为弹簧钢，装配后垫圈被压平，其反弹力能使螺纹间保持压紧力和摩擦力	利用两螺母的对顶作用使螺栓始终受到附加的拉力和附加的摩擦力。结构简单，可用于低速重载场合	螺母中嵌有尼龙圈，拧紧后尼龙圈内孔被胀大，箍紧螺栓
机械防松	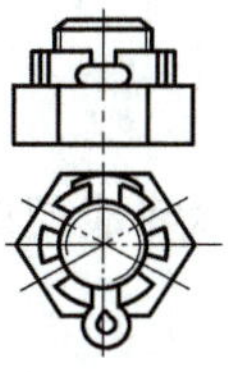 六角开槽螺母和开口销	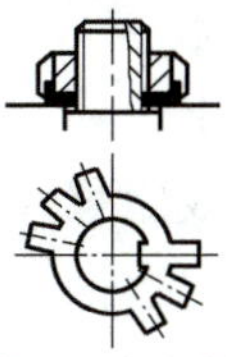 圆螺母用止动垫圈	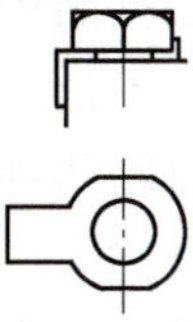 带舌止动垫圈
	六角开槽螺母拧紧后，用开口销穿过螺栓尾部小孔和螺母的槽，也可以用普通螺母拧紧后再配钻开口销孔	使垫圈内翅嵌入螺栓（轴）的槽内，拧紧螺母后将垫圈外翅之一褶嵌于螺母的一个槽内	将垫圈褶边以固定螺母和被联接件的相对位置
其他方法防松	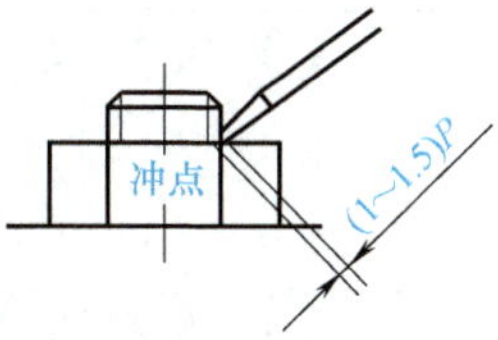 冲点法防松：用冲头冲 2~3 点	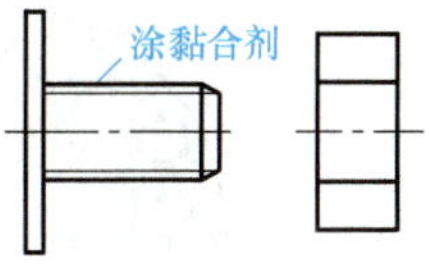 涂黏合剂　用黏合剂涂于螺纹旋合表面，拧紧螺母后黏合剂能自行固化，防松效果良好	

在各种工作环境下，螺纹联接必须满足的基本要求是：一要有足够的强度和刚度，不能断裂和被压坏；二要联接可靠，不松动，并有防松措施。

任务实施

一、活动内容

本活动要求如下：

箱体上的
螺纹联接件

1）拆装车床进给箱箱体上的箱盖，了解箱体和箱盖的连接方式；能按顺序拆装成组螺纹联接。

2）对实训车间的箱体部件做一次日常维护保养。

3）讨论螺纹联接件的各种类型。

4）讨论如何正确使用扳手等常用拆装工具。

5）讨论在拆装车床进给箱箱盖过程中的注意事项。

活动1：拆卸车床进给箱箱体的上盖

1. 观察车床进给箱箱体和箱盖的连接并进行拆卸

图 2-35 所示为车床进给箱示意图，从图中可以看到车床进给箱的箱体和箱盖采用了螺栓联接。螺栓穿过箱盖的通孔，直接拧入箱体的螺纹孔内，利用螺旋副的自锁特性，将箱体和箱盖固定为一个整体。

在选用合适的固定扳手（尽量不用活扳手）对进给箱的箱体和箱盖进行拆卸前，应根据装配图所示的联接情况制订拆装工作计划，然后按工作计划进行

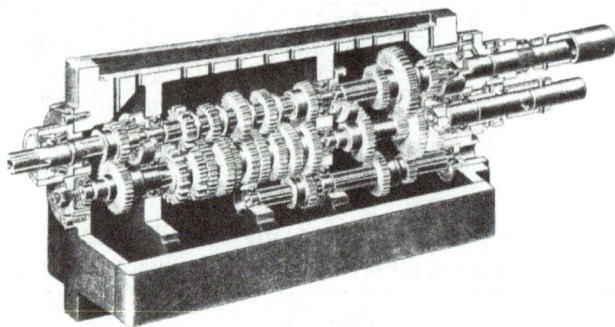

图 2-35 车床进给箱示意图

拆装。由于箱体和箱盖联接采用的是成组螺纹联接件，故应按照拆卸成组螺纹联接件的操作方法进行拆卸。

拆卸的操作方法和注意事项如下：

1）拆卸成组螺纹联接件时，应按规定顺序，先四周后中间，或按对角线进行拆卸（图 2-36），且拆卸时应先将各螺纹联接件拧松 1~2 圈，然后逐一拆卸，以免应力最后集中到一个螺栓上，造成难以拆卸或使零件变形和损坏。

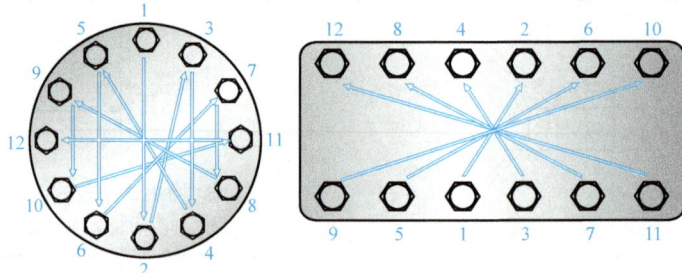

图 2-36 成组螺纹联接件的拆卸顺序

2）先将处于难拆部位的螺栓卸下。

3）拆卸悬臂部件的环形螺栓组时，应特别注意安全。除仔细检查起吊是否平稳、起重索是否捆牢外，应先从下面开始按对称位置拧松螺栓，最上部的一个或两个螺栓应在最后分解吊离时取下，以免造成事故或损伤零件。

4）应仔细检查外部不易观察到的螺栓，确定整个螺栓组已拆完后，方可用起吊螺钉和撬棍等工具将联接件分离。否则，容易造成零件的损伤。

5）拆下的零件应妥善保管，按次序排放好，以便装配。对螺栓应做好标记，避免在装配时出现错误。千万不能把拆下的零件乱扔乱放，且工具和零件要分开摆放，不能混在一起，应有次序、文明地进行操作。

6）由于箱体较重，拆装时请注意安全，防止砸伤。

2. 断头螺栓和锈死螺栓的拆卸

（1）断头螺栓的拆卸　可在螺栓上钻孔，打入多角钢杆，再把螺栓拧出。如螺栓断在机件表面以下，可在断头端中心钻孔，在孔内攻反旋向螺纹，用反旋向螺钉或丝锥将其拧出。如螺栓断在机件表面以上，可在断头上加焊螺母拧出，或在凸出断头上用钢锯锯出一个沟槽，然后用螺钉将其拧出，或用钻头把整个螺栓钻掉，重新攻比原来直径稍大的螺纹并选配相应的螺栓。

（2）锈死螺栓或螺母的拆卸　这种情况在机器的维修中经常遇到。先用锤子轻轻敲打螺栓、螺母四周，以振碎锈层，然后将其拧出，敲振时，用力不能过猛，也不能沿轴向敲打，只能沿径向敲打，以免使螺纹在外力的作用下损坏；也可先向拧紧方向稍拧动一些，再向反方向拧，如此反复，逐步将其拧出；或者在螺母、螺栓四周浇些煤油，或放上蘸有煤油的棉丝，浸透20min左右，利用煤油很强的渗透力渗入锈层，使锈层变松，然后将其拧出。当上述三种方法都不奏效时，若零件许可，则快速加热螺母或螺栓四周，使零件或螺母膨胀，然后快速将其拧出。

活动 2：装配进给箱箱盖和箱体，并且对箱体部件进行维护保养

1. 认识箱体支承部件的结构和功能

观察已拆去箱盖的车床进给箱（图2-35）。由初步分析可以看出，这台机械设备由箱体、轴承、主轴、齿轮等零部件组成，从运动观点来看，可把车床进给箱的各构件分为运动构件和非运动构件，而非运动构件大都是支架和箱体类的支承部件，其功能是将运动构件按一定的空间位置安装、固定，以达到相关机器设备的工作要求。

2. 装配进给箱箱盖和箱体

在装配车床进给箱箱盖和箱体前，应先对拆下的箱体和箱盖的接触表面进行清洗，其中螺栓、螺母应在机油中洗净，螺孔内的油污应用压缩空气吹净；然后把箱体和箱盖按正确的位置组合为一体，再把先前做好标记的螺栓依次旋入螺孔中，装入螺栓时必须用油润滑，以免旋入时产生咬住现象，同时也可为以后的拆卸提供方便；最后使用合适的工具按照正确的方法旋紧。由于是成组的螺母，在旋紧时必须按照正确的顺序进行，并做到分次逐步旋紧，否则会使零件间压力不一致，从而引起变形或个别螺纹过载。

为了增强联接的可靠性、紧密性和刚性，提高联接的防松能力，防止受载后被联接件间出现间隙或发生相对滑动，还要对螺栓进行预紧。但过大的预紧力可能会使螺栓在装配时或偶然过载时被拉断。通常拧紧力矩靠操作者的安装经验决定，不容易控制，因此对于重要的螺纹联接，装配时应严格控制预紧力（或预紧力矩）的大小，且不宜采用直径小于12mm的螺栓，通常采用指针式测力矩扳手或预置式定力矩扳手来控制预紧力矩的大小。

装配的操作方法和注意事项如下：

旋紧长方形布置的成组螺母时，必须从中间开始，逐渐向两边对称地扩展进行。如果旋紧圆形或正方形布置的成组螺母，必须对称进行。在装配螺栓的过程中，要保证它们联接得坚固有力，不会松动，故螺栓与零件贴合的表面应光洁、平整，贴合处的表面应当经过加工，否则容易松动或使螺钉弯曲。

3. 对实训车间机床的箱体部件做一次日常维护保养

1）按二人一组分别选择机床的箱体部件。

2）按项目一任务四中对设备进行日常维护的要求，并且结合箱体维护保养内容进行维护保养。

二、考核评价

根据活动内容填写考核评价表，见表 2-12。

表 2-12　考核评价表

序号	考核项目	考核内容要求	配分	学生自检	学生互检	教师检测	得分
1	职业素养	文明、礼仪	5				
2		安全、纪律	10				
3		行为习惯	5				
4		工作态度	5				
5		团队合作	5				
6	工作计划能力	能正确、合理制订拆装工作计划	10				
7	基本操作能力	能正确选用常用拆装工具并正确使用	10				
8	拆卸能力	能按规定顺序拆卸成组螺纹联接件	5				
		对拆下的零件能妥善保管，并按次序排放	5				
		对拆下的螺栓能做好标记并按次序排放	5				
		拆装工具和拆下的零件能分开摆放，有次序、文明地进行操作	5				
		能正确拆卸断头螺栓和锈死螺栓及螺母	10				
9	装配能力	能正确清洗拆下的零件、螺栓等	5				
		能正确、合理地装配进给箱箱盖和箱体	5				
10	维护保养能力	能按要求对箱体部件进行维护保养	10				
	综合评价						

任务四　车床导轨副的拆装与维护

✏ 任务描述

图 2-37 所示为车床的导轨副。车床的导轨是支承和引导部件沿着一定的轨迹准确运动或起夹紧定位作用的轨道。当运动件沿着支承导轨件做直线运动时，支承导轨件上的导轨起支承和导向作用，即支承运动件和保证运动件在外力（外载荷及构件本身重力）的作用下，沿给定的方向进行直线运动。本任务以车床导轨副零件为例，学

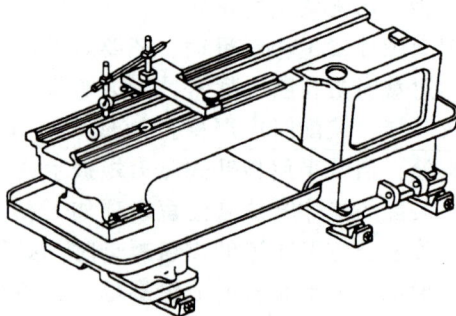

图 2-37　车床的导轨副

习导轨副零件的类型和结构特点，学会正确安装导轨并检测其精度，以及对其进行维护和保养的方法。

知识链接

一、导轨的分类和结构

图 2-37 所示的车床导轨为滑动导轨，其截面形式为不对称三角形，属于机床导轨中使用最广泛的类型，也是其他形式导轨的基础。除此之外，导轨还有矩形导轨、燕尾形导轨和圆形导轨，如图 2-38 所示。

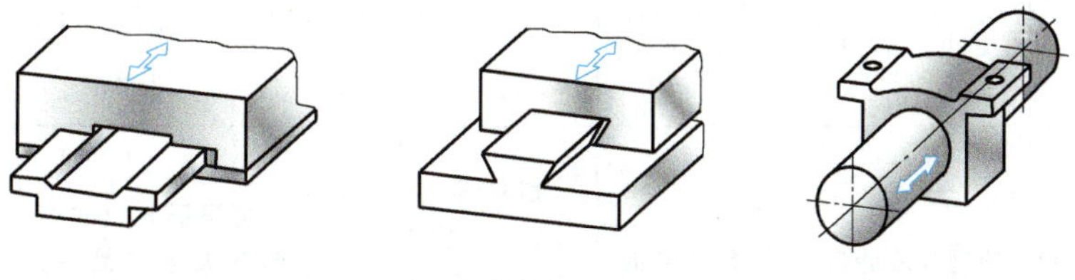

a) 矩形导轨(平面导轨)副　　　b) 燕尾形导轨(楔形导轨)副　　　c) 圆形导轨副

图 2-38　滑动导轨副

导轨副是机床中常见的连接结构。机械设备中的连接结构形式除了螺纹联接等静连接外，还有导轨连接结构这种常见的移动副，它是机械连接中的一类重要结构——动连接。

1. 导轨的分类

导轨按运动形式分为直线导轨和环形导轨；按摩擦性质分为滑动导轨、滚动导轨、静压导轨和气浮导轨；按导轨材料分为铸铁导轨、钢导轨和塑料导轨；按工作性质分为主运动导轨、进给运动导轨和调整运动导轨；按受力情况分为开式导轨和闭式导轨。

2. 滑动导轨的结构

（1）圆形导轨和直线形滑动导轨　滑动导轨截面的基本形式见表 2-13，表中的滑动导轨形式除了圆形导轨外均为直线形滑动导轨。

（2）环形滑动导轨　环形滑动导轨用于圆工作台、转盘等旋转运动部件。图 2-39a 所示为平面圆环导轨，必须配有工作台心轴轴承，用得较多。图 2-39b 所示为锥形圆环导轨，能承受轴向和径向载荷，但制造较困难。图 2-39c 所示为 V 形圆环导轨，制造复杂。

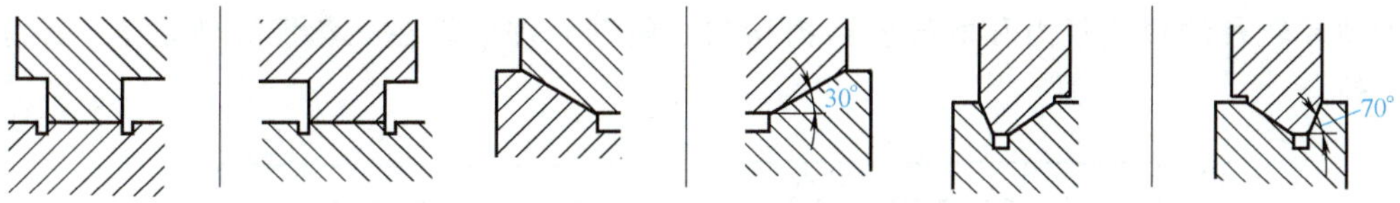

a) 平面圆环导轨　　　　　b) 锥形圆环导轨　　　　　c) V形圆环导轨

图 2-39　环形滑动导轨

不论是直线导轨还是圆环导轨，都可分为凸形导轨副与凹形导轨副（按固定导轨的凹凸情况）。

表 2-13　滑动导轨截面的基本形式

截面形状	对称三角形	不对称三角形	矩形	燕尾形	圆形
凸形	（45° 45°）	（90° 15°~30°）		（55° 55°）	
凹形	（90°~120°）	（52° 90°）		（55° 55°）	
说明	三角形导轨磨损后能自动补偿，故导向精度高。它的截面角度由载荷大小及导向要求而定，一般为90°。为增加承载面积，减小比压，在导轨高度不变的条件下，采用较大的顶角（110°~120°）；为提高导向性，采用较小的顶角（60°）。如果导轨上所受的力在两个方向上的分力相差很大，应采用不对称三角形，以使力的作用方向尽可能垂直于导轨面		矩形导轨（平面导轨）的优点是结构简单、制造、检验和修理方便；导轨面较宽，承载力较大，刚度高，故应用广泛。但它的导向精度没有三角形导轨高，导轨间隙需用压板或镶条调整，且磨损后需重新调整	燕尾形导轨的调整及夹紧较简便，用一根镶条可调节各面的间隙，且高度小，结构紧凑，但制造检验不方便，摩擦力较大，刚度较差，用于运动速度不高、受力不大、高度尺寸受限制的场合	圆形导轨制造方便，外圆磨削而成，内孔珩磨后可达精密的配合，但磨损后不能调整间隙。为防止转动，可在圆柱表面开键槽或加工出平面，但不能承受大的转矩，宜用于承受轴向载荷的场合，如拉床、钻床的主轴和导向套组成的导轨副

1）凸形导轨副：不易积存切屑，但也不易存油，故常用于低速移动的场合。

2）凹形导轨副：能存油，润滑条件好，用于速度较快的场合，但必须有充分的防护措施。

3. 常用滑动导轨的组合形式

（1）三角形和矩形组合导轨　这种组合形式如图2-40所示，有V-平组合和棱-平组合两种形式。以三角形导轨为导向面，导向精度较高，平导轨的工艺性又好，因此此组合导轨应用最广。V-平组合导轨易储存润滑油，低、高速都能采用；棱-平组合导轨不能储存润滑油，只用于低速移动。

为使导轨移动轻便省力和两导轨磨损均匀，驱动元件应设在三角形导轨之下，或偏向三角形导轨。

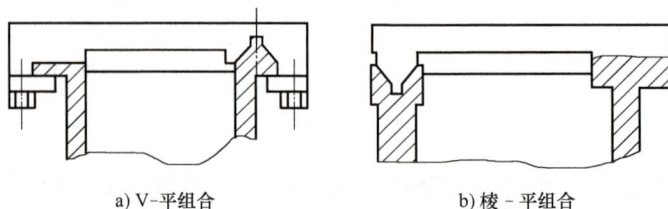

a) V-平组合　　　　　　　　　　b) 棱 - 平组合

图 2-40　三角形和矩形组合导轨

（2）矩形和矩形组合导轨　这种组合形式如图 2-41 所示，承载面和导向面分开，因而制造和调整简单。其导向面的间隙用镶条调整，接触刚度低。

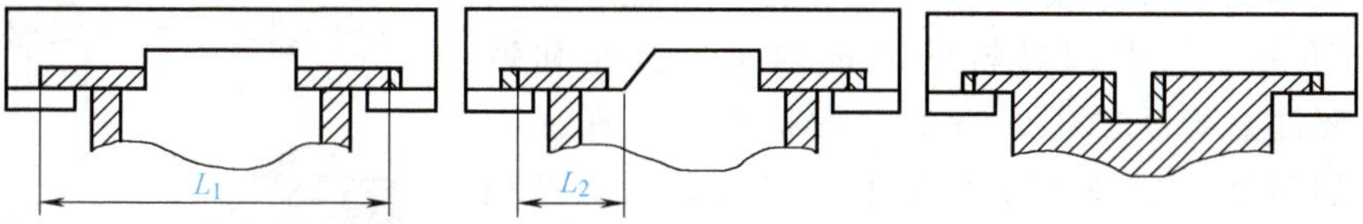

图 2-41　矩形和矩形组合导轨

（3）双三角形导轨　由于此组合形式采用对称结构，两条导轨磨损均匀，磨损后对称位置不变，故对加工精度的影响小，接触刚度好，导向精度高，但工艺性差，四个表面刮削或磨削后也难以完全接触，如运动部件热变形不同，也不能保证四个面同时接触，故不宜用在温度变化大的场合。

二、机床导轨的维护与保养

1. 对导轨的要求

导轨的准确度和移动精度直接影响机床的加工精度。因而，对导轨有以下要求。

（1）一定的导向精度　导向精度是指运动件沿导轨移动的直线性，以及它与有关基面间相互位置的准确性。

（2）运动轻便平稳　导轨工作时应轻便省力，速度均匀。

（3）良好的耐磨性　导轨的耐磨性是指导轨长期使用后，仍能保持一定使用精度的性能。导轨在使用过程中会被磨损，但应使磨损量小，且磨损后能自动补偿或便于调整。

（4）足够的刚度　运动件所受的外力是由导轨面承受的，故导轨应有足够的接触刚度。为此，常加大导轨面宽度以降低导轨面比压，或设置辅助导轨以承受外载。

（5）温度变化影响小　应保证导轨在工作温度变化的条件下仍能正常工作。

（6）结构工艺性好　在保证导轨其他要求的前提下，应使导轨结构简单，便于加工、测量、装配和调整，降低成本。

必须指出，以上 6 点要求是相互影响的。

2. 导轨的润滑

润滑导轨的目的是减少摩擦阻力和磨损，以避免低速爬行，降低高温时的温升。因此，导轨的润滑很重要。导轨的润滑方式有浇杯、油杯、手动油泵和自动润滑等。在加油时应注意保护导轨面，不能造成导轨面的损伤，要选择合适的工具加油；在操作过程中应保持润滑油的清洁，严格按换油计划换油，不得漏加或错加，在加油过程中还应注意文明操作。

润滑油能使导轨间形成一层极薄的油膜，使导轨尽量在接近液体摩擦的状态下工作，阻止或减少导轨面的直接接触，减小摩擦和磨损，以延长导轨的使用寿命。同时，对于低速重载运动，润滑油可以防止发生爬行现象；对于高速运动，润滑油可以减少摩擦热，减少热变形。

3. 导轨的防护

导轨的防护装置用来防止切屑、灰尘等脏物落到导轨表面，以免使导轨擦伤、生锈和过早磨损。为此，在运动导轨端部安装有刮板，采用各种式样的防护罩，使导轨不外露等办法对其进行防护，如图 2-42 所示。

4. 导轨的维护与保养

在使用机床的过程中要注意防止切屑、磨粒或切削液散落在导轨面上，引起导轨的磨损加剧、擦伤和锈蚀。为此，要注意导轨防护装置的日常检查，以保证导轨防护装置的清洁。此外，每天工作结束后必须清理和检查导轨，并及时添加润滑油。

使用导轨应注意以下事项。

1）保持导轨及其周围环境的清洁，因为即使肉眼看不见的微小灰尘进入导轨，也会增加导轨的磨损、振动和噪声。

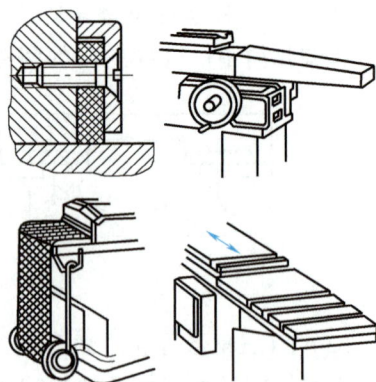

图 2-42　导轨的防护装置

2）在使用或安装导轨时要认真仔细，不允许强力冲压，不允许用锤子直接敲击导轨，不允许通过滚动体传递压力。

3）安装时应使用合适、准确的安装工具（尽量使用专用工具），避免使用布类和短纤维类的物体清洁导轨。

三、润滑油和清洗溶液的选择及清洗方法

1. 润滑油的选择

1）润滑油既作为液压介质又作为导轨油，应根据不同类型机床导轨的需要选用，既要满足导轨的要求，又要满足液压系统的要求。对于坐标镗床类的机床，润滑油的黏度应选得高些（50℃时为 $40 \sim 90 mm^2/s$）；对于各类磨床，润滑油由液压系统供给，而液压系统的要求较高，此时润滑油的黏度应选得低些（50℃时为 $20 \sim 40 mm^2/s$），即液压系统所需的黏度。

2）按滑动速度和平均压力来选择润滑油黏度。

3）可根据国内外机床导轨润滑的实际应用要求来选择润滑油。

2. 清洗溶液的选择

1）煤油和轻柴油在清洗零件时应用较广泛，它们能清除一般油脂，铸件、钢件、非铁金属件都可清洗，使用比较安全，但挥发性较差。对于精密零件，最好使用含有添加剂的专用汽油进行清洗。

2）为了节约燃料，正在大力研究和推广使用金属清洗剂，因此应选用市场上价格便宜、有良好的使用性和适用性的清洗溶液。

3. 清洗方法

清洗方法主要有擦洗、浸洗、喷洗、气相清洗和超声波清洗等。

1）擦洗。擦洗操作简便，使用设备简单，但生产率低，常用于单件、小批量的中小型零件以及大型零件的局部清洗。擦洗的清洗液一般用汽油、煤油、轻柴油或化学清洗液，有特殊要求的可用乙醇、丙酮等。

2）浸洗。浸洗是将被清洗的轴承零件浸入相应的清洗液中浸泡，使油污被溶解或与清洗液起化学作用而被清除的清洗方法。它适用于批量大、轻度黏附油污的零件，各种清洗液均可使用。

3）喷洗。喷洗是将具有一定压力和湿度的清洗液向零件表面喷射，以清除油垢的清洗

方法。此法清洗效果好，生产率也高，但设备较复杂，常用于表面黏附较严重的油垢和半固体油垢的零件。

4）气相清洗。气相清洗利用含有清洗剂的蒸气与油垢发生作用，以除去油垢的清洗方法。当前使用的只有三氯乙烯等蒸气。此法生产率高，清洗效果好，但设备复杂，易污染，劳动保护要求高，适用于表面附有中等油污的中小型零件。

5）超声波清洗。超声波清洗是在盛满清洗液的容器内装入有油垢的零件，然后将超声波引入清洗液内的清洗方法。在超声波的作用下，清洗液中会产生大量空气泡，且不断胀大，然后爆裂，爆裂时产生几百乃至几千个大气压的冲击波，使轴承表面的油垢剥落，以达到清洗的目的。此法清洗效果好，生产率高，适用于清理要求高的零件。碱液、化学清洗液、煤油、柴油、三氯乙烯等清洗液均可用于超声波清洗。

任务实施

一、活动内容

本活动要求如下：
1）拆装导轨副，检测导轨的精度，清洗检查导轨副。
2）讨论拆装导轨副的工作计划和注意要点。
3）讨论检测导轨精度过程中的注意事项。
4）讨论清洗、检查导轨副过程中的注意事项。

活动 1：拆卸车床导轨副并清洗

1. 拆去普通车床的拖板

在拆卸拖板的过程中，应注意导轨面的保护，以免损坏导轨面。拆除拖板后的导轨如图 2-37 所示。拆卸拖板滑块座的步骤如下：
1）按对角顺序拧下基准侧和非基准侧滑块座上的各个螺钉。
2）拧下基准侧滑块座侧面压紧装置上的各个螺钉。
3）将工作台从滑块座的平面上移下。由于拖板较重，应注意安全，以免伤人。

2. 清洗检查导轨副

除对已拆下的导轨副进行清洗外，还应对全部拆卸件进行清洗。应彻底清除拆卸件表面上的脏物，检查其磨损痕迹、表面裂纹和砸伤缺陷，检查压紧装置有无损坏，检查导轨副的尺寸误差和几何误差等。

通过检查，确定零件的再用、修复或更换情况。必须重视再用零件或新换零件的清理，要清除零件在使用中或者加工中产生的飞边。例如，轴类零件的螺纹部分、孔轴滑动配合件的孔口部分都必须清理毛边，这样才有利于装配工作与零件功能的正常发挥。零件清理工作必须在清洗过程中进行，清洗后用压缩空气吹干，并涂上机油防止零件生锈。若用化学碱性溶液清洗零件，洗涤后还必须用热水冲洗，防止零件表面被腐蚀。

活动 2：安装与检测导轨副并进行润滑与保护

1. 安装与检测导轨副

由于机床导轨副的两个主要部件——滑块（被支承件）和轨道要求有平稳的相互运动，

它们之间的配合是间隙配合，所以机床导轨副的安装工作主要是安装前的检查和安装后的间隙调整和润滑维护。

（1）安装前的检查与修复 在安装导轨副前，必须对导轨副的各零件进行严格的检查，检查内容如下。

1）检查导轨是否有合格证。

2）检查导轨副配合面是否有碰伤或锈蚀，如有锈蚀需用防锈油清洗干净，并清除装配表面的飞边、撞击凸起物及污物等。

3）检查导轨副的尺寸和几何误差是否符合要求，尤其是检查导轨的直线度误差。

4）检查装配联接部件的螺栓孔是否吻合，如果发生错位而强行拧入螺栓，将会降低运动精度。

5）对滑块（被支承件）和轨道及所有零件进行清洁，必要时涂上润滑油。

（2）按工作计划进行安装

1）将导轨基准面紧靠机床装配表面的侧基面对准螺钉孔，将导轨轻轻地用螺栓固定。

2）上紧导轨侧面的顶紧装置，使导轨基准侧面紧紧靠贴床身的侧面。

3）按表2-14的参考值，用力矩扳手拧紧导轨的安装螺钉，注意从中间开始按交叉顺序向两端拧紧。

表2-14 推荐拧紧力矩

螺钉规格	M3	M4	M5	M6	M8	M10	M12	M14
拧紧力矩/N·m	1.6	3.8	7.8	11.7	28	60	100	150

（3）安装滑块座

1）将工作台置于滑块座的平面上，并对准安装螺钉孔，轻轻地压紧。

2）拧紧基准侧滑块座侧面的压紧装置，使滑块座基准侧面紧紧靠贴工作台的侧基面。

3）按对角顺序拧紧基准侧和非基准侧滑块座上的各个螺钉。

在安装过程中，应注意导轨面的保护，以免损坏导轨面。由于拖板较重，要注意安全，以免伤人。

（4）检测导轨副 导轨副安装精度的高低直接决定了机床的加工精度，导轨副安装完毕后，应检查其全行程内运行是否轻便、灵活，有无阻滞现象，检查导轨副表面有无划痕和缺陷，摩擦阻力在全行程内不应有明显的变化。达到此要求后，再检查工作台的运行直线度和平行度误差是否符合要求。运行直线度和平行度误差用百分表测量。

1）测量尾座导轨对溜板导轨平行度误差。将检验桥板横跨在溜板导轨上，用百分表测头触及导轨面，移动桥板，在全长上进行测量，百分表读数差即为其平行度误差。

2）测量溜板导轨水平面内的直线度误

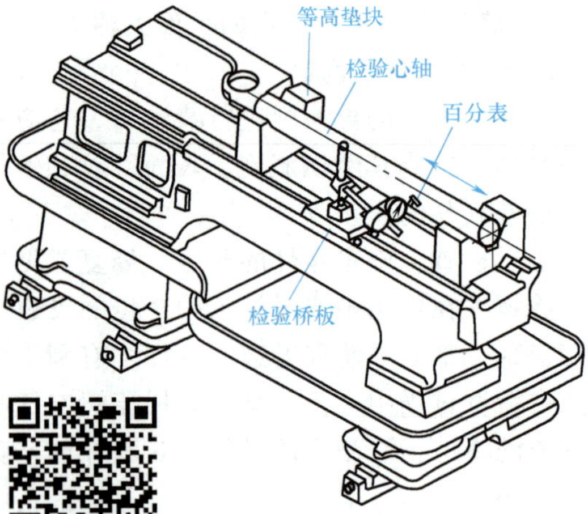

导轨副安装后的检测

图2-43 导轨副安装后的检测

差，如图 2-43 所示。移动检验桥板，百分表在导轨全长范围内最大读数与最小读数之差，为导轨水平面内的直线度误差。

（5）调整导轨副的间隙 为保证导轨正常工作，导轨滑动表面之间应保持适当的间隙。间隙过小，会增加摩擦阻力；间隙过大，会降低导向精度。导轨的间隙如依靠刮研来保证，要花费很多的劳动量，而且导轨长期使用后，会因磨损而增大间隙，需要及时进行调整，故矩形、燕尾形导轨必须具有间隙调整装置。

矩形导轨需要在垂直和水平两个方向上调整间隙。

1）在垂直方向上，一般采用下压板调整它的底面间隙。其方法有：刮研或配磨下压板的接合面，如图 2-44a 所示；用螺钉调整镶条位置，如图 2-44b 所示；改变垫片的片数或厚度，如图 2-44c 所示。

2）在水平方向上，常用平镶条或斜镶条调整它的侧面间隙，如图 2-45 所示。圆形导轨的间隙不能调整，三角形导轨磨损后可自动调整间隙。

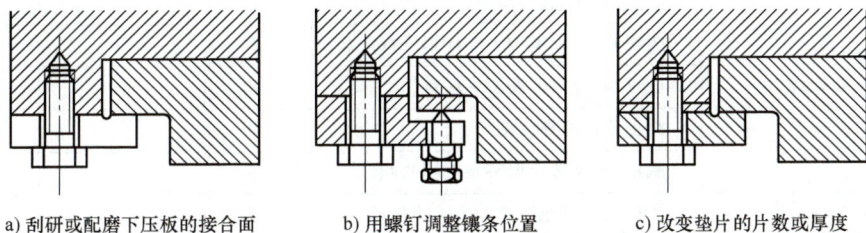

a) 刮研或配磨下压板的接合面　　b) 用螺钉调整镶条位置　　c) 改变垫片的片数或厚度

图 2-44　导轨副垂直方向上的间隙调整

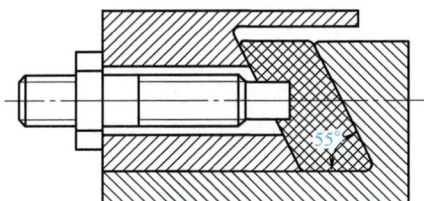

图 2-45　导轨副水平方向的间隙调整

2. 导轨副的润滑与维护

对于已经装配好的导轨副，按照已学润滑与维护的方法进行润滑与维护。

二、考核评价

根据活动内容填写考核评价表，见表 2-15。

表 2-15　任务实施考核评价表

序号	考核项目	考核内容要求	配分	学生自检	学生互检	教师检测	得分
1	职业素养	文明、礼仪	5				
2		安全、纪律	10				
3		行为习惯	5				
4		工作态度	5				
5		团队合作	5				

（续）

序号	考核项目	考核内容要求	配分	学生自检	学生互检	教师检测	得分
6	工作计划能力	能正确、合理地制订拆装工作计划	5				
7	基本操作能力	能正确选用常用拆装工具并正确使用	5				
8	拆卸能力	能按规定顺序拆卸导轨副	5				
		对拆下的零件能妥善保管，并按次序摆放	5				
		对拆下的螺栓能做好标记并按次序摆放	5				
		拆装工具和拆下的零件能分开摆放，有次序、文明地进行操作	5				
		能正确清洗、检查导轨副	5				
9	装配能力	安装前的检查与修复工作	5				
		能正确、合理地按工作计划进行安装	5				
		能正确、合理地安装滑块座	10				
		能正确检测导轨副	5				
		能正确、合理地调整导轨副的间隙	5				
10	维护保养能力	能按要求对导轨副进行维护保养	5				
	综合评价						

项目三

铣床机械结构及维护

项目描述

铣床是加工平面零件的主要机床之一，其主要作用是使用铣刀铣削平面或沟槽。本项目主要学习铣床的工作原理和机械结构，并通过两个具体实训实例来掌握常用机械结构中轴承的拆装与维护、齿轮传动装置的拆装与维护技能。

学习目标

一、知识目标

1. 了解铣床的工作范围、工作原理和传动系统。
2. 掌握铣床机械结构的特点。

二、技能目标

1. 能正确描述铣床机械结构的相互关系。
2. 会识别铣床各部件的作用。
3. 会识读和分析铣床的传动系统图。
4. 掌握机械结构中轴承的拆装与维护技能。
5. 掌握机械结构中齿轮传动装置的拆装与维护技能。

任务一　认识铣床的工作过程

任务描述

图 3-1 所示为两种常用的普通铣床，其中，图 3-1a 所示为卧式铣床，图 3-1b 所示为立式铣床。铣床是以主轴带动刀具旋转做主运动，工作台带动零件移动做进给运动来完成零件与刀具之间的相对运动的一类机床。通过本任务的学习，将了解铣床的工作范围，铣床整个

传动系统的运动规律。另外，通过实际操作铣床的操纵手柄，可亲身体验铣床各个部件的运动关系，更加牢固地掌握铣床的工作原理。

a) 卧式铣床　　　　　　　　　　　b) 立式铣床

图 3-1　常用的普通铣床

知识链接

一、铣床的工艺范围

铣床是一种工艺用途广泛的机床，可用铣刀加工各种水平、垂直的平面、沟槽、键槽、T形槽、燕尾槽、螺纹、螺旋槽，以及齿轮、链轮、花键槽、棘轮等各种成形表面，如图 3-2 所示。

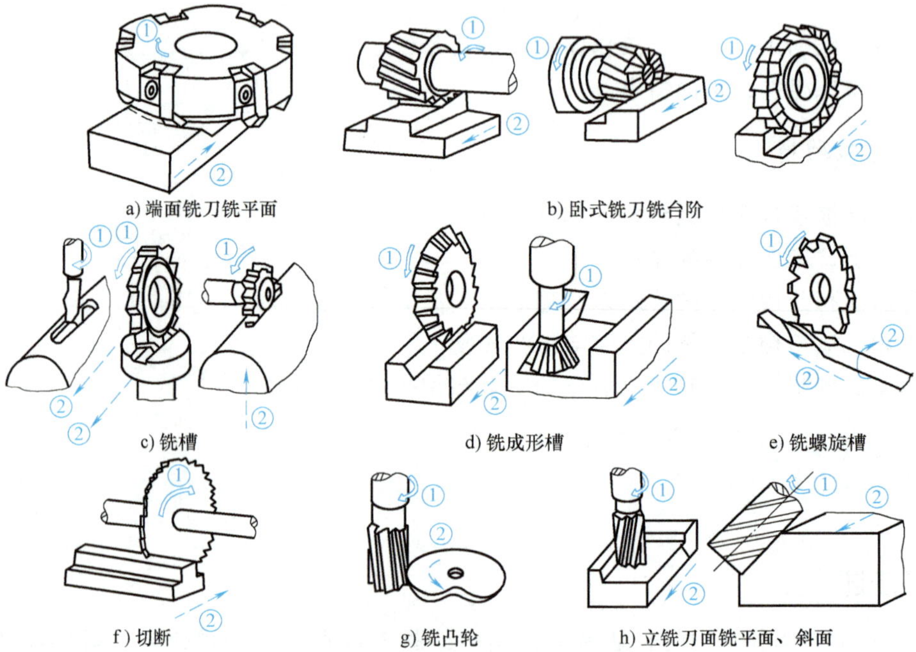

a) 端面铣刀铣平面　　　　　　　b) 卧式铣刀铣台阶

c) 铣槽　　　　　　d) 铣成形槽　　　　　　e) 铣螺旋槽

f) 切断　　　　　　g) 铣凸轮　　　　　　h) 立铣刀面铣平面、斜面

图 3-2　铣床的工艺范围

①—主运动　②—进给运动

i) 铣成形面　　　　　　j) 铣齿轮　　　　　　k) 组合铣刀铣台阶

图 3-2　铣床的工艺范围（续）

①—主运动　②—进给运动

二、铣床的组成、运动及主要技术参数

常用铣床有卧式铣床和立式铣床两种，其主要区别在于安装铣刀的主轴与工作台的相对位置不同。卧式铣床具有水平的主轴，主轴轴线与工作台台面平行；立式铣床具有直立的主轴，主轴轴线与工作台台面垂直。

1. 卧式铣床的组成和运动

卧式铣床的主要组成部件及其运动形式如图 3-3 所示。

铣刀通过刀杆安装在主轴 4 上，主轴 4 做旋转主运动。横梁 5 用以安装支架 6，支架 6 用于支承铣刀杆，以增加工艺系统的刚性。

铣床的纵向工作台 2 可以沿横向工作台 7 上的水平导轨纵向移动，以便调整工件的纵向位置和实现纵向进给运动；横向工作台 7 可以沿升降台 8 上的水平导轨横向移动，以便调整工件的横向位置和实现横向进给运动；升降台 8 可以沿立柱 3 上的垂直导轨上下移动，以便调整工件的上下位置和实现垂直进给运动。

铣床主轴的旋转主运动是由电动机经主传动系统带动的，铣床工作台的进给运动是由进给电动机经进给传动系统带动的，整个铣床由底座支承。

2. 立式铣床的组成和运动

立式铣床的主要组成部件及其运动形式如图 3-4 所示。

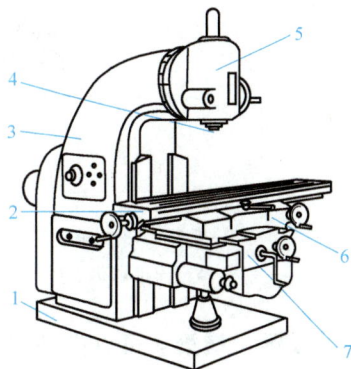

图 3-3　卧式铣床的组成和运动

1—底座　2—纵向工作台　3—立柱　4—主轴
5—横梁　6—支架　7—横向工作台　8—升降台

图 3-4　立式铣床的组成和运动

1—底座　2—纵向工作台　3—立柱　4—主轴
5—立铣头　6—横向工作台　7—升降台

立式铣床的主轴 4 呈垂直位置安装，主轴 4 做旋转主运动。其立铣头 5 可左右转 ±45° 的角度，即主轴与工作台台面可以倾斜成一个所需要的角度，从而扩大立式铣床的工作范围。

立式铣床的底座 1 和立柱 3 的作用及纵向工作台 2、横向工作台 6 和升降台 7 的调整运动、进给运动等和卧式铣床完全一样。

立式铣床适于使用硬质合金面铣刀加工较大的平面，也可以使用各种带柄铣刀加工沟槽及台阶平面。图 3-2a、c、d、g、h 所示都是在立式铣床上实现加工的，所以立式铣床的生产率比卧式铣床高。

3. X6132 型万能铣床各部件的作用、工作原理及主要技术参数

X6132 型铣床结构较完善，在同类机床中应用最为广泛。其传动原理和结构的基本形式与其他形式的铣床相比，有许多共同之处。了解该铣床的传动结构和工作原理，可为学习其他形式的铣床奠定基础。

（1）X6132 型万能铣床（图 3-5）各部件的作用和工作原理

1）床身。床身 1 是铣床的主体，用来安装和支承铣床的其他部分，如主轴 2、升降台 7、横梁 4、主电动机以及主传动变速机构等。床身的前壁有燕尾形的垂直导轨，供升降台上下移动导向用；床身的上部有燕尾形水平导轨，供横梁前后移动导向用；床身的后面装有主电动机，通过安装在床身内部的主传动装置和变速操纵机构，使主轴旋转；床身的左侧壁上有手柄和转速盘 10，用以变换主轴转速。变速应在停车状态下进行。

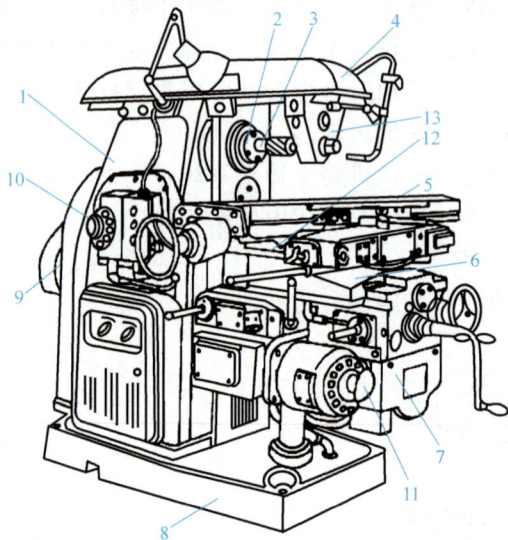

图 3-5　X6132 型万能铣床外形图

1—床身　2—主轴　3—刀杆　4—横梁　5—工作台　6—床鞍　7—升降台　8—底座
9—主电动机　10—手柄和转速盘　11—蘑菇形手柄　12—回转盘　13—支架

2）横梁。横梁 4 可以借助齿轮、齿条前后移动，沿燕尾导轨调整前后位置，并用两个偏心螺杆机构夹紧。在横梁上安装着支架 13，用来支承刀杆的悬伸端，以增加刀杆的刚度。支架的位置可根据需要进行调整并锁紧。支架内装有滑动轴承，轴承与刀杆的间隙可手动调整。

3）升降台。升降台 7 安装在床身前侧面垂直导轨上，可上下移动，是工作台的支座。它上面安装着工作台 5、床鞍 6 和回转盘 12。它的内部有进给电动机和进给变速机构，以使升降台、工作台、床鞍做进给运动和快速移动。升降台前面左下角有一蘑菇形手柄 11，用于变换进给速度。变速允许在机床运行中进行。

升降台和床鞍的机动操纵是靠升降台左侧的手柄来控制的。操纵手柄有两个，是联动的，以适应操作工人在不同的位置上方便地操纵机床。手柄有向上、向下、向前、向后和停止五个工作位置，其扳动方向与工作台进给方向一致。

4）床鞍。床鞍 6 安装在升降台的横向水平导轨上，可沿平行于主轴轴线的方向（横向）移动，使工作台做横向进给运动。安装在工作台上的工件，通过工作台、床鞍 6 和升降台 7 在三个互相垂直方向上移动，来满足加工的要求。

5）回转盘。回转盘在工作台 5 和床鞍 6 之间，可以带动工作台绕床鞍的圆形导轨中心在水平面内转动 ±45°，以便铣削螺旋槽等特殊表面。

6）工作台。工作台 5 安装在回转盘 12 的纵向水平导轨上，可沿垂直于或交叉于（当工作台被扳转角度时）主轴轴线的方向移动，使工作台做纵向进给运动。工作台的面上有三条 T 形槽，用来安装压板螺柱，以固定夹具或工件。工作台前侧面有一条小 T 形槽，用来安装行程挡块。

工作台的机动操纵手柄也有两个，分别在回转盘的中间和左下方。操纵手柄有向左、向右和停止三个工作位置。其扳动方向与工作台进给方向一致。

7）主轴。主轴 2 用来安装铣刀或者通过刀杆来安装铣刀，并带动它们一起旋转，以便切削工件。

（2）X6132 型万能铣床的主要技术参数　万能铣床应用较广泛，其第一主参数是工作台面宽度，第二主参数是工作台面长度，其他参数还有主轴的转速范围、主轴端孔锥度、主轴孔径、主轴中心线到工作台面间的距离、进给量范围和主电动机功率等。

X6132 型万能铣床的主要技术参数如下：

工作台工作面积（长×宽）	1250mm×320mm
工作台最大行程（手动/机动）	
纵向	800mm
横向	300mm
垂直	400mm
工作台最大回转角度	±45°
T 形槽数	3 条
主轴转速范围（18 级）	30～1500 r/min
主轴端孔锥度	7：24
主轴孔径	29mm
主轴中心线到工作台面间的距离	30～430mm
主轴中心线到悬梁间的距离	155mm
床身垂直导轨到工作台面中心的距离	215～515mm
刀杆直径（三种）	22mm、27mm、32mm
进给量范围（21 级）	

纵向	15～1500mm/min
横向	15～1500mm/min
垂直	5～500mm/min
快速进给量	
纵向与横向	3200mm/min
垂直	1065mm/min
主传动电动机	
功率	7.5kW
转速	1450r/min
进给传动电动机	
功率	1.5kW
转速	1410r/min
机床外形尺寸（长×宽×高）	1831mm×2064mm×1718mm

三、X6132 型万能铣床的传动系统

1. 主运动传动链

图 3-6 所示为 X6132 型万能铣床的传动系统。主运动由主电动机（7.5kW、1450r/min）驱动，经 $\frac{\phi150}{\phi290}$（单位为 mm）的 V 带传动至轴 Ⅱ，再经轴 Ⅱ—Ⅲ 间的三联滑移齿轮变速组、轴 Ⅲ—Ⅳ 间的三联滑移齿轮变速组，以及轴 Ⅳ—Ⅴ 间的双联滑移齿轮变速组，使主轴获得 $3×3×2=18$ 级转速，转速范围为 30～1500r/min。主轴旋转方向的改变由主电动机正、反转而得以实现。主轴的制动由安装在轴 Ⅱ 上的电磁制动器 M 控制。

X6132 型万能铣床主运动的传动路线表达式为

$$
\text{主电动机-}\underset{\left(\begin{smallmatrix}7.5\text{kW}\\1450\text{r/mim}\end{smallmatrix}\right)}{\text{I}}-\frac{\phi150}{\phi290}-\text{II}-\begin{bmatrix}\dfrac{19}{36}\\[4pt]\dfrac{22}{33}\\[4pt]\dfrac{16}{38}\end{bmatrix}-\text{III}-\begin{bmatrix}\dfrac{27}{37}\\[4pt]\dfrac{17}{46}\\[4pt]\dfrac{38}{26}\end{bmatrix}-\text{IV}-\begin{bmatrix}\dfrac{80}{40}\\[4pt]\dfrac{18}{71}\end{bmatrix}-\text{V}\ (\text{主轴})
$$

2. 进给运动传动链

X6132 型万能铣床的工作台可以做纵向、横向和垂直三个方向的进给运动，以及快速移动。进给运动由进给电动机（1.5kW、1410r/min）驱动。电动机的运动经一对锥齿轮副 $\frac{17}{32}$ 传至轴 Ⅵ，然后根据轴 Ⅹ 上的电磁摩擦离合器 M_1、M_2 的接合情况，分两条路线传动。如轴 Ⅹ 上的离合器 M_1 脱开、M_2 接合，轴 Ⅵ 的运动经齿轮副 $\frac{40}{26}$、$\frac{44}{42}$ 及离合器 M_2 传至轴 Ⅹ，这条路线可使工作台做快速移动。如轴 Ⅹ 上的离合器 M_2 脱开、M_1 接合，轴 Ⅵ 的运动经齿轮副 $\frac{20}{44}$ 传至轴 Ⅶ，再经轴 Ⅶ—Ⅷ 间和轴 Ⅷ—Ⅸ 间的两组三联滑移齿轮变速组，以及轴 Ⅷ—Ⅸ 间

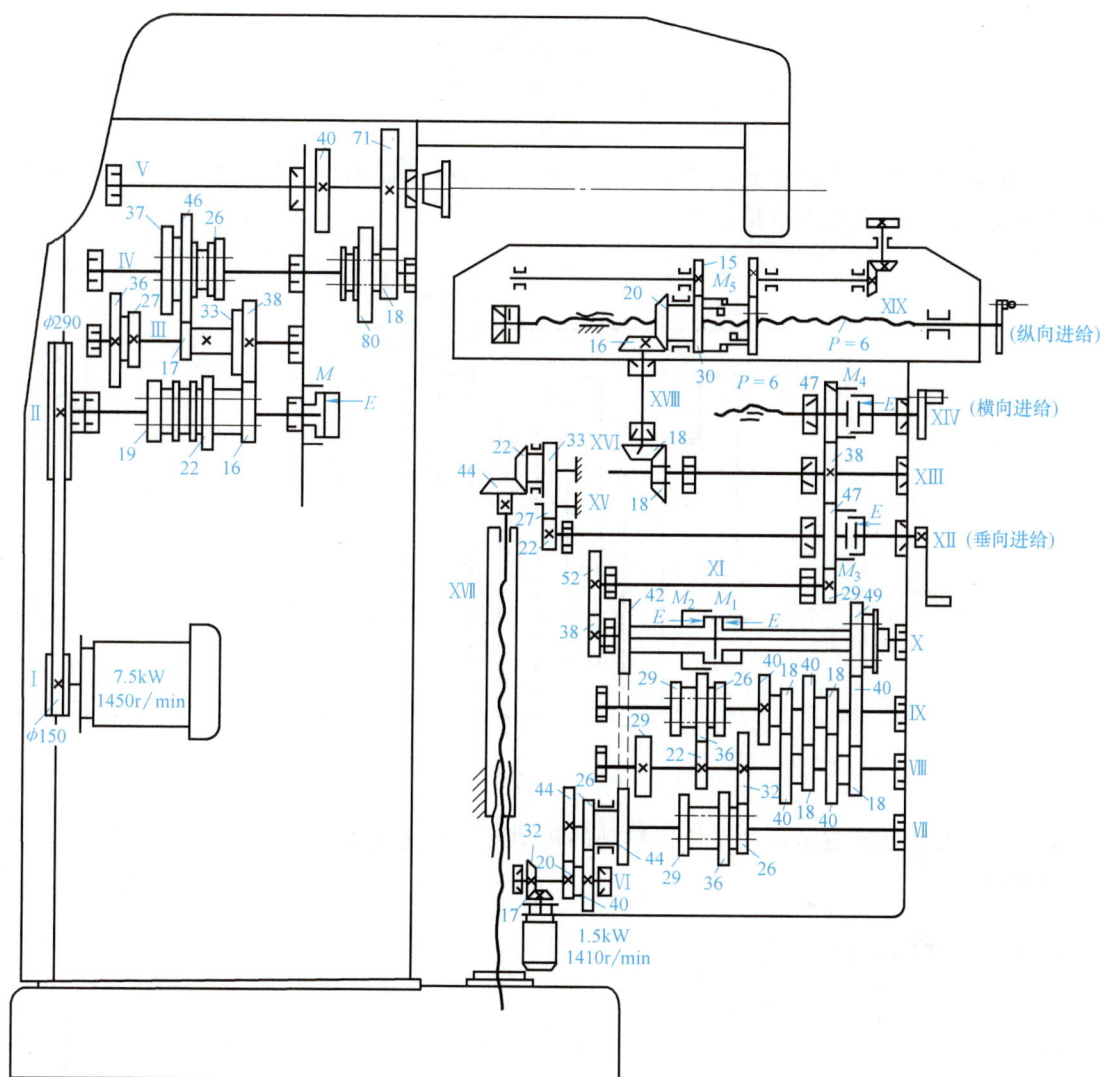

图 3-6　X6132 型万能铣床的传动系统

P—螺纹的螺距

的曲回机构，经离合器 M_1，将运动传至轴 X ，这是一条使工作台做正常进给的传动路线。

轴Ⅷ—Ⅸ 间曲回机构的工作原理，可由图 3-7 说明。轴 X 上的单联滑移齿轮 $z=49$ 有三个啮合位置。当滑移齿轮在 a 啮合位置时，轴Ⅸ 的运动直接由齿轮副 $\dfrac{40}{49}$ 传到轴 X ；当滑移齿轮在 b 啮合位置时，轴Ⅸ 的运动经曲回机构齿轮副 $\dfrac{18}{40}\cdot\dfrac{18}{40}\cdot\dfrac{40}{49}$ 传至轴 X ；滑移齿轮在 c 啮合位置时，轴Ⅸ 的运动经曲回机构齿轮副 $\dfrac{18}{40}\cdot\dfrac{18}{40}\cdot\dfrac{18}{40}\cdot\dfrac{18}{40}\cdot\dfrac{40}{49}$ 传至轴 X 。因而，通过轴 X 上单联滑移齿轮 49 的三种啮合位置，可使曲回机构得到三种不同的传动比

$$u_a=\frac{40}{49}$$

$$u_b = \frac{18}{40} \times \frac{18}{40} \times \frac{40}{49}$$

$$u_c = \frac{18}{40} \times \frac{18}{40} \times \frac{18}{40} \times \frac{18}{40} \times \frac{40}{49}$$

轴X的运动可经过电磁离合器 M_3、M_4，以及端面离合器 M_5 的不同接合，使工作台分别获得垂直、横向及纵向的进给运动。

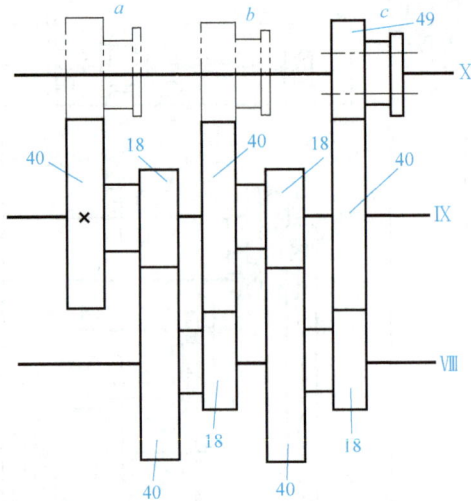

图 3-7　曲回机构的工作原理

X6132 型万能铣床进给运动及快速移动的传动路线表达式为
电动机

（1.5kW，1410r/min）$\frac{17}{32}$ - VI -

$$\left[\frac{20}{44} - VII - \begin{bmatrix} \frac{29}{29} \\ \frac{36}{22} \\ \frac{26}{32} \end{bmatrix} - VIII - \begin{bmatrix} \frac{29}{29} \\ \frac{22}{36} \\ \frac{32}{26} \end{bmatrix} - IX - \begin{bmatrix} \frac{40}{49} \\ \frac{18}{40} \times \frac{18}{40} \times \frac{18}{40} \times \frac{18}{40} \times \frac{40}{49} \\ \frac{18}{40} \times \frac{18}{40} \times \frac{40}{49} \end{bmatrix} - M_1 合（工作进给） \right.$$

$$\frac{40}{26} \times \frac{44}{42} - M_2 合（快速移动） -$$

$$\left. - X - \frac{38}{52} - XI - \frac{29}{47} - \begin{bmatrix} \frac{47}{38} - XIII - \begin{bmatrix} \frac{18}{18} - XVIII - \frac{16}{20} - M_5 合 - XIX（纵向进给） \\ \frac{38}{47} M_4 - XIV（横向进给） \end{bmatrix} \\ M_3 合 - XII - \frac{22}{27} - XV - \frac{27}{33} - XVI - \frac{22}{44} - XVII（垂向进给） \end{bmatrix} \right.$$

在理论上，铣床在相互垂直的三个方向上均可获得 3×3×3 = 27 种不同的进给量，但由于轴 VII—IX 间的两组三联滑移齿轮变速组的 3×3 = 9 种传动比中有三种是相等的，即

$$\frac{26}{32} \times \frac{32}{26} = \frac{29}{29} \times \frac{29}{29} = \frac{36}{22} \times \frac{22}{36} = 1$$

所以轴Ⅶ—Ⅸ间的两个变速组只有7种不同的传动比，因而轴Ⅹ上的滑移齿轮只有7×3=21种不同转速。由此可知，X6132型万能铣床的纵、横、垂直三个方向的进给量均为21级，其中纵向及横向的进给量范围为15~1500mm/min，垂直进给量的范围为5~500mm/min。

此外，由进给电动机驱动，经锥齿轮副$\frac{17}{32}$传至轴Ⅵ，经齿轮副$\frac{40}{26}$、$\frac{44}{42}$并经电磁离合器M_2将运动传至轴Ⅹ，使轴Ⅹ快速旋转，经齿轮副$\frac{38}{52}$传出，利用离合器M_3、M_4、M_5接通垂直、横向和纵向的快速运动，最终使工作台获得快速移动。纵向及横向快速移动的速度为3200mm/min，垂直方向快速移动的速度为1065mm/min。快速移动的方向变换由进给电动机正、反转来实现。

任务实施

一、活动内容

活动1：实地操作铣床并指出各部件的名称和作用

1）在实训车间观察铣床的组成。

2）空运转操作铣床各操纵手柄，体会铣床的各种运动。

3）在图3-8中填写铣床各部件的名称，并说出各部件的作用。

活动2：实地操作、体会铣床工作过程，分析铣床传动系统

1）操作铣床，使其启动、停止，体会铣床的工作过程。

2）操作铣床操纵开关，体会铣床正转、反转、变速等运动。

3）画框图（图3-9）并分析铣床进给运动传动系统的工作原理。

铣床的组成及工作原理

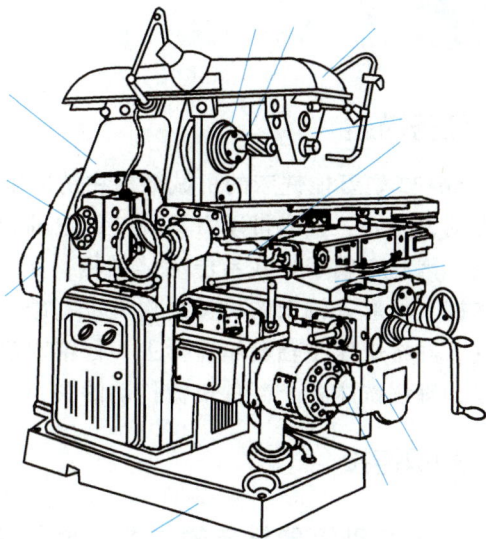

图3-8　填写铣床各部件的名称

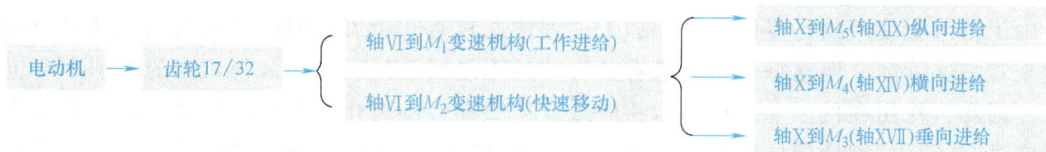

电动机 → 齿轮17/32 →
{ 轴Ⅵ到M_1变速机构(工作进给)
轴Ⅵ到M_2变速机构(快速移动) }
→ { 轴Ⅹ到M_5(轴ⅪⅩ)纵向进给
轴Ⅹ到M_4(轴ⅪⅤ)横向进给
轴Ⅹ到M_3(轴ⅩⅦ)垂向进给 }

图3-9　铣床进给运动传动系统的工作原理框图

二、考核评价

根据活动内容填写考核评价表，见表3-1。

表 3-1 考核评价表

序号	考核项目	考核内容要求	配分	学生自检	学生互检	教师检测	得分
1	职业素养	文明、礼仪	5				
2		安全、纪律	10				
3		行为习惯	5				
4		工作态度	5				
5		团队合作	5				
6	讲解部件名称	能正确指出各部件的名称和作用	10				
7	基本操作能力	能操作各种操纵手柄,控制各种运动	10				
8	手动操作能力	能手动操作控制各种运动(X、Y、Z)	10				
9	机动操作能力	能机动操作控制各种运动(X、Y、Z)	10				
10	控制调速运动能力	能根据要求调整各种运动速度和方向	15				
11	填写各部件的名称	填写图 3-8 中铣床各部件的名称	15				
	综合评价						

任务二　　了解铣床机械传动机构

任务描述

X6132 型万能铣床的机械结构在铣床中具有较好的代表性,它不像车床只有一个电动机作为动力元件,铣床带动刀具旋转的主轴和带动工件做直线移动的工作台分别由两台电动机控制,因此它属于外联系传动链结构。了解 X6132 型万能铣床的机械结构和工作原理,可为掌握其他形式铣床的机械结构奠定基础。本任务就是学习铣床机械结构的工作原理和结构特点,并将铣床主轴箱箱盖拆去,仔细观察其内部机械结构,通过手工转动操纵手柄和机动操作,理解铣床各个部件机械传动的关系,为掌握机械结构原理打下更加牢固的基础。

知识链接

X6132 型万能铣床的主要部件及其结构

1. 主轴部件

由于铣床上使用的是多齿刀具,加工过程中通常有几个刀齿同时参加切削,就整个铣削过程来看是连续的,但就每个刀齿来看其切削过程是断续的,且切入与切出的切削厚度也不相等。因此,作用在机床上的切削力相应地发生周期性的变化,易引起振动,这就要求主轴部件应具有较高的刚性和抗振性,因此主轴采用三支承结构,如图 3-10 所示。前支承采用 $P5$ 级精度的圆锥滚子轴承,用于承受背向力和向左的进给力;中间支承采用 $P6$ 级精度的圆锥滚子轴承,以承受背向力和向右的进给力;后支承为 $P0$ 级精度的单列深沟球轴承,只承受背向力。主轴的回转精度主要由前支承及中间支承来保证,后支承只起辅助支承作用。当主轴的回转精度由于轴承磨损而降低时,须对主轴轴承进行调整。调整主轴轴承间隙时,先将悬梁移开，并拆下床身盖板，露出主轴部件；然后拧松中间支承左侧螺母 11 上的锁紧螺钉 3，用专用勾头扳手勾住螺母 11 的轴向槽，再用一短铁棍通过主轴前端的端面键 8 扳动主轴做顺时针方向的旋转，使中间支承的内圈向右移动，从而使中间支承 4 的间隙得以消除；如继续转动主轴，使其向左移动，并通过轴肩带动前支承 6 的内圈左移，从而消除前支承 6 的间隙。调整好后，必须拧紧锁紧螺钉 3，盖上盖板并恢复悬梁位置。主轴应以 1500r/min 的转速试运转 1h，轴承温度不得超过 60℃。

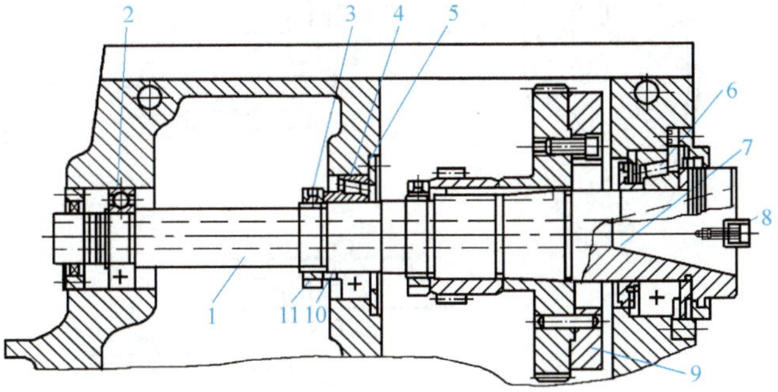

图 3-10　主轴部件的结构

1—主轴　2—后支承　3—锁紧螺钉　4—中间支承　5—轴承盖　6—前支承
7—主轴前锥孔　8—端面键　9—飞轮　10—隔套　11—螺母

在主轴大齿轮上用螺钉和定位销紧固飞轮 9。在切削加工中，可通过飞轮的惯性使主轴运转平稳，以减轻铣刀间断切削引起的振动。

主轴是空心轴，前端有 7∶24 的精密锥孔，用于安装铣刀刀柄或铣刀刀杆的定心轴柄。前端的端面上装有用螺钉固定的两个矩形端面键 8，以便嵌入铣刀刀柄的缺口中传递转矩。主轴前端的锥孔用于安装刀杆或面铣刀，其空心内孔用于穿过拉杆将刀杆或面铣刀拉紧。安装时先转动拉杆左端的六角头，使拉杆右端螺纹旋入刀具锥柄的螺孔中，然后用锁紧螺母锁紧。刀杆悬伸部分可支承在悬梁支架（图 3-5 件 13）的滑动轴承内。铣刀安装在刀杆上的轴向位置，可用不同厚度的调整套进行调整。

2. 孔盘变速操纵机构

X6132 型万能铣床的主运动及进给运动的变速都采用了孔盘变速操纵机构进行控制。下面以主变速操纵机构为例进行介绍。

（1）孔盘变速机构的工作原理　图 3-11 所示为孔盘变速机构的工作原理。孔盘变速操纵机构主要由孔盘 4、齿条轴 2 和 2′、齿轮 3 和拨叉 1 组成。孔盘 4 上划分了几组直径不同的圆周，每个圆周又划分成 18 等分，根据变速时滑移齿轮不同位置的要求，这 18 个位置分为钻有大孔、小孔和未钻孔三种状态。齿条轴 2、2′ 上加工有直径分别为 D 和 d 的两段台肩。直径为 d 的台肩能穿过孔盘上的小孔，而直径为 D 的台肩只能穿过孔盘上的大孔。变速时，先将孔盘右移，使其退离齿条轴，然后根据变速要求使孔盘转动一定角度，再使孔盘左移复位。在孔盘复位时，可通过孔盘上对应齿条轴之处为大孔、小孔或无孔的不同情况，而使滑移齿轮获得三种不同位置，从而达到变速的目的。

以下为三种工作状态。

1）孔盘上对应齿条轴 2 的位置无孔，而对应齿条轴 2′ 的位置为大孔。孔盘复位时，向

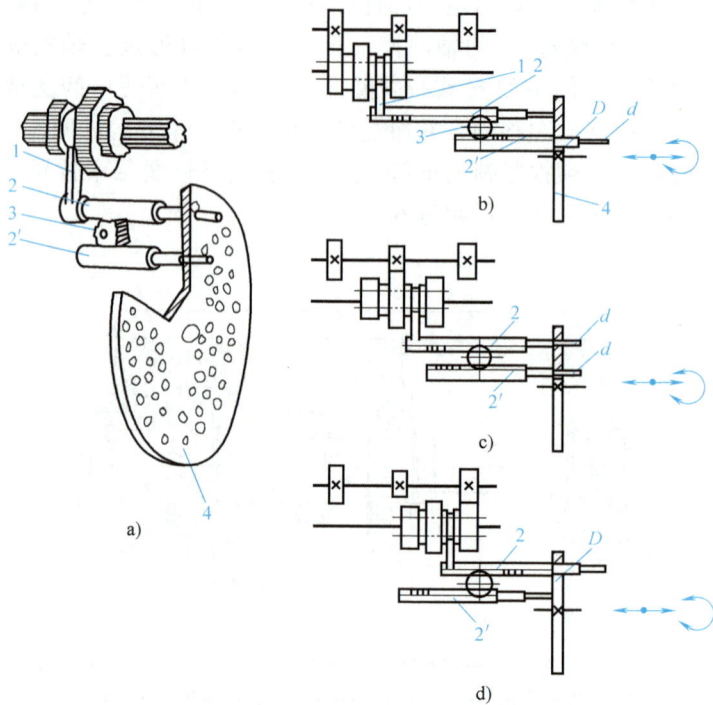

图 3-11　孔盘变速机构的工作原理

1—拨叉　2、2′—齿条轴　3—齿轮　4—孔盘

左顶齿条轴 2，并通过拨叉将三联滑移齿轮推到左位。齿条轴 2′ 则在齿条轴 2 及小齿轮 3 的共同作用下右移，台肩 D 穿过孔盘上的大孔，如图 3-11b 所示。

2）孔盘对应两齿条轴的位置均为小孔，齿条轴上的小台肩 d 穿过孔盘上的小孔，两齿条轴均处于中间位置，从而通过拨叉使滑移齿轮处于中间位置，如图 3-11c 所示。

3）孔盘上对应齿条轴 2 的位置为大孔，对应齿条轴 2′ 的位置无孔，这时孔盘顶着齿条轴 2′ 左移，从而通过齿轮 3 使齿条轴 2 的台肩穿过大孔右移，并使齿轮处于右位，如图 3-11d 所示。

（2）主变速操纵机构的结构及操作　X6132 型万能铣床的变速操纵机构立体示意图如图 3-12 所示。该变速机构操纵了主运动传动链的两个三联滑移齿轮和一个双联滑移齿轮，使主轴获得 18 级转速，孔盘每转 20° 改变一种速度。其变速是由手柄 1 和速度盘 4 联合操纵的。变速时，将手柄 1 向外拉出，手柄

铣床的变速
传动机构

图 3-12　X6132 型万能铣床的变速操纵机构立体示意图

1—手柄　2—定位销　3—销　4—速度盘　5—操纵盘
6—齿轮套筒　7—微动开关　8—凸块　9—齿轮　10—齿条轴　11——对锥齿轮　12—拨叉　13—孔盘

1绕销3摆动而脱开定位销2；然后逆时针方向转动手柄1约250°，经操纵盘5和平键带动齿轮套筒6转动，再经齿轮9使齿条轴10向右移动，其上的拨叉12拨动孔盘13右移并脱离各组齿条轴；接着转动速度盘4，经心轴和一对锥齿轮11使孔盘13转过相应的角度（由速度盘4的速度标记确定）；最后反向转动手柄1，通过齿条轴10，由拨叉将孔盘13向左推入，推动各组变速齿条轴产生相应的移位，改变三个滑移齿轮的位置，实现变速。当手柄1转回原位并由定位销2定位时，各滑移齿轮到达正确的啮合位置。

变速时，为了使滑移齿轮在移位过程中易于啮合，变速机构中设有主电动机瞬时点动控制。在变速操纵过程中，齿轮9上的凸块8压动微动开关7（SQ6），瞬时接通主电动机，使之产生瞬时点动，带动传动齿轮慢速转动，使滑移齿轮容易进入啮合。

3. 工作台

X6132型万能升降台铣床工作台的结构如图3-13所示。整个工作台部件由工作台6、床鞍1和回转盘2三层组成，并安装在升降台上（参见图3-5）。工作台6可沿回转盘2上的燕尾导轨做纵向移动，并可通过床鞍1与升降台相配的矩形导轨做横向移动。工作台不做横向移动时，可通过手柄13在偏心轴12的作用下将床鞍夹紧在升降台上。工作台可连同回转盘一起绕锥齿轮轴XVIII的轴线回转±45°。回转盘转至所需位置后，可用螺栓14和两块弧形压板11固定在床鞍上。纵向进给丝杠3的一端通过滑动轴承及前支架5支承，另一端由圆锥滚子轴承、推力球轴承及后支架9支承，轴承的间隙可通过螺母10进行调整。回转盘左端安装有双螺母，右端装有带端面齿的空套锥齿轮。离合器M_5以花键与花键套筒8相连，而花键套筒8又以滑键7与铣有长键槽的进给丝杠相连。因此，当M_5左移与空套锥齿轮的端面齿啮合时，轴XVIII的运动就可由锥齿轮副、离合器M_5、花键套筒8传至进给丝杠，使其转动。由于双螺母既不能转动又不能轴向移动，所以丝杠在旋转时同时做轴向移动，从而带动工作台6纵向进给。进给丝杠3的左端空套有手轮4，将手轮向前推，压缩弹簧，使端面齿离合器结合，便可手摇工作台使其纵向移动。纵向丝杠的右端有带键槽的轴头，可以安装交换齿轮。

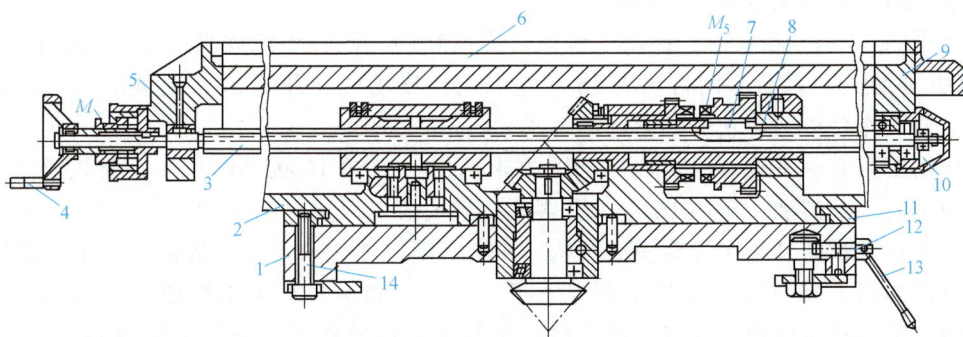

图 3-13 X6132 型万能升降台铣床工作台的结构

1—床鞍 2—回转盘 3—纵向进给丝杠 4—手轮 5—前支架 6—工作台 7—滑键 8—花键套筒
9—后支架 10—螺母 11—压板 12—偏心轴 13—手柄 14—螺栓

4. 工作台的进给操纵机构

X6132型万能铣床进给运动的接通及断开都是通过离合器来控制的，其中控制纵向进给运动采用端面齿离合器M_5；控制垂向及横向进给运动的为电磁离合器M_3及M_4（参见

图3-6）。进给运动的进给方向由进给电动机通过改变转向来控制。

（1）工作台纵向进给操纵机构 图3-14所示为工作台纵向进给操纵机构的结构简图，拨叉轴6上装有弹簧7，在弹力的作用下，拨叉轴6具有向左移动的趋势。当将手柄23向右扳动时，压块16也向右摆动，压动微动开关17，使进给电动机正转。同时，手柄中部的叉子14逆时针方向转动，并通过销12带动套筒13、摆块11及固定在摆块11上的凸块1逆时针方向转动，使其凸出点离开拨叉轴6，从而使拨叉轴6及拨叉5在弹簧7的作用下左移，并使端面齿离合器M_5的右半部4左移，与左半部接合，接通工作台向右的纵向进给运动。

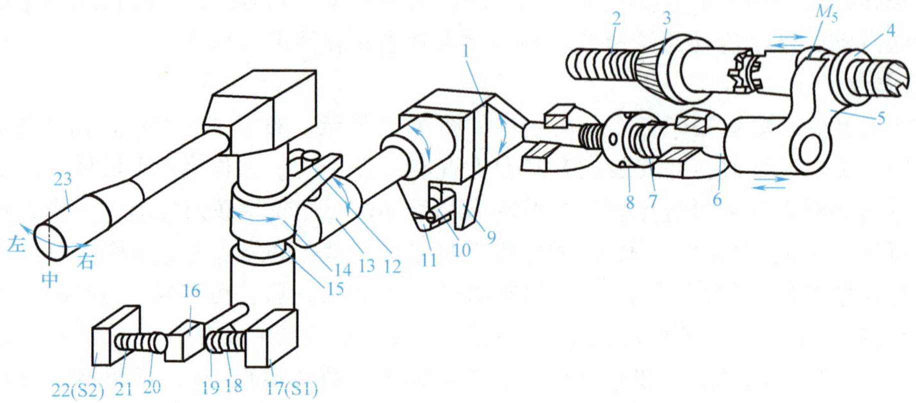

图3-14 工作台纵向进给操纵机构的结构简图

1—凸块 2—纵向丝杠 3—空套锥齿轮 4—离合器M_5的右半部 5—拨叉 6—拨叉轴 7、18、21—弹簧
8—调整螺母 9、14—叉子 10、12—销 11—摆块 13—套筒 15—垂直轴 16—压块
17—微动开关S1 19、20—可调螺钉 22—微动开关S2 23—手柄

当将操纵手柄23从右边位置扳向中间位置时，凸块1顶住拨叉轴6，使其不能在弹力作用下左移，离合器M_5无法接合，从而使进给运动断开。此时，手柄23下部的压块16也处于中间位置，使控制进给电动机正转或反转的微动开关17（S1）及微动开关22（S2）均处于放松状态，从而使进给电动机停止转动。

当将手柄23向左扳动时，凸块1顺时针方向转动，同样不能使其凸出点顶住拨叉轴6，离合器M_5也能得以接合，同时压块16向左摆动，压动微动开关22，使进给电动机反向旋转，从而使工作台得到向左的纵向进给运动。

机床侧面另有一手柄可通过杠杆（图中未示出）及销10拨动凸块1下部的叉子9，从而使凸块1上、下摆动，压块16左、右摆动，进而控制纵向进给运动。

（2）工作台横向及垂向进给操纵机构 X6132型万能铣床工作台的横向和垂向进给操纵机构示意图如图3-15所示。手柄1有上、下、前、后和中间五个工作位置，当前、后扳动手柄1时，可通过手柄前端的球头带动轴4及与轴4用销联接的鼓轮7做轴向移动；当上、下扳动手柄1时，可通过毂体3上的扁槽、平键2和轴4使鼓轮7在一定角度范围内来回转动。在鼓轮两侧安装着四个微动开关，其中S3及S4用于控制进给电动机的正转和反转，S7用于控制电磁离合器M_4，S8用于控制电磁离合器M_3。鼓轮7的圆周上加工有带斜面的槽（图3-15$E—E$、$F—F$断面图及立体简图），鼓轮在移动或转动时，可通过槽上的斜面使顶销5、6、8、9压动或松开微动开关S7、S8、S3及S4，从而实现工作台前、后、上、下的横向或垂向进给运动。

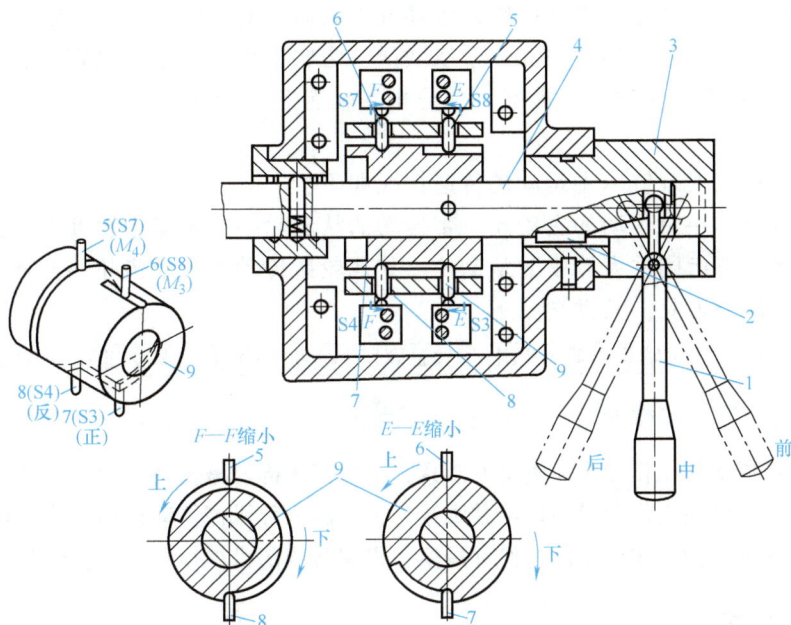

图 3-15 横向和垂向进给操纵机构示意图

1—手柄 2—平键 3—毂体 4—轴 5、6、8、9—顶销 7—鼓轮

当向前扳动手柄 1 时，鼓轮 7 向左移动，并通过斜面压下顶销 9，从而使微动开关 S3 动作，进给电动机正转；与此同时，顶销 5 脱离凹槽，处于鼓轮圆周上，压动微动开关 S7，使控制横向进给的电磁离合器 M_4 通电工作，从而实现工作台向前的横向进给运动。

当向后扳动手柄 1 时，鼓轮 7 向右移动，顶销 8 被鼓轮 7 上的斜面压下，微动开关 S4 动作，顶销 5 仍处于鼓轮圆周上，压住微动开关 S7，使离合器 M_4 通电工作，实现工作台向后的横向进给运动。

当向上扳动手柄 1 时，鼓轮 7 逆时针方向转动，顶销 8 被斜面压下，微动开关 S4 动作，进给电动机反转，此时顶销 6 处于鼓轮 7 的圆周表面上，从而压动微动开关 S8，使电磁离合器 M_3 吸合，从而使工作台向上移动。

当向下扳动手柄 1 时，鼓轮 7 顺时针方向转动，顶销 9 被斜面压下，触动微动开关 S3，进给电动机正转，此时顶销 6 仍处于鼓轮 7 的圆周面上，使离合器 M_3 工作，从而使工作台向下移动。

当操纵手柄 1 处于中间位置时，顶销 8、9 均位于鼓轮的凹槽之中，微动开关 S3 和 S4 均处于放松状态，进给电动机不运转，同时顶销 5、6 也均位于鼓轮 7 的槽中，放松微动开关 S7 和 S8，使电磁摩擦离合器 M_4 及 M_3 均处于失电不吸合状态，故工作台的横向和垂向均无进给运动。

任务实施

一、活动内容

活动 1：认识铣床安装刀具的主轴机械传动机构

1）拆去铣床主轴箱箱盖零件，进行观察。

在实训车间，当把铣床主轴箱的箱盖等零件拆去后，对照图3-6可以看到主轴箱内的齿轮传动系统是由两个三联滑移齿轮和一个双联滑移齿轮，以及若干个固定齿轮组成的。

2）用框图表述铣床主轴传动路线，并分析主轴有几种转速，其中最高、最低转速各为多少。

通过观察，可以发现铣床主运动的传递情况如下：

电动机的输出轴→带传动的主动轮→带传动的从动轮→主轴箱中轴Ⅱ上直齿圆柱齿轮中的主动轮→轴Ⅲ上直齿圆柱齿轮中的从动轮→其他轮系传动的主动齿轮→其他轮系传动的从动齿轮→铣床主轴→刀具。其框图如下：

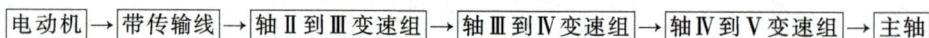

电动机 → 带传输线 → 轴Ⅱ到Ⅲ变速组 → 轴Ⅲ到Ⅳ变速组 → 轴Ⅳ到Ⅴ变速组 → 主轴

活动2：观察工作台机械变速进给运动机构，体验工作台进给工作过程

1）手动或者机动使工作台纵向进给并观察，说明其内部机械传动机构，体验其工作过程。

2）手动或者机动使工作台横向进给并观察，说明其内部机械传动机构，体验其工作过程。

3）手动或者机动使工作台垂向进给并观察，说明其内部机械传动机构，体验其工作过程。

二、考核评价

根据活动内容填写考核评价表，见表3-2。

表3-2 考核评价表

序号	考核项目	考核内容要求	配分	学生自检	学生互检	教师检测	得分
1	职业素养	文明、礼仪	5				
2		安全、纪律	10				
3		行为习惯	5				
4		工作态度	5				
5		团队合作	5				
6	观察铣床机械传动机构	能正确指出动力系统、传动系统、控制系统、执行系统、辅助系统等的组成	10				
7	基本操作能力	手动或机动操作，仔细观察铣床机械传动装置并能说明其传递运动的过程	10				
8	安装刀具并调速	能在主轴上安装刀具并调速，能说明主轴有几种旋转速度	10				
9	工作台手动或机动纵向进给	能手动或机动操纵、调整工作台纵向进给运动，并说明其机械传动过程	10				
10	工作台手动或机动横向进给	能手动或机动操纵、调整工作台横向进给运动，并说明其机械传动过程	10				
11	工作台手动或机动垂向进给	能手动或机动操纵、调整工作台垂向进给运动，并说明其机械传动过程	10				
12	绘制铣床工作运动框图	体验操作后绘制铣床工作运动框图并综合说明其工作过程	10				
	综合评价						

任务描述

机械结构中的轴承是支承轴或轴上回转零件的部件，能减少轴颈与支承部位间的摩擦和磨损，保证机械传动正常工作的回转精度。轴承按摩擦性质可以分为滑动轴承和滚动轴承两类，如图 3-16 所示。每一类轴承按其所承受的载荷方向不同，又可分为向心轴承、推力轴承和向心推力轴承等。

在机械传动结构中轴承安装得正确与否，关系到机械传动的精度，对轴承的正确维护保养关系到机械传动的寿命。本任务以在机械装置中轴承的拆装为引领，学会如何正确拆装轴承与轴承安装后的检查、调整，以及维护、保养知识。

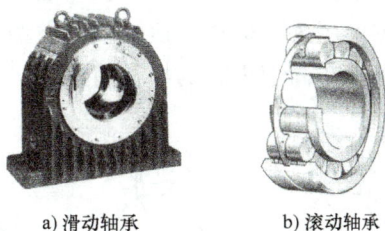

a) 滑动轴承　　　　b) 滚动轴承

图 3-16　轴承的种类

知识链接

一、轴承的分类

轴承是用来支承轴的部件，有时也用来支承轴上的回转零件。轴承按工件间的摩擦性质分，可分为滑动轴承和滚动轴承两大类，按承受载荷的方向分，可分为：向心轴承、推力轴承和向心推力轴承等，如图 3-17 所示。

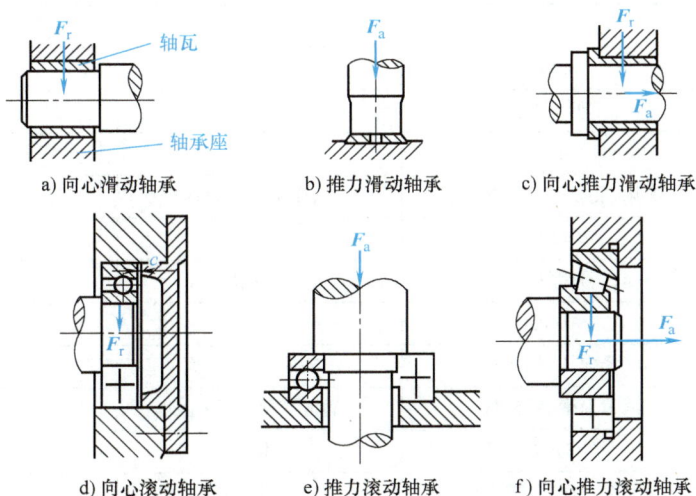

a) 向心滑动轴承　　　b) 推力滑动轴承　　　c) 向心推力滑动轴承

d) 向心滚动轴承　　　e) 推力滚动轴承　　　f) 向心推力滚动轴承

图 3-17　轴承的分类

滑动轴承是一种靠滑动摩擦转动的轴承，根据其润滑状态的不同，可分为液体摩擦滑动轴承和非液体摩擦滑动轴承。它的结构一般由轴承座和轴瓦等组成（图 3-17a），其主要的特点是运行时平稳、噪声小，耐冲击能力和承载能力大等。因此，在高速、重载、高精度及结构要求对开等场合下，如汽轮机、内燃机、大型电动机、机床、铁路机车等机械中得到了广泛的应用。

滚动轴承是一种靠滚动摩擦转动的轴承，由内圈、外圈、滚动体、保持架四个部分组成，如图 3-18 所示。滚动体在内圈和外圈的凹槽滚道中滚动，形成滚动摩擦，故其具有摩擦力小、效率高、结构紧凑、润滑简单、互换性好和启动阻力小等优点，是机器中不可缺少的主要支承部件，并且其生产已标准化、系列化，由专门厂家生产，供应充足，价格便宜，只需根据使用要求选择合适的轴承类型和型号即可，应用十分广泛。但由于其运行时发热量大，故不能在高速重载的场合使用。

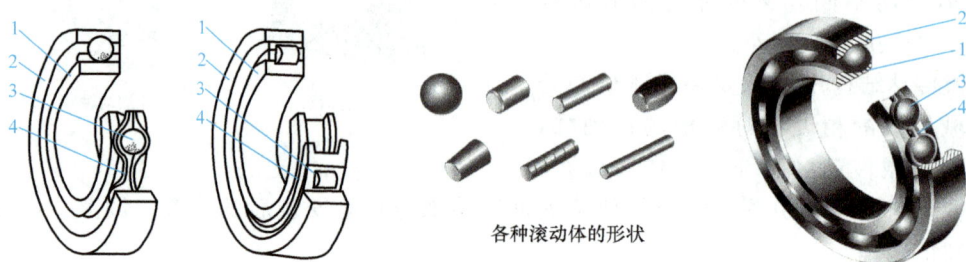

各种滚动体的形状

图 3-18 滚动轴承的组成

1—内圈 2—外圈 3—滚动体 4—保持架

表 3-3 列出了滚动轴承与滑动轴承的性能比较，使用时应根据具体的工作情况，合理选择轴承。

表 3-3 滚动轴承与滑动轴承的性能比较

比 较 项 目	滚 动 轴 承	滑 动 轴 承	
		非液体摩擦轴承	液体摩擦轴承
启动阻力	小	较大	较大
受冲击载荷能力	较差	较好	好
工作转速	低、中速	低速	中、高速
功率损失	不大	较大	较小
寿命	有限,受限于材料的点蚀	有限,受限于材料的磨损	长
噪声	较大	不大	工作稳定时基本无噪声
轴承的刚性	高,预紧时更高	一般	一般
旋转精度	较高	较低	一般较高
轴承外廓尺寸	径向大、轴向小	径向小、轴向大	径向小、轴向大
润滑	润滑简便,耗油量少	润滑简便,耗油量少	润滑装置复杂,耗油量多
密封要求	较高	较低	较高
维护	润滑脂润滑时,只需定期维护	要求不高	油需洁净
更换易损零件	很方便,一般不用修理轴颈	轴承轴瓦要经常更换,有时还要修理轴颈	
价格	中等	大量生产时价格不高	较高
其他	是标准件,节省非铁金属	一般要自行加工,需消耗非铁金属	

二、轴承的拆装与维护保养

1. 轴承的拆卸方法

（1）采用机械工具拆卸　拆卸轴承时采用的机械工具称为顶拔器（见表1-8专用工具栏）。图3-19所示为用三爪顶拔器拆卸轴承的方法，在拆卸时应注意三爪顶拔器三爪的安放位置应正确。如拆卸轴上的轴承时，三爪应安放在轴承的内圈（图3-19a）；拆卸孔内的轴承时，三爪应安放在轴承的外圈（图3-19b）。另外，顶柱应与轴端面垂直，顶柱的中心应在轴线上（图3-19c），用力应均匀、缓慢。

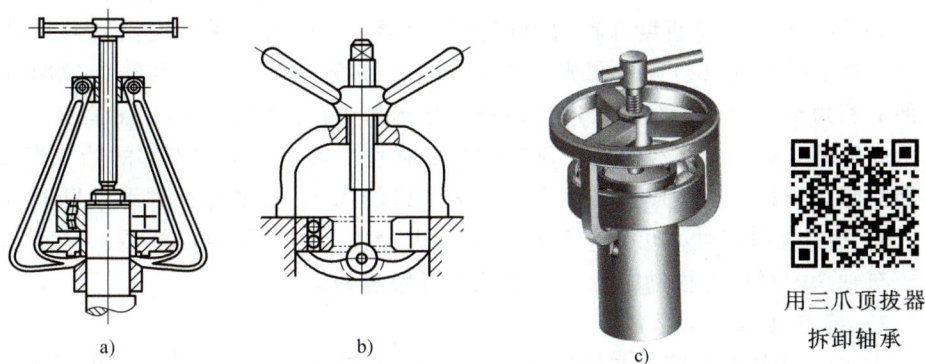

a)　　　　　　　　b)　　　　　　　　c)

用三爪顶拔器
拆卸轴承

图 3-19　用三爪顶拔器拆卸轴承的方法

（2）采用压力机拆卸滚动轴承　当滚动轴承与轴配合较紧时，可采用压力机来拆卸，如图3-20所示。

（3）采用温差法拆卸滚动轴承　图3-21所示为采用温差法拆卸滚动轴承。拆卸时，先将轴承两侧的轴颈用石棉布包好，装好拆卸器，将热机油浇在轴承的内座圈上，待内座圈加热膨胀后，便可借助拆卸器把轴承从轴上拆卸下来。

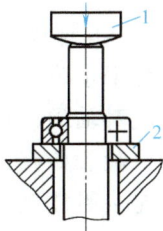

图 3-20　采用压力机拆卸滚动轴承
1—压头　2—垫圈

图 3-21　采用温差法拆卸滚动轴承

2. 轴承的装配方法

（1）装配前的准备　在装配轴承前的准备事项有：各项装配零件的检查，轴承的清洁和润滑，其他准备工作及安装方法和工具的选择。

1）检查轴颈。

① 检查轴颈的偏心、弯曲与直径变动量（圆度）。将轴置于用 V 形架支承的平板上，

或顶在车床两顶尖上。用千分表指针接触与轴承配合的轴颈，然后缓慢转动轴，观察千分表指针在轴颈上的摆动情况。如果轴转动一周，指针只朝一个方向摆动，然后又回到最初位置，这说明轴有偏心或弯曲，其偏心弯曲量的大小为千分表指针摆动值的一半；若轴转动一周，千分表指针摆动两次后又回到最初位置，说明轴颈为椭圆，千分表指针指数的最大值与最小值之差即为圆度误差。

需要引起注意的是：当轴的偏心与弯曲度大于规定值时，应对轴进行校直或车、磨加工。圆度误差值一般应不超过轴颈尺寸公差的 1/2，过大则应通过焊接、车、磨工序进行修复。

② 检查轴颈的表面状况。如果轴颈有飞边、碰痕，应先用细锉锉掉，再用细砂布打磨抛光。

③ 检查轴肩的垂直度和轴肩根部的圆角半径。轴肩的垂直度用直角尺靠紧轴肩处使其密合，然后借光线（灯光或阳光）进行检查，如漏光均匀或不漏光，说明轴肩垂直。轴肩根部的圆角半径可用半径样板进行检查。如圆角半径太大，轴承与轴肩靠不紧，轴承工作时易引起振动；如圆角半径太小，则影响轴的强度。因此，轴肩根部的圆角半径必须小于轴承内圈的圆角半径，一般应为轴承内圈圆角半径的 1/2，才能保证轴承紧靠轴肩。

④ 检查轴颈尺寸。可用千分尺或千分表检查。当轴颈磨损严重、尺寸小于规定配合要求或与轴承内径配合松动时，应对轴颈进行修复处理。

2）检查轴承座（壳）孔。

① 检查壳体孔的圆度和圆柱度（锥度）。对整体式壳体孔，可用内径千分尺或游标卡尺检验；对开式壳体孔，须将其上、下两部分合在一起，用螺栓固定，待接合面紧贴后再进行检验。

② 检查壳体孔与轴挡肩的垂直度。轴挡肩与旋转中心线不垂直时，载荷易集中在轴承局部的滚动体上，使其受力不均，产生蠕动，并使滚道受压过大，导致变形，影响使用寿命。可用光隙法以直角尺贴紧轴肩检验，也可用千分表测量轴肩轴向圆跳动来检查。

3）检查轴承。

① 检查轴承型号、尺寸是否符合安装要求，并根据轴承的结构特点和与之配合的各个零部件，选择好适当的装配方法。

② 检查轴承装配表面。轴承装配表面及与之配合的零件表面，如有碰伤、锈蚀层、磨屑、砂粒、灰尘和泥土存在，一则轴承安装困难，容易造成装配位置不正确；二则这些附着物形成磨料，易擦损轴承工作表面，影响装配质量。因此，安装前应对轴颈、轴承座壳体孔的表面、台肩端面及连接零件如衬套、垫圈等的配合表面进行仔细检验。如有锈蚀层，可用细锉锉掉，再用细砂布打磨抛光，同时也要清除轴承装配表面及其连接零件上的附着物。

4）轴承的清洗和润滑。

① 清洗。新买的轴承绝大多数都涂有油脂，但这些油脂主要用于防止轴承生锈，并不起润滑作用，因此必须经过彻底清洗才能安装使用。对两面带防尘盖或密封圈的轴承，以及涂有防锈、润滑两用油脂的轴承，因为在制造时就注入了润滑脂，所以在安装前不需要清洗。

② 润滑。轴承清洗后应立即添加润滑油（脂），添加时应使轴承缓慢转动，使润滑油（脂）进入滚动体和滚道之间。轴承用润滑油（脂）必须清洁，不得混有污物。

对清洗好的轴承，添加润滑油（脂）后，应放在装配台上，下面垫以净布或纸垫，上面盖上塑料布，以待装配，不允许放在地面或箱子上。挪动轴承时，不可以直接用手拿，应戴帆布手套或用净布将轴承包起后再拿，否则，由于手上有汗气、潮气，接触后易使轴承产生指纹锈。

5）其他准备工作。应注意保持安装场地的干燥清洁，严防铁屑、砂粒、灰尘、水分进入轴承；准备好安装时用的工具和量具。常用的安装工具有锤子、铜棒、套筒、专用垫板和压力机等，量具有游标卡尺和千分表等。

在装配轴承支承系统前，必须做好严格的准备工作，否则会直接影响轴承的安装质量和精度，轴承的使用寿命和性能。

（2）轴承的装配 轴承的装配应该根据轴承的结构、尺寸和轴承部件的配合性质而定，安装力应直接加在配合的套圈端面上，不得通过滚动体传递压力。轴承装配方法有手工法、温差法和液压法三种。

1）手工法安装。当轴承支承配合过盈量较小时，可用锤子或套筒手工敲击的方法将轴承的内、外圈压入。安装时应注意在连接表面处加润滑油，并在工件的锤击部位垫上软金属板。安装时，应特别注意轴承的导向，因为手工法安装轴承易发生歪斜。

2）温差法安装。当轴承支承配合过盈量较大时，可通过温差法安装，即通过加热或冷却的方法使零件膨胀或缩小来进行装配，通常采用热装法。对小型零件，可以把零件放在润滑油中加热；而对尺寸较大或过盈量较大的零件，通常采用火焰喷嘴、加热炉或感应加热器等加热。现在已有专用的轴承拆装加热装置，如图 3-22 所示。

3）液压法安装。当轴承支承配合过盈量较大时，也可用压力机压入，比用锤子打入和打出有更多优点，因为压力机加的力比较均匀，方向可以控制，但是需要有专用压力机，如图 3-23 所示。

图 3-22 拆装轴承的加热装置

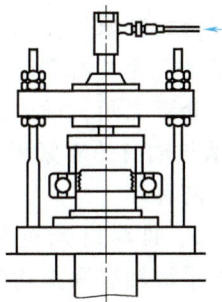

图 3-23 液压法拆装轴承

由于轴承类型不同，轴承内、外圈的安装顺序也不相同。对于不可分离的轴承，应根据配合的松紧程度来决定其安装顺序；对于可分离的轴承，应根据松圈和紧圈的不同装配点来决定其安装顺序。

对于不可分离轴承，要了解轴承内圈与轴配合，外圈与轴承座配合的情况。若轴承内圈与轴配合较紧、外圈与轴承座配合较松，应先用压力机将轴承压装在轴上，再将轴连同轴承一起装入轴承座中。压装时应采用装配套管，如图 3-24 所示。注意：装配套管的内径应比轴颈大，外径应小于轴承内圈的挡边直径，以免压在保持架上。装配套管受锤击的端面应加工成球形（在无压力机或不能使用压力机的地方，可用装配套管和小锤安装轴承，但锤击力要平稳、均匀）。

若轴承内圈与轴配合较松、外圈与轴承座配合较紧，应先装外圈，将轴承先压入轴承座中，装配套管的外径应略小于壳孔的直径，如图3-25所示，然后再装轴。

若轴承内圈与轴、外圈与轴承座配合均较紧，内、外圈应同时安装，装配套管端面应加工成能同时压紧轴承内、外圈端面的圆环，如图3-26所示，把轴承压入轴上和轴承座孔中。

3. 轴承装配后的检查与调整

轴承装配后需重点检查的项目有如下几项。

（1）安装位置的检查　轴承安装完成后，首先应检查运转零件与固定零件是否相碰，润滑油能否畅通地流入轴承，密封装置与轴向紧固装置安装是否正确。

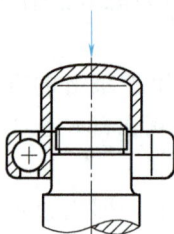

图3-24　用装配套管先安装
内圈（内圈与轴为紧配合）

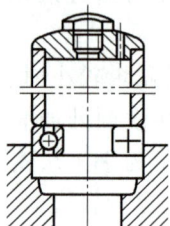

图3-25　用装配套管先安装外圈
（外圈与机壳为紧配合）

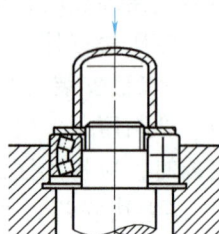

图3-26　内、外圈同时安装
（内、外皆为紧配合）

（2）轴承间隙的检查　滚动轴承的外圈、内圈与滚动体之间有相对运动，必然在结构上留有间隙。内、外圈之间的相对位移量称为轴承游隙。沿轴向的相对位移量称为轴向游隙；沿径向的相对位移量称为径向游隙。游隙的大小对轴承的使用寿命、温升和噪声都有很大的影响，因而在安装时应对轴承游隙进行检查。

除安装过盈配合的轴承外，都应该检查径向游隙。深沟球轴承可用手转动进行检查，以平稳、灵活、无振动、无左右摆动为好。圆柱滚子和调心滚子轴承可用塞尺进行检查，将塞尺插进滚子和轴承套圈之间，插入深度应大于滚子长度的1/2。

（3）检查轴承与轴肩的靠紧程度　一般情况下，紧配合过盈安装的轴承必须靠紧轴肩，其检查方法有以下两种。

1）光线检查法，即将灯光对准轴承和轴肩处，根据漏光情况进行判断。如果不漏光，说明安装正确；如果沿轴肩周围均匀漏光，说明轴承未与轴肩靠紧，应对轴承施加压力使之靠紧；如果有部分漏光，说明轴承安装倾斜，可用锤子、铜棒或套筒敲击轴承内圈，慢慢安装。

2）塞尺检查法。塞尺的厚度应由0.03mm开始，检查时，在轴承内圈端面和轴肩的整个圆周上试插几处，如发现有间隙且很均匀，说明轴承未装到位，应对轴承内圈加压使其靠紧轴肩。如果加大压力也靠不紧，说明轴颈圆角部位的圆角太大，把轴承卡住了，应修整轴颈圆角，使其变小。如果发现塞尺能通过轴承内圈端面与轴肩个别部位，说明轴颈圆角不圆，此时必须将轴承拆卸下来，修整轴颈圆角后再重新安装。如果轴承以过盈配合安装在轴承座孔内，轴承外圈被壳体孔挡肩固定时，其外圈端面与壳体孔挡肩端面是否靠紧，安装是否正确，也可用塞尺检查。

在装配轴承的过程中，如果安装不当，轴承运转时不仅有振动、噪声大、精度低、温度升高，而且还有被卡死、烧坏的危险；反之，轴承安装得好，不仅能保护精度，轴承寿命也会大大延长。因此，轴承安装后，必须进行严格的检查。

4. 轴承的维护保养

轴承是机械传动部件，应保持润滑，因此在日常的维护保养中应经常检查其润滑情况，经常加油。一旦出现生锈情况，应及时更换轴承，保持机械传动平稳。

（1）轴承除锈方法　轴承是机械中容易生锈的零件之一，零件除锈的一般方法有以下两种。

1）机械除锈。机械除锈是利用机械的摩擦力、切削等作用清除零件的表面锈层，常用的方法有刷、磨、抛光、喷砂等。

2）化学方法除锈。金属的锈蚀产物，主要是金属的氧化物。化学除锈就是利用这类金属氧化物易在酸中溶解的性质，用一些酸性溶液来清除锈层，达到除锈的目的。

（2）轴承的润滑　装配好的轴承需进行润滑。润滑轴承的目的是减少摩擦和磨损，提高机器的效率，延长其使用寿命，同时起冷却、吸振、防锈和降低噪声的作用。轴承的润滑对轴承能否正常工作起着关键作用，必须正确选用润滑剂和润滑方式。

滚动轴承润滑剂和润滑方式的选择都与速度因子 dn 的值有关。d（mm）是轴颈直径，n（r/min）是转速，dn（mm·r/min）值实际反映了轴颈的线速度。dn 值在 $(2 \sim 3) \times 10^5$ mm·r/min 范围内时，应采用润滑脂润滑，可按表 3-4 选择合适的润滑脂；当 dn 值过高或有润滑油源（如齿轮减速器）时，采用润滑油润滑。润滑油内摩擦小，散热效果好，但供油系统和密封装置较复杂。滚动轴承的润滑方式按表 3-5 选择。

表 3-4　滚动轴承润滑脂的选择

工作温度/℃	dn/(mm·r/min)	使用环境	
		干燥	潮湿
0~40	>80000	2号钙基脂或钠基脂	2号钙基脂
	<80000	3号钙基脂或钠基脂	3号钙基脂
40~80	>80000	2号钠基脂	3号钡基脂或锂基脂
	<80000	3号钠基脂	

表 3-5　滚动轴承润滑方式的选择

轴承类型	dn/(mm·r/min)				
	脂润滑	油润滑			
		油浴	滴油	循环油	喷雾
深沟球轴承	16	25	40	60	60
调心球轴承	16	25	40	50	
角接触球轴承	16	25	40	60	
圆柱滚子轴承	12	25	40	60	
圆锥滚子轴承	10	16	23	30	
调心滚子轴承	8	12	20	25	
推力球轴承	4	6	12	15	

任务实施

一、活动内容

本活动要求如下：

1）拆装车床主轴箱的轴承支承系统，掌握拆装轴承支承系统方法，并进行一次维护保养。

2）讨论分析车床中的轴承类型。

3）讨论分析拆装车床主轴箱轴承支承系统过程中的注意要点。

4）讨论轴上零件的组成。

活动1：拆卸机械传动装置中的轴承支承系统

1. 认识机械传动装置——以车床主轴箱中的传动装置为例

在拆卸机械传动装置中的轴承支承系统前，必须认识机械传动装置。因此，在实习车间，将一台卧式车床主轴箱的箱盖拆去（由于箱盖较重，在移开时应注意安全，防止砸伤），可以观察到传动装置的类型有多种（图3-27），但任何一种传动装置都有支承系统对其进行支撑。图3-28所示为典型齿轮传动装置的组成。

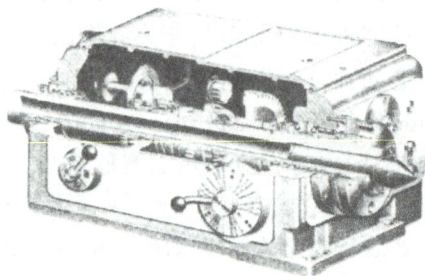

图 3-27　车床主轴箱的传动装置

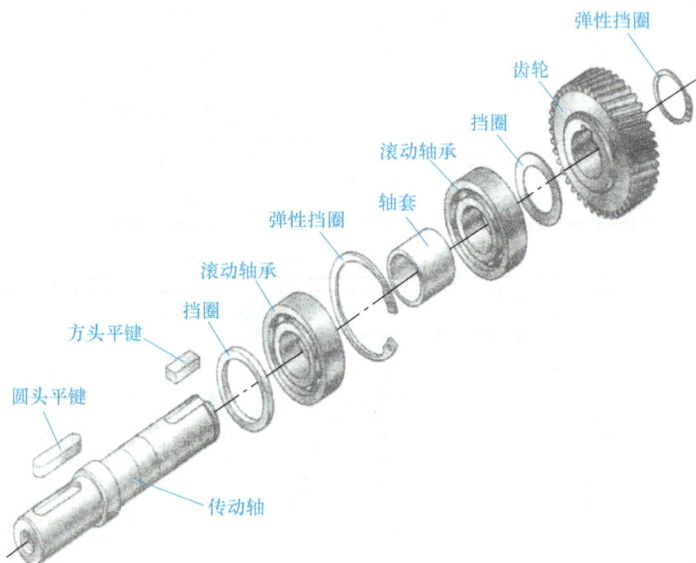

图 3-28　典型齿轮传动装置的组成

轴承支承系统是轴系结构中保证传动实现和传动质量的关键，该齿轮传动装置中轴承支承系统的结构如图3-29所示，主要由一对轴承和轴承座组成。

旋转零件必须依靠轴的支撑才能传递运动和动力，而轴又必须依靠轴承的支撑才能保证其旋转精度，并减少轴与支座间的摩擦。这种起支撑作用的零部件称为支承零部件。轴承便是主要的支承零部件之一。

2．拆卸车床主轴箱中的轴承支承系统

以图 3-28 所示的齿轮传动装置为例，其拆卸的步骤必须按照选用合适工具从外向内拆的原则，即拆卸顺序为：弹性挡圈→齿轮→挡圈→滚动轴承→轴套→弹性挡圈→轴承→挡圈。

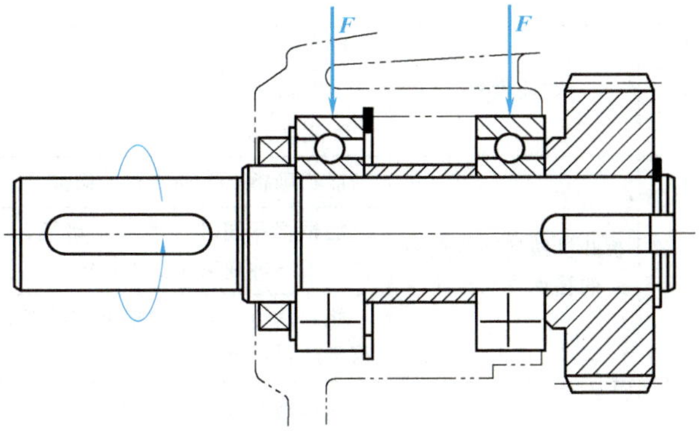

图 3-29　轴承支承系统的结构

其中弹性挡圈用专用钳子（见表 1-8 专用工具栏）拆卸，挡圈和轴是间隙配合，所以拆卸方便，齿轮和滚动轴承可用顶拔器（图 3-19）拆卸。

拆卸车床主轴箱中的轴承支承系统后，应用汽油或煤油清洗各零件，擦干后再涂上机油。拆卸时应注意安全，防止意外事故的发生。

◈ **活动 2：装配机械传动装置中的轴承支承系统并进行维护保养**

1．轴承支承的装配

根据前面所学专业知识，精心做好装配前的准备工作，然后进行轴承支承的装配。本活动所安装的轴承是向心球轴承，是不可分离轴承，故应根据配合的松紧程度来决定其安装顺序。查看装配图，了解轴承内圈与轴、外圈与轴承座的配合情况。查看结果为轴承内圈与轴配合较紧、外圈与轴承座配合较松，所以先用压力机将轴承压装在轴上，再将轴连同轴承一起装入轴承座中，压装时应采用装配套管。

2．装配后的检查调整

1）轴承装配后，首先应检查运转零件与固定零件是否相碰，润滑油能否畅通地流入轴承，密封装置与轴向紧固装置装配是否正确。

2）检查并调整轴承间隙。

3）检查轴承与轴肩的靠紧程度。

3．对轴承进行维护保养

对装配好的轴承进行一次润滑维护保养。

二、考核评价

根据活动内容填写学生考核评价表，见表 3-6。

表 3-6　学生考核评价表

序号	考核项目	考核内容要求	配分	学生自检	学生互检	教师检测	得分
1	职业素养	文明、礼仪	5				
2		安全、纪律	10				

（续）

序号	考核项目	考核内容要求	配分	学生自检	学生互检	教师检测	得分
3	职业素养	行为习惯	5				
4		工作态度	5				
5		团队合作	5				
6	拆卸机械传动装置中的轴承支承系统	能正确指出传动装置的组成	10				
		能根据不同轴承类型正确使用各种方法和工具拆卸轴承支承系统	10				
		能用汽油或煤油清洗拆卸的各种零件，擦干后再涂上机油	10				
7	装配机械传动装置中的轴承支承系统并进行维护保养	能正确做好轴承支承系统装配前的准备工作	10				
		能根据不同轴承类型正确使用各种方法和工具安装轴承支承	10				
		安装后能检查、调整轴承支承系统	10				
		能根据不同滚动轴承类型选择润滑方式，对轴承进行维护保养	10				
综合评价							

知识拓展

认识推力轴承

推力轴承有松圈和紧圈之分：松圈的内孔比轴颈大，与轴能相对转动，应紧靠静止的机件；紧圈的内孔与轴采用过盈配合，并安装在轴上，如图 3-30 所示。

1. 推力轴承的安装

推力轴承常常成对安装。在安装中，还应注意检查其轴向游隙，以及与轴一起转动的轴圈和轴线的垂直度。安装推力轴承时的其他检查、准备项目和安装方法与向心滚动轴承相似，在安装过程中可以参考。

图 3-30　推力轴承松圈和
紧圈的安装位置

2. 推力轴承安装后的检查

安装推力轴承后，应检查轴圈和轴线的垂直度，方法是将千分表固定于箱壳端面，使表的测头顶在轴承轴圈滚道上，边转动轴承边观察千分表指针，若指针偏摆，说明轴圈和轴线不垂直。箱壳孔较深时，也可用加长的千分表测头检查。

3. 推力轴承安装时的注意事项

推力轴承安装正确时，其座圈能自动适应滚动体的滚动，确保滚动体位于上、下圈滚道。如果装反了，不仅轴承工作不正常且各配合面会遭到严重磨损。由于轴圈与座圈的区别不很明显，装配中应格外小心，切勿搞错。此外，推力轴承的座圈与轴承座孔之间还应留有 0.2~0.5mm 的间隙，用以补偿零件加工、安装不精确造成的误差。当运转中轴承套圈中心偏移时，此间隙可确保其自动调整，避免碰触摩擦，使其正常运转。否则，将引起轴承损伤。

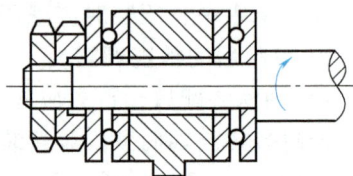

任务四　齿轮传动机构的拆装与维护

任务描述

图 3-31 所示为单级齿轮传动的变速器。齿轮传动是指通过主、从动齿轮直接啮合来传递运动和动力的装置。在所有的机械传动中，齿轮传动应用最广，可用来传递任意位置的两轴之间的运动和动力。齿轮传动平稳，传动比精确，工作可靠，效率高、寿命长，适用的功率、速度和尺寸范围大，传递功率可以从很小至十几万千瓦，速度最高可达 300m/s，齿轮直径可以从几毫米至二十多米。但是制造齿轮需要有专门的设备，啮合传动也会产生噪声。本任务以单级齿轮传动变速器为例，学习齿轮传动的类型，了解齿轮传动装置的特点，直齿圆柱齿轮的基本参数及其尺寸计算，要求能安全文明、正确拆装齿轮传动机构，并且能检测安装后的齿轮传动机构。

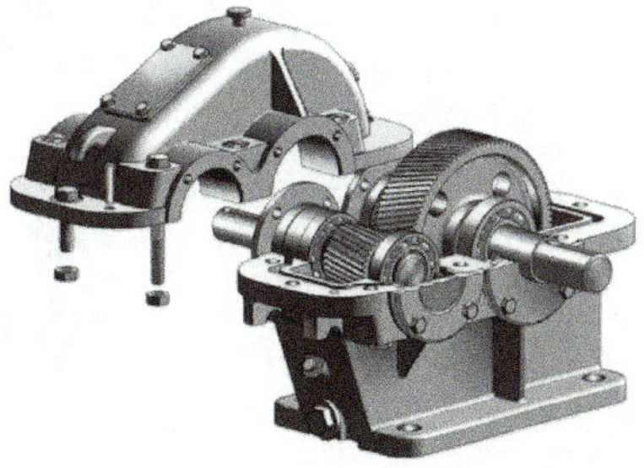

图 3-31　单级齿轮传动的变速器

知识链接

一、齿轮传动的类型

如图 3-32 所示，齿轮传动的类型有很多。根据两轴的相对位置和轮齿方向，可分为圆柱齿轮传动、锥齿轮传动、交错轴的蜗杆传动；根据齿轮传动的工作条件，可分为开式齿轮传动（见图 3-33a，齿轮暴露在外，灰尘易落在齿面，不能保证良好的润滑，适用于低速及不重要的场合）、半开式齿轮传动（见图 3-33b，齿轮浸入油池，有护罩但不封闭，常用于农业机械、建筑机械及简单机械设备）和闭式齿轮传动（见图 3-33c，齿轮、轴和轴承等都装在封闭箱体内，润滑条件良好，灰沙不易进入，安装精确，齿轮传动有良好的工作条件，常用于汽车、机床及航空发动机，是应用最广泛的齿轮传动）；按齿形分为渐开线齿轮传动（是常用齿轮的齿形，见图 3-34a）、摆线齿轮传动（主要用于计时仪器，见图 3-34b）和弧齿锥齿轮传动（主要用于要求承载能力较强的场合，见图 3-34c）。

二、齿轮材料、结构与齿轮传动的失效形式

1. 齿轮材料

对齿轮材料的总体要求是齿面要硬，齿心要有韧性。齿轮的材料应能满足承载能力的要求、工作寿命的要求、工作噪声的要求和润滑条件的要求等，还要满足工艺要求。

1）一般齿轮采用锻钢或轧制钢材，大尺寸齿轮采用铸钢或球墨铸铁，开式低速齿轮传动可采用灰铸铁，载荷较小的情况可采用塑料、尼龙等材料通过一次成型方法制造。

2）配对的小齿轮受力及磨损较大，硬度要求高于大齿轮 20~50HBW。

3）一般中低速齿轮采用 45 钢、45Mn2 等材料，调质后硬度<350HBW。

齿轮传动

直齿圆柱齿轮传动(外啮合)

平行轴间齿轮传动

圆柱齿轮传动(内啮合)

齿轮齿条传动

斜齿圆柱齿轮传动

人字齿圆柱齿轮传动

相交轴间齿轮传动

直齿锥齿轮传动

斜齿锥齿轮传动

曲线齿锥齿轮传动

交错轴间齿轮传动

弧齿锥齿轮传动

准双曲面齿轮传动

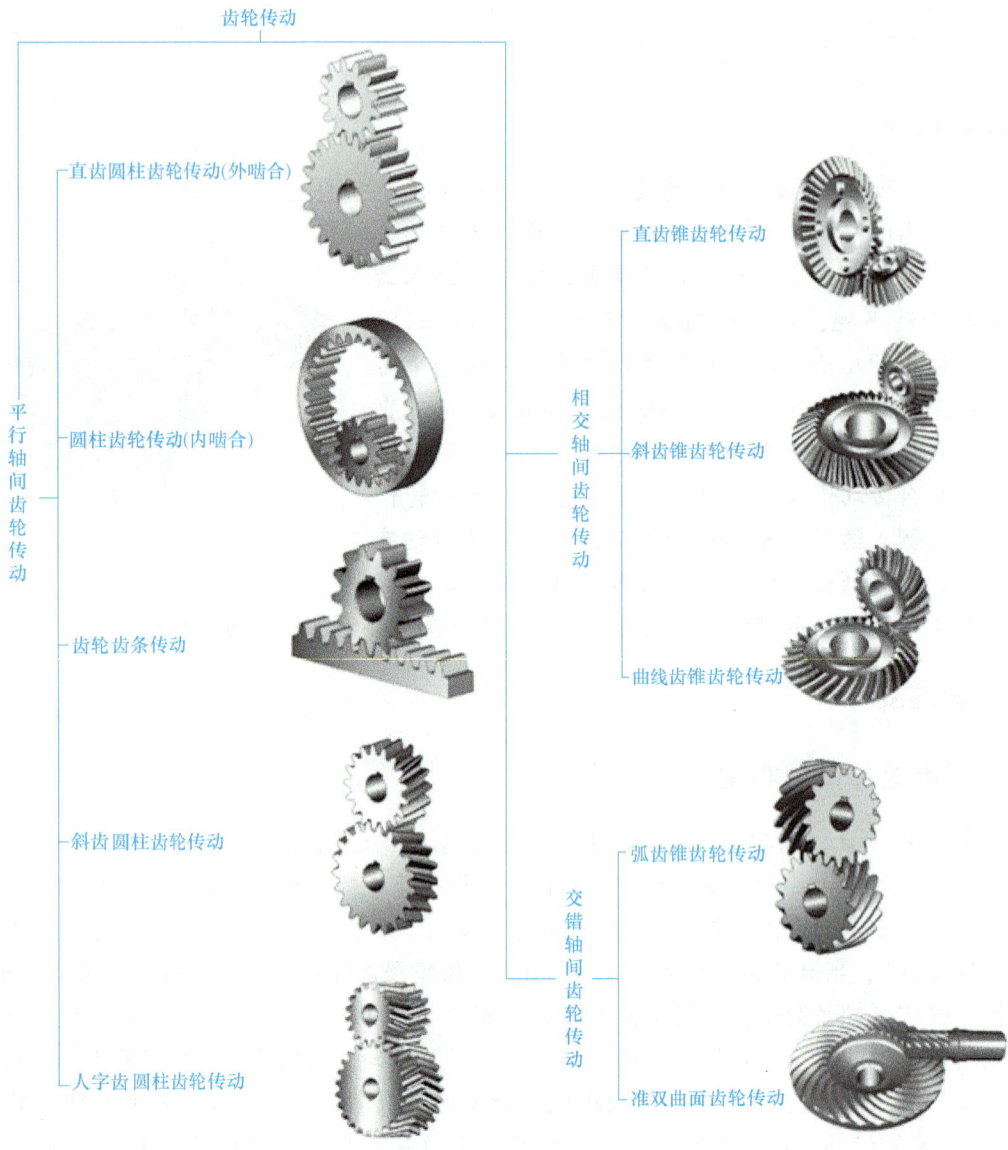

图 3-32　齿轮传动的类型

a) 开式齿轮传动

b) 半开式齿轮传动

c) 闭式齿轮传动

通气孔　视孔盖　螺钉　箱盖　测油尺　油塞　箱体

图 3-33　根据齿轮传动的工作条件分类

a) 渐开线齿轮传动　　　　b) 摆线齿轮传动　　　　c) 弧齿锥齿轮传动

图 3-34　按齿形分类

4) 一般中高速重载齿轮，可用中碳（合金）钢通过调质和表面淬火处理；或低碳（合金）钢通过渗碳、淬火、低温回火处理。

2. 常用的齿轮结构

齿轮的强度计算和几何尺寸计算，主要是确定齿轮的模数、分度圆直径、齿顶圆直径、齿根圆直径和槽宽等，而轮缘、轮辐和轮毂等结构尺寸和结构形式，则需通过结构设计来确定。齿轮的制造方法有锻造、铸造、装配及焊接等，其具体的结构应根据工艺要求及经验公式确定。当齿顶圆直径与轴径接近时，应将齿轮与轴做成一体，称为齿轮轴。

如图 3-35 所示，常用的齿轮有实心式齿轮、辐板式齿轮、轮辐式齿轮和齿轮轴等。

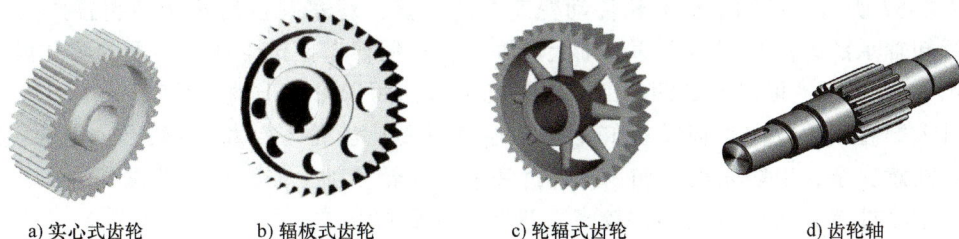

a) 实心式齿轮　　　　b) 辐板式齿轮　　　　c) 轮辐式齿轮　　　　d) 齿轮轴

图 3-35　常用的齿轮结构

3. 齿轮常见失效形式与防止的措施

（1）齿轮常见失效形式　齿轮失效是指齿轮在传动过程中，由于载荷的作用使轮齿发生折断和齿面损坏等，使齿轮过早地失去正常工作能力的情况。由于齿轮传动的工作条件和应用范围各不相同，影响失效的原因很多。齿轮传动出现失效的主要形式是轮齿折断、齿面磨损、点蚀、胶合及塑性变形等，如图 3-36 所示。

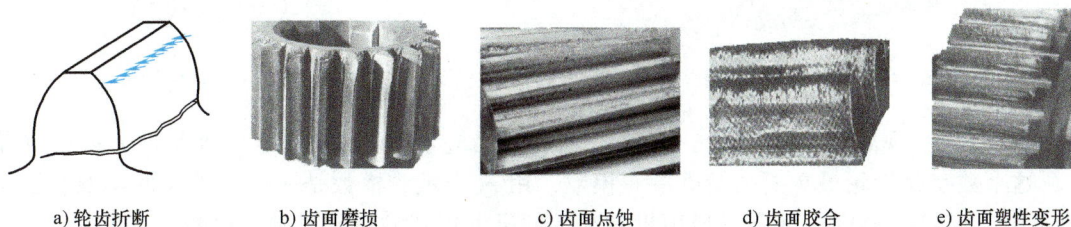

a) 轮齿折断　　b) 齿面磨损　　c) 齿面点蚀　　d) 齿面胶合　　e) 齿面塑性变形

图 3-36　齿轮传动失效的主要形式

开式齿轮失效常因为沙尘落入齿面，加快了轮齿磨损；闭式齿轮失效多由于轮齿强度、韧性不足，或是齿面硬度、接触强度不够所造成。

（2）齿轮传动失效的防止措施

1）轮齿折断的防止措施。

① 对齿根表面进行喷丸等强化处理，提高齿根强度。

② 增大齿根圆角半径，降低齿根表面的表面粗糙度值，以降低齿根的应力集中。

③ 在使用中避免意外的严重过载和冲击。

④ 采用正变位齿或适当增大压力角，以增大齿根厚度，降低齿根危险面上的弯曲应力。

2）齿面磨损、胶合的防止措施。

① 提高齿面硬度。

② 降低表面粗糙度值以创造良好的润滑条件。

③ 采用黏度较大或抗胶合性能好的润滑油。

④ 采用闭式齿轮传动。

三、齿轮拆装方法

除了齿轮轴以外，齿轮一般都是和轴装配在一起进行动力传递的。下面以图3-37所示单级圆柱齿轮变速器为例，阐述圆柱齿轮传动装置的拆装方法。

1. 拆卸圆柱齿轮传动装置的方法

如图3-37所示，拆卸单级齿轮传动变速器的上盖，观察圆柱齿轮传动装置并按本项目任务三拆卸轴承的方法分别拆去两根轴上的轴承，再用棉布擦拭干净。拆下的圆柱齿轮传动装置如图3-38所示，可以看到两轮的轴线相互平行，两齿轮处于啮合状态。

从轴上顺着键的方向将齿轮拆卸下来，注意不要让齿轮与轴相碰撞，防止破坏轴的表面，同时注意安全，以防轮齿划伤手。对拆卸后的齿轮和轴上的其他零件做好清洗、润滑工作，并按顺序放置，必要时（零件较多）进行编号后再存放。

应对拆卸下的齿轮观察如下的参数。

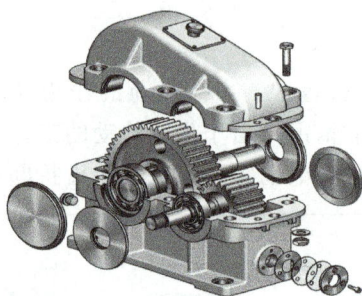

图 3-37　单级圆柱齿轮变速器

图 3-38　圆柱齿轮传动装置

（1）模数　观察拆下的齿轮，可以发现有些齿轮在一侧的端面上刻有一个数字（钢印），这个数字是齿轮最重要的参数——模数，用 m 表示。模数是一个标准化的参数，国家标准 GB/T 1357—2008 中规定了通用机械和重型机械用圆柱齿轮模数的模数系列。

（2）齿数　对齿轮的一个轮齿进行标记（可用手指按住一个轮齿），然后依次数下去，可以得到一个数字，这是齿轮的齿数。齿数是齿轮的另外一个重要的参数，用 z 表示。

模数 m 的大小反映了轮齿的大小。模数越大，轮齿越大，齿轮所能承受的载荷就越大；反之，模数越小，轮齿越小，齿轮所能承受的载荷越小。图3-39所示为两个齿数相同（$z=$

16）而模数不同的齿轮，可以比较其几何尺寸和轮齿大小。

（3）压力角　观察齿轮轮齿的形状，可以发现它既不是直线形的，也不是圆弧形的，这是渐开线的形状。一般的齿轮轮齿均采用渐开线形式，其形状用压力角 α 表示。标准直齿圆柱齿轮的压力角 $\alpha = 20°$。

图 3-39　两个齿数相同而模数不同的齿轮

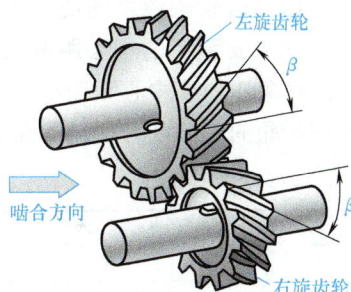

2. 正确选配齿轮

（1）正确选配直齿圆柱齿轮　当齿轮拆下后，发现有损坏，如何进行更换和选配？怎样能够让采购员或加工人员知道，你需要什么样的齿轮？并不是任何两只齿轮安装在一起就能进行啮合传动的，一对直齿圆柱齿轮能连续、顺利地传动，需要各对轮齿依次正确啮合，互不干涉。为保证传动时不出现两齿廓局部重叠引起卡死或侧隙过大导致冲击的现象，必须使齿轮副满足以下条件。

1）两齿轮的模数相等，$m_1 = m_2$。

2）两齿轮的压力角相等，$\alpha_1 = \alpha_2$。

这就是正确选配一对齿轮啮合传动的条件。由于标准齿轮的压力角均为 20°，所以在更换和选配齿轮时，应提供齿轮的模数和齿数。

（2）正确选配斜齿圆柱齿轮　直齿轮的齿线为一根直线，而斜齿轮的齿线为螺旋线，螺旋线和轴线之间的夹角为螺旋角，其代号为 β，如图 3-40 所示。

斜齿圆柱齿轮的螺旋线方向分为左旋和右旋。其旋向判别如下：让斜齿轮轴线竖直放置，面对齿轮，轮齿的方向从左向右上升时为右旋斜齿轮，反之，为左旋斜齿轮。

观察斜齿轮的啮合情况，可以发现，斜齿轮副啮合时，齿面上的接触线是倾斜的，沿着槽宽是逐渐接触并由短变长，再由长变短，直至啮合终止，其啮合过程比直齿轮长。所以，斜齿轮传动相比直齿轮传动要平稳，连续性好，承载能力高。

左旋齿轮

啮合方向

右旋齿轮

图 3-40　斜齿圆柱齿轮

斜齿轮具有一定的旋向和螺旋角，所以斜齿轮副的正确啮合条件除了要满足模数和压力角都相等的要求外，还有一个条件，即两齿轮螺旋角相等、旋向相反。所以，正确选配斜齿圆柱齿轮的条件如下：

1）两齿轮的端面或法向模数相等，即 $m_1 = m_2$，或 $mn_1 = mn_2$。

2）两齿轮的端面或法向压力角相等，即 $\alpha_1 = \alpha_2$，或 $\alpha n_1 = \alpha n_2$。

3）两齿轮的螺旋角相等，旋向相反，即 $\beta_1 = -\beta_2$。

3. 安装圆柱齿轮传动装置

（1）齿轮与轴的装配方法　根据齿轮的工作情况，齿轮在轴上有三种形式：空转、滑移和固定连接。在安装前，均应检查齿轮孔与轴相配合的表面粗糙度、尺寸精度和几何公差。

1）空转或滑移的齿轮与轴的配合为小间隙配合，装配精度取决于零件本身的精度。由于其是间隙配合，所以装配方便。注意齿轮在轴上不能出现咬住或阻滞现象，滑移齿轮的轴向定位要准确，轴向滑移位量应控制在规定范围内。

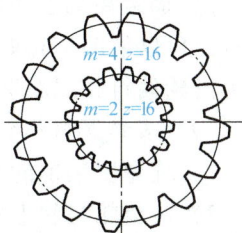

2）固定在轴上的齿轮与轴的配合一般为过渡配合，装配时需要一定的压力。过盈量较小时，可以借助工具如铜棒和锤子敲击安装；过盈量较大时，应通过压力机压装，注意避免产生齿轮偏斜和端面不到位等装配误差。必要时，可先将齿轮加热后，再进行热套或热压。

（2）安装圆柱齿轮传动装置的步骤

1）先做安装前的准备，即对轴、孔及所有零件进行清洁，必要时涂上润滑油。

2）将齿轮与轴上其他零件按与拆卸相反的顺序（即按先拆后装的原则）安装到轴上。与拆卸时一样，注意安装时不要让齿轮与轴相碰撞，防止破坏轴的表面。同时注意安全，带上工作手套，以防轮齿划伤手。

图 3-41 所示为齿轮及其他零件，在安装时，先按要求安装好轴承，再安装垫片、键、圆柱齿轮和轴用挡圈。注意保证齿轮中心线与轴的同轴度，并严格控制齿轮的径向和轴向圆跳动。

3）将齿轮轴部件安装到箱体上。齿轮轴部件在箱体中的位置，将直接影响齿轮传动的啮合质量。

图 3-41 齿轮及其他零件

4）检测圆柱齿轮传动装置的中心距。齿轮传动安装后两齿轮轴线之间的距离称为中心距。中心距的安装误差将直接影响齿轮啮合传动的质量。如果安装后的中心距偏大，则两齿轮轮齿的接触面降低，而且侧隙也会过大，容易发生冲击现象；如果中心距偏小，则会引起两轮的齿廓局部重叠，容易产生卡死现象。所以，为了保证齿轮的正确啮合传动，在安装时必须将中心距的误差控制在一定范围内，见表3-7。

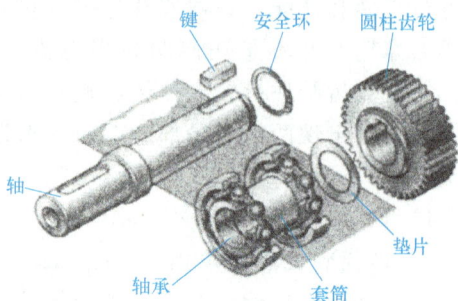

表 3-7 中心距误差范围

中心距/mm	误差范围/mm
<40	±0.03
40~100	±0.04
100~250	±0.05
>250	±0.07

5）检查两齿轮轮齿间的侧隙。安装后的齿侧间隙要在规定的范围内，即必须符合相关技术文件的要求。侧隙过大，换向空行程大，会产生冲击和噪声；侧隙过小，齿轮转动不灵活，严重时会出现卡死现象。

齿侧间隙的检查方法有两种。

① 压铅丝检查法。如图 3-42 所示，沿齿宽方向在齿面两端平行放置两条软铅丝（其直径一般低于最小侧隙的 4 倍），齿宽较大时应放置 3~4 条。转动齿轮，将铅丝压扁后，测量其最薄处的厚度，这就是侧隙。

② 百分表检查法。如图 3-43 所示，将一个齿轮固定，在另外一个齿轮上装夹紧杆，由于存在侧隙，装有夹紧杆的齿轮可以摆动一定角度，从而推动百分表的测头，得到读数 C，通过以下公式计算可得到侧隙值 C_n

$$C_n = C\frac{R}{L}$$

式中　C——百分表读数；

R——装夹紧杆齿轮的分度圆直径（mm）；

L——测量点到轴心的距离（mm）。

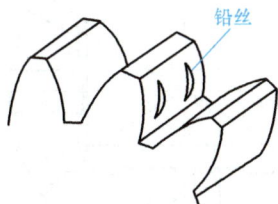

图 3-42 压铅丝检查法

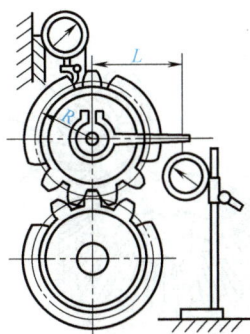

图 3-43 百分表检查法

6）检查两齿轮的接触精度。将红丹粉涂在大齿轮的工作齿面上，空转两啮合齿轮（转动齿轮时，应轻微制动从动齿轮），然后检查其接触斑点的情况。接触斑点的面积大小及分布应符合相关的技术要求。注意，相互啮合的两齿轮要有足够的接触面积和正确的接触部位。

四、齿轮的维护保养

齿轮传动中齿轮的齿受到摩擦和挤压，会产生热量和磨损，因此要注意防尘，并按规定时效加注润滑油，定时检查润滑油油位高度，不足时续添润滑油。新齿轮传动首次运行 500~800h 需更换润滑油，以后每运行 3000h 更换一次润滑油，一年运行不满 3000h，则一年更换一次润滑油。

任务实施

齿轮传动的应用

一、活动内容

本活动要求如下：

1）分组拆装和检测圆柱齿轮传动装置，并进行维护保养。

2）分组拆装锥齿轮传动装置，并进行维护保养。

3）分组拆装蜗杆传动装置，并进行维护保养。

活动 1：拆装圆柱齿轮传动装置并进行维护保养

在实验室以两人为一组，拆装单级圆柱齿轮变速器（图 3-37）。

1）制订拆装计划。

2）正确选用拆装工具。

3）按前述齿轮拆装方法进行拆装。

4）装配后进行维护保养。

活动 2：拆装锥齿轮传动装置和蜗杆传动装置并进行维护保养

1. 拆装锥齿轮传动装置

（1）认识锥齿轮传动的功能和结构 观察图 3-44 所示的锥齿轮传动装置可以发现，经

过锥齿轮传动装置后，传动的轴线方向变换成垂直方向，即发生了90°的变化。所以，锥齿轮传动可用来传递相交两轴的运动和动力。

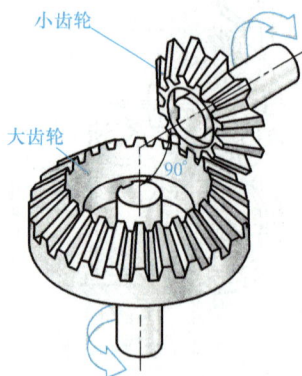

图 3-44　锥齿轮传动装置

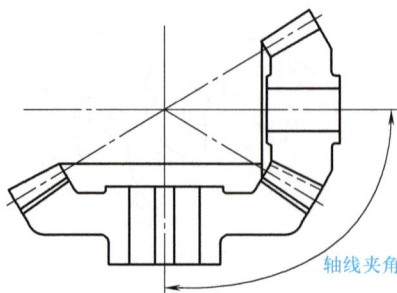

图 3-45　在锥顶相交的两齿轮轴线

锥齿轮传动的类型分为直齿锥齿轮、斜齿锥齿轮和曲线齿锥齿轮，如图 3-32 所示。

（2）锥齿轮传动装置的装配和检查　锥齿轮传动装置的装配可以参照圆柱齿轮传动装置的装配，其过程基本类似，但由于锥齿轮传动本身的特殊性，需注意以下几点。

1）锥齿轮传动的两轴线在锥顶相交，且有规定的角度，安装时必须严格保证此角度正确，如图 3-45 所示。

2）锥齿轮轴线的几何位置一般取决于箱体的加工精度。由于锥齿轮做垂直两轴间的传动，因此箱体两垂直轴承座孔的加工精度必须符合规定的技术要求。

3）锥齿轮的轴向定位以锥齿轮的背锥作为基准，装配时使背锥面平齐，以保证两齿轮的正确位置。其轴向定位可由轴承座与箱体间的垫片来调整。可以通过涂色法检查接触斑点是否偏向齿顶或齿根，从而沿轴线调节和移动齿轮的位置。

4）侧隙的检验方法与圆柱齿轮基本相同，只是其侧隙要求另有规定。

5）锥齿轮的啮合状况也用涂色法进行检查，在无载荷的情况下，轮齿的接触部位应靠近轮齿的小端。另外，齿轮表面的接触面积在齿高和齿宽方向均应不少于 40%，否则就要检查侧隙或夹角是否达到安装要求。

2. 拆装蜗杆传动装置

（1）认识蜗杆传动装置的功能和结构　图 3-46 所示的蜗杆传动装置由箱体、蜗轮、蜗杆等零件组成，蜗轮和蜗杆的两轴空间交错，交错角为 90°，故蜗杆传动用于传递两相互垂直轴（不在一个平面内）之间的运动和动力。

（2）蜗杆传动的特点和类型　蜗杆传动的特点是传动比大（可以达到 100 以上）、结构紧凑、有自锁作用、运动平稳、噪声小，但传动效率低，摩擦和发热量大，故传递的功率较小，一般功率不大于 5kW。蜗轮的齿圈通常用较贵重的青铜制造，所以成本高。

图 3-46　蜗杆传动装置

按蜗杆的形状不同，蜗杆传动可分为圆柱蜗杆传动（图 3-47a）、环面蜗杆传动（图

3-47b）和圆锥蜗杆传动（图 3-47c）等类型，其中以圆柱蜗杆传动应用最为广泛。

（3）蜗杆传动装置的安装与检测

1）安装要求如下：

① 蜗杆的轴线与蜗轮的轴线应相互垂直，蜗杆轴线应在蜗轮轮齿的中间平面内。

② 蜗轮与蜗杆的中心距必须符合要求。

③ 安装后的蜗轮、蜗杆应转动自如，没有卡滞现象。

④ 安装顺序：一般先装蜗轮，后装蜗杆。

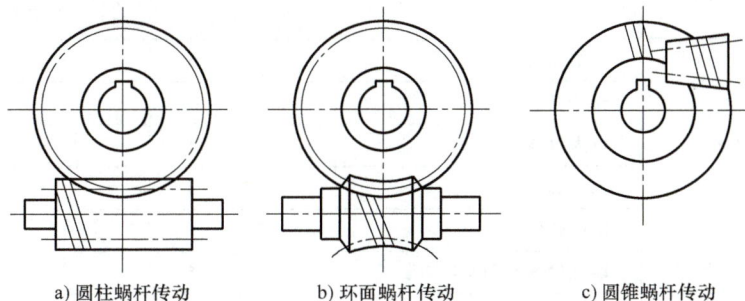

a) 圆柱蜗杆传动　　　　b) 环面蜗杆传动　　　　c) 圆锥蜗杆传动

图 3-47　蜗杆传动的类型

2）安装蜗轮。蜗轮安装到轴上的过程与圆柱齿轮的安装基本相同。

3）安装蜗杆。蜗杆的轴线位置一般是由箱体安装孔确定的，蜗杆的轴向位置对装配质量没有影响。

4）调整。蜗杆轴线应在蜗轮轮齿的中间平面内，如果安装没有达到规定的要求，可以通过改变调整垫片厚度来调整蜗轮的轴向位置。

5）安装后的啮合质量检查。

① 检查齿侧间隙。一般蜗杆传动的齿侧间隙大小可以手动检查，用手转动蜗杆，根据空程量的大小进行判断。要求较高时，可用百分表进行检测。

② 检查蜗轮接触斑点。将红丹粉涂在蜗杆螺旋面上，给施加蜗轮少许阻力，转动蜗杆，根据蜗轮轮齿上的接触斑点情况，判断啮合的质量。正确的情况是接触斑点在啮合面中部略偏向蜗杆旋出方向，如图 3-48a 所示。如果出现如图 3-48b 所示的情况，说明啮合质量不好，可调整蜗轮的轴向位置，使其达到正常接触要求。

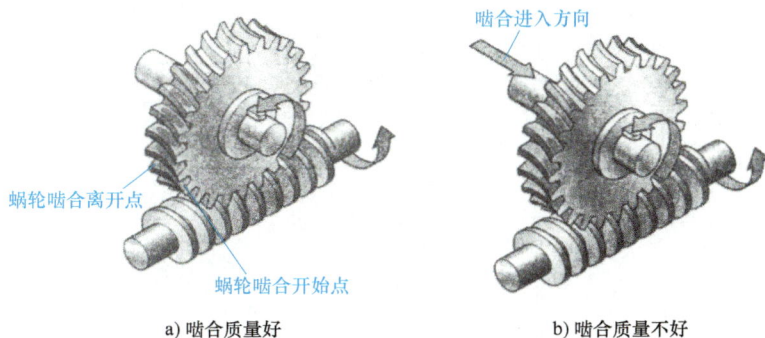

a) 啮合质量好　　　　　　　　　　b) 啮合质量不好

图 3-48　蜗杆传动的接触斑点检查

3．对锥齿轮传动装置和蜗杆传动装置进行润滑维护

略。

二、考核评价

根据活动内容填写考核评价表，见表3-8。

表 3-8　考核评价表

序号	考核项目	考核内容要求	配分	学生自检	学生互检	教师检测	得分
1	职业素养	文明、礼仪	5				
2		安全、纪律	10				
3		行为习惯	5				
4		工作态度	5				
5		团队合作	5				
6	拆装工具的使用	能正确选择和使用拆装工具	5				
7	拆装和检测圆柱齿轮传动装置	能正确拆卸圆柱齿轮传动装置	10				
		能正确选配圆柱齿轮	10				
		能正确安装圆柱齿轮传动装置	10				
		能正确检查两齿轮轮齿间的侧隙	10				
8	拆装锥齿轮传动装置和蜗杆传动装置	能根据要求拆装锥齿轮传动装置	10				
		能根据要求拆装蜗杆传动装置	10				
9	维护保养能力	能对不同齿轮传动装置进行润滑维护	5				
	综合评价						

项目四

刨床机械结构及维护

项 目 描 述

图 4-1 所示为牛头刨床。刨床是用刨刀对工件的平面、沟槽或成形表面进行刨削的直线运动机床。使用刨床加工,刀具较简单,但生产率较低(加工长而窄的平面除外),因而主要用于单件、小批量生产及机修车间,在大批量生产中往往被铣床所代替。本项目主要学习刨床设备的工作原理,分析其典型的机械结构,然后通过两个具体的实训活动来掌握机械结构中带传动装置和链传动装置的拆装与维护技能。

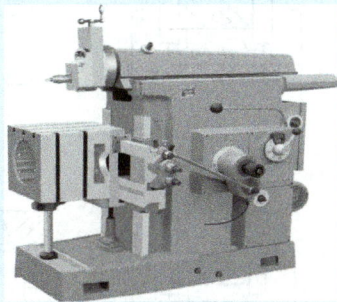

图 4-1 牛头刨床

学习目标

一、知识目标

1. 了解刨床的工作范围、工作原理和传动系统。
2. 掌握刨床的典型机械结构特点。

二、技能目标

1. 能正确描述刨床的机械传动关系。
2. 会识别刨床各部件的作用。
3. 会识读和分析刨床各机械部件的运动过程。
4. 掌握机械结构中带传动装置的拆装与维护技能。
5. 掌握机械结构中链传动装置的拆装与维护技能。

任务一   认识刨床的工作过程

任务描述

刨床设备比车床、铣床设备简单,调整和操作也较方便。刨床所用的单刃刨刀与车刀基本相同，形状简单，制造、刃磨和安装都比较方便。本任务以 B6050 型牛头刨床设备为例，阐述刨床的工作范围和其整个传动系统的运动规律。另外，通过实际操作刨床，亲身体验刨床各个部件的运动关系，更加牢固地掌握刨床的工作原理。

知识链接

一、刨床的加工工艺范围与工艺特点

1. 刨床的加工工艺范围

如图 4-2 所示，刨床主要用来加工平面（包括水平面、垂直面和斜面），也广泛地用于加工直槽如直角槽、燕尾槽和 T 形槽等。如果进行适当的调整和增加某些附件，刨床还可以用来加工齿条、齿轮、花键和以直线为母线的成形面等。

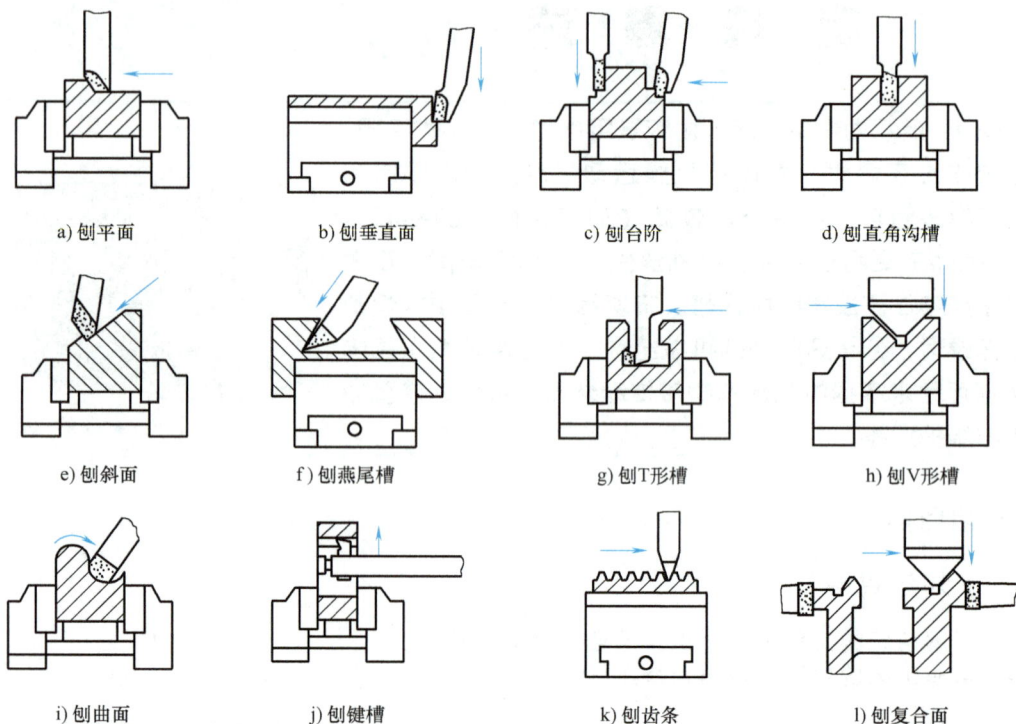

| a) 刨平面 | b) 刨垂直面 | c) 刨台阶 | d) 刨直角沟槽 |

| e) 刨斜面 | f) 刨燕尾槽 | g) 刨T形槽 | h) 刨V形槽 |

| i) 刨曲面 | j) 刨键槽 | k) 刨齿条 | l) 刨复合面 |

图 4-2　刨床的加工工艺

2. 刨削的工艺特点

（1）通用性好　根据切削运动和具体的加工要求，刨床的结构比车床、铣床简单，价格低，调整和操作也较简便。

（2）生产率较低　刨削的主运动为往复直线运动，反向时受惯性力的影响，加上刀具切入和切出时有冲击，限制了切削速度的提高。单刃刨刀实际参加切削的切削刃长度有限，一个表面往往要经过多次行程才能加工出来，基本工艺时间较长。刨刀返回行程时不进行切削，增加了辅助时间。由于以上原因，刨削的生产率低于铣削。但是对于狭长表面（如导轨、长槽等）的加工，以及在龙门刨床上进行多件或多刀加工时，刨削的生产率可能高于铣削。

（3）加工精度不高　刨削的尺寸公差等级可达 IT8 ~ IT7，表面粗糙度 Ra 值为 1.6 ~

$6.3\mu m$。当采用宽刀精刨时，即在龙门刨床上用宽刃刨刀以很低的切削速度切去工件表面上一层极薄的金属，平面度误差不大于 $0.02mm/1000mm$，表面粗糙度 Ra 值可达 $0.4\sim0.8\mu m$。

二、刨床的分类

刨床的种类不少，型号也很多，按其结构特征大体可分为牛头刨床、龙门刨床和插床。

1. 牛头刨床

图 4-1 所示为牛头刨床，是用来刨削中、小型工件的刨床，工作长度一般不超过 1m。工件装夹在可调整的工作台上或夹在工作台上的平口钳内，利用刨刀的直线往复运动（主运动）和工作台的间歇移动（进给运动）进行刨削加工。

根据所能加工工件的长度，牛头刨床可分为大、中、小型三种：小型牛头刨床可以加工长度为 400mm 以内的工件，如 B635-1 型牛头刨床；中型牛头刨床可以加工长度为 $400\sim$ 600mm 的工件，如 B650 型牛头刨床；大型牛头刨床可以加工长度为 $400\sim1000mm$ 的工件，如 B665 型和 B690 型牛头刨床。

2. 龙门刨床

图 4-3 所示为龙门刨床，主要用于中、小批生产及修理车间加工大平面，尤其是长而窄的平面，如导轨面和沟槽，也可在工作台上同时安装几个工件进行加工。其机床结构呈龙门式布局，以保证机床有较高的刚度。同时，为避免加工面较大时像牛头刨床那样滑枕悬伸过长，其采用工作台往复运动的形式。

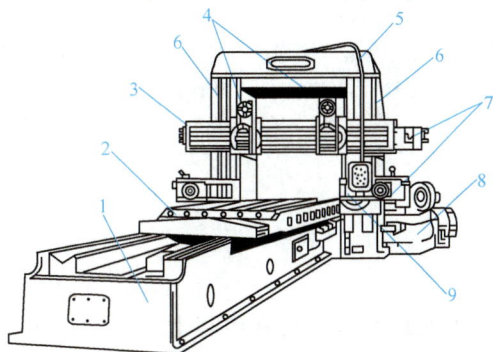

图 4-3　龙门刨床

1—床身　2—工作台　3—横梁　4—立刀架　5—上横梁
6—立柱　7—进给箱　8—变速箱　9—侧刀架

大型龙门刨床往往还附有铣头和磨头等部件，以便使工件在一次装夹中完成刨、铣及磨平面等工作。这种刨床又称为龙门刨铣床或龙门刨铣磨床。

3. 插床

图 4-4 所示为插床，又称立式刨床，主要用来加工工件的内表面。它的结构与牛头刨床几乎完全一样，不同点主要是插床的插刀在垂直方向上做直线往复运动（切削运动），圆形工作台除了能做纵、横方向的间歇进给运动外，还可以在圆周进给方向上做间歇的回转进给运动。

三、B6050 牛头刨床的组成和工作原理

1. 刨床的组成

图 4-5 所示为 B6050 型牛头刨床的外形，因其滑枕刀架形似"牛头"而得名。它由以下各部分组成。

（1）床身与底座　床身 11 是刨床的基础件，刨床的主要部件和机构都装在它上面。它是一个箱形铸铁壳体，箱体内部装有运动传动装置、变速机构和曲柄摇杆机构等。床身上部装有两个斜压板，它们与床身上平面组成的燕尾导轨供滑枕移动之用。床身前侧为垂直的矩形垂向导轨 19，横梁 13 可沿该导轨面上下移动。

底座 12 用螺柱与床身 11 相联接，其中部呈凹形，用以贮存润滑油；底座下面垫入调整

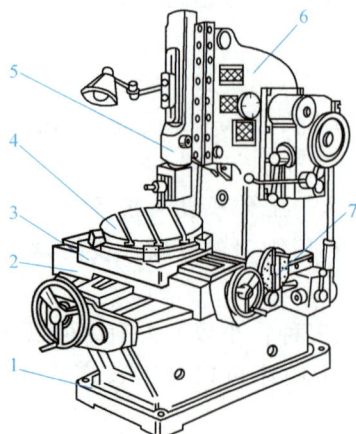

图 4-4　插床

1—底座　2—床鞍　3—溜板　4—圆形工作台
5—滑枕　6—立柱　7—分度装置

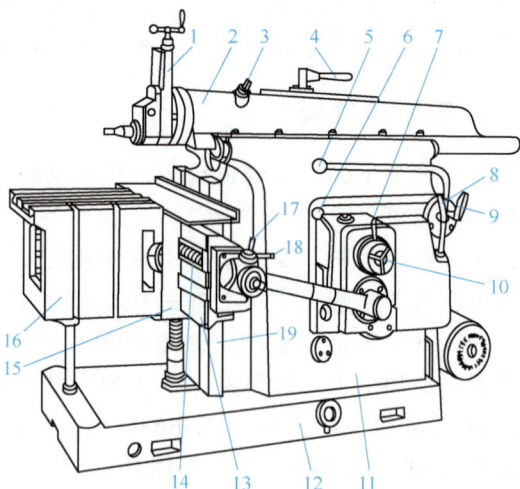

图 4-5　B6050 型牛头刨床的外形

1—刀架　2—滑枕　3—调节滑枕位置手柄　4—紧定手柄
5—操纵手柄　6—工作台快速移动手柄　7—进给量调节手柄
8、9—变速手柄　10—调节行程长度手柄　11—床身　12—底座
13—横梁　14—横向丝杠　15—拖板　16—工作台
17—工作台横向或垂向进给转换手柄
18—进给运动换向手柄　19—矩形垂向导轨

垫铁，用地脚螺栓固定在地基上。

（2）横梁　横梁 13 装在床身 11 前侧的矩形垂向导轨 19 上，其凹槽中装有工作台横向进给丝杠和传动横梁升降丝杠用的一对锥齿轮及光杠。转动光杠（即工作台横向或垂向进给转换手柄 17）可使横梁沿着矩形垂向导轨 19 移动，使工作台升降。

（3）工作台　工作台 16 的上平面和侧面上的 T 形槽用于固定工件或夹具。工作台 16 与拖板 15 相连接，拖板 15 装在横梁 13 的侧面导轨上，可做横向移动。工作台 16 和拖板 15 在接合面的中部用圆柱凸台定位，拖板上有环状的 T 形槽，其外缘上刻有刻度，用四个螺钉固定工作台。使用这一结构可以把工作台转成一定角度，以适应刨削不同角度的斜面。

（4）滑枕　滑枕 2 是牛头刨床上的主要运动部件。为了减少滑枕 2 的运动惯性和提高其刚度，滑枕 2 做成空心结构，内部有加强肋。滑枕 2 内部还装有调整其行程位置的机构，由一对锥齿轮和丝杠组成。滑枕 2 的前端有环状 T 形槽，用来装夹刀架和调节刀架的偏转角度。滑枕 2 下部有燕尾导轨，与床身 11 上的水平导轨配合（其配合间隙由斜压板来调节），由曲柄摇杆机构传动，在水平导轨内做往复直线运动。

（5）刀架　刀架 1 用于装夹刨刀，并使刨刀沿垂直方向移动或倾斜一个角度。如图 4-6 所示，

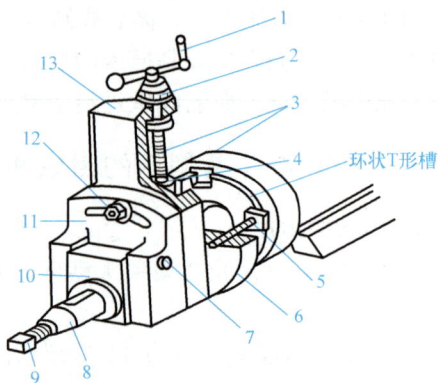

图 4-6　牛头刨床刀架

1—手柄　2—刻度环　3—丝杠　4—螺母
5—T 形螺柱　6—刻度转盘　7—铰链销
8—夹刀座　9—紧固螺钉　10—拍板
11—拍板座　12—拍板座紧固螺母　13—拖板

转动手柄，拖板 13 做垂直方向移动，用来调整吃刀量，其调整值可在刻度环上读出。刨削斜面时，松开 T 形螺柱的紧固螺母 12，扳动拖板 13，倾斜至要求角度后再将紧固螺母 12 拧紧，角度值可在刻度转盘上读出。

刨刀装在夹刀座的方孔内，拍板与拍板座用铰链销联接，两者用凹槽配合。这样在回程时，拍板可以绕铰链销向前上方抬起，以减少滑枕回程时刨刀与工件已加工表面之间的摩擦。旋松螺母，可使拍板座沿弧形槽在拖板平面上做 ±15° 的偏转，以便于刨削侧面和斜面。

2. 刨床的工作原理

如图 4-5 所示，牛头刨床的工作原理为：底座 12 上装有床身 11，滑枕 2 带着刀架 1 做往复直线主运动。工件安装在工作台 16 上，工作台 16 在横梁 13 上做横向进给运动，进给是间歇运动。横梁 13 可在床身 11 上升降，以适应加工不同高度的工件。牛头刨床多用于加工与安装基面平行的面。

四、B6050 型牛头刨床的运动和传动系统

1. 刨床的运动

任何机械切削机床总包含有主运动和进给运动，刨床也同样具有主运动和进给运动。

（1）主运动 刨床的主运动为刀架的直线往复运动，如图 4-7 所示。

（2）进给运动 刨床的进给运动为工作台水平的间歇运动，如图 4-7 所示。

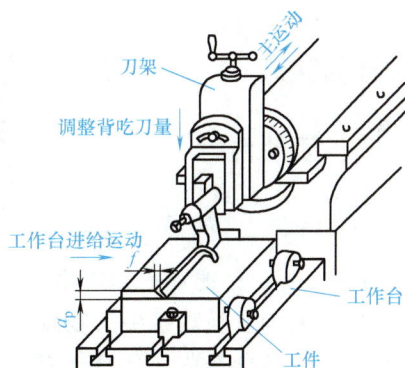

图 4-7 B6050 型牛头刨床的运动

2. 刨床的传动系统

（1）主运动传动系统 图 4-8 所示为 B6050 型牛头刨床的传动系统图，其主运动由电动机的旋转运动通过带轮经变速机构由齿轮（$z=23$）带动摇杆齿轮（$z=102$）一起转动，再通过曲柄齿轮摇杆机构带动滑枕做往复直线运动。其传动路线为

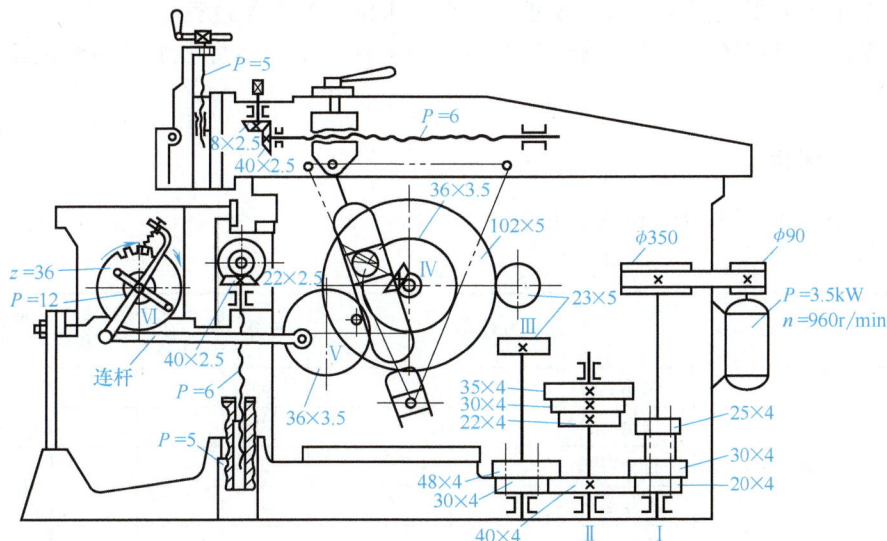

图 4-8 B6050 型牛头刨床的传动系统图

$$电动机 \binom{3.5kW}{960r/min} - \frac{\phi 90}{\phi 350} - I - \begin{bmatrix} \dfrac{20}{40} \\ \dfrac{30}{30} \\ \dfrac{25}{35} \end{bmatrix} - II - \begin{bmatrix} \dfrac{40}{30} \\ \dfrac{22}{48} \end{bmatrix} - III - \frac{23}{102} - 曲柄齿轮摇杆机构（IV）-滑枕往复直线运动-刀架$$

（2）进给运动系统　牛头刨床的进给运动是由与曲柄摇杆齿轮机构同轴（轴IV）的齿轮（$z=36$）带动轴V上的齿轮（$z=36$）旋转，轴V上的齿轮（$z=36$）连接着连杆带动在轴VI上的棘轮机构，棘轮机构则空套在横向丝杠（图4-13）上带动工作台做横向水平的间歇运动实现的。其传动路线为

$$曲柄摇杆齿轮机构（IV）- \frac{36}{36} - V - 连杆 - 棘轮机构（VI）- 横向丝杠 - 工作台$$

任务实施

一、活动内容

活动1：实地操作牛头刨床并指出各部件的名称和作用

刨床的组成及工作原理

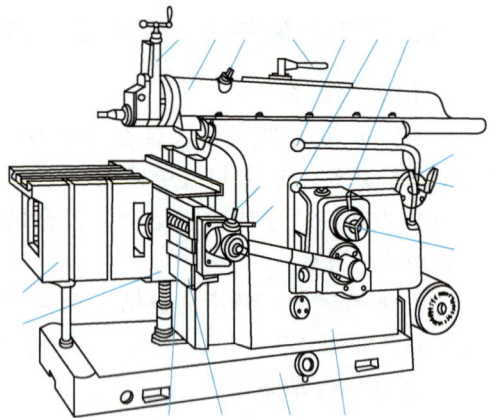

1）在实训车间观察牛头刨床的组成。

2）空运转操作牛头刨床的操纵手柄，体会牛头刨床的各种运动。

3）在图4-9中填写牛头刨床各部件的名称，并说明其作用。

图4-9　填写牛头刨床各部件的名称

活动2：实地操作、体会牛头刨床工作过程，分析牛头刨床传动系统

1）操作牛头刨床，使其起动、停止，体会牛头刨床的工作过程。

2）操作牛头刨床操纵开关，体会牛头刨床的各种运动，并写出主运动和进给运动的传动系统路线。

二、考核评价

根据活动内容填写考核评价表，见表4-1。

表4-1　考核评价表

序号	考核项目	考核内容要求	配分	学生自检	学生互检	教师检测	得分
1	职业素养	文明、礼仪	5				
2		安全、纪律	10				
3		行为习惯	5				
4		工作态度	5				
5		团队合作	5				

（续）

序号	考核项目	考核内容要求	配分	学生自检	学生互检	教师检测	得分
6	讲解部件名称	能正确指出各部件的名称和作用	10				
7	基本操作能力	能操作各种操纵手柄,控制各种运动	10				
8	手动操作能力	能手动操作实现各种运动	10				
9	机动操作能力	能机动操作控制各种运动	10				
10	控制调速运动能力	能根据要求调整各种运动的速度和方向	15				
11	写出传动系统路线	能正确写出主运动和进给运动的传动系统路线	15				
	综合评价						

任务二　了解刨床机械传动机构

任务描述

普通牛头刨床的传动方式一般有机械传动和液压传动两种形式,这里主要介绍机械传动形式。刨床的机械结构比车床、铣床简单,其价格低,调整和操作也较方便。本任务主要学习 B6065 型牛头刨床的典型机械结构的工作原理和结构特点。另外,通过将滑枕和刀架等零件拆去,仔细观察内部机械结构,并通过手工盘车,亲身体会牛头刨床各个部件机械传动的关系,更加牢固地掌握机械结构原理。

知识链接

B6065 型牛头刨床的典型机械结构

1. 变速机构

如图 4-10 所示,变速机构由 1、2 两组滑动齿轮组成,轴Ⅲ有 $3 \times 2 = 6$ 种转速,可以使滑枕变速。

2. 曲柄摇杆齿轮机构

如图 4-10 所示,曲柄摇杆齿轮机构中齿轮 3 带动齿轮 4 转动,滑块 5 在摇杆 6 的槽内滑动并带动摇杆 6 绕下支点 7 转动,于是带动滑枕 8 做往复直线运动。当摇杆齿轮旋转一周时,滑枕往复直线运动一次。通过滑移齿轮的变换,滑枕可获得多种每分钟往复运动的次数。

滑枕在往复直线运动中,其工作行程速度和回程速度是不同的。从图 4-11 中可以看出,滑枕在工作行程时,曲柄摇杆机构中的滑块逆时针方向转过 α 角,回程时则转过 β 角,显然 $\alpha > \beta$。这就是说,滑块工作行程所用的时间比回程所用的时间要长,而在工作行程和回程中滑枕所走过的距离是相等的,所以滑枕的回程速度比工作行程速度要快,这对提高生产率是有利的。另外,当曲柄销做等速旋转时,滑枕在每个时刻的运动却是不等速的。滑枕在工作行程时,其速度 $v_{工作}$ 从零（B 点）开始,增至最大值 $v_{工作最大}$（P 点）,又由最大值降至零（A 点）;滑枕在返回行程时,其速度 $v_{返程}$ 从零开始（A 点）增至最大值 $v_{返程最大}$（R 点）,然后又降至零点（B 点）。通常说的牛头刨床的切削速度,指的是滑枕工作行程的平均速度。

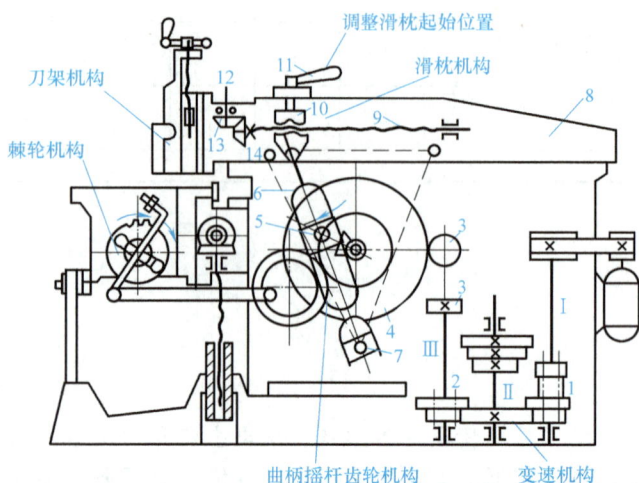

图 4-10　B6065 型牛头刨床的典型机械结构

1、2—滑动齿轮　3、4—齿轮　5—滑块　6—摇杆

7—下支点　8—滑枕　9—丝杠　10—丝杠螺母

11—手柄　12—轴　13、14—锥齿轮

图 4-11　曲柄摇杆机构工作原理

3. 行程位置调整机构

如图 4-10 所示，松开手柄 11，转动轴 12，通过锥齿轮 13、14 传动，带动丝杠 9 做直线移动，由于固定在摇杆 6 上的丝杠螺母 10 不动，丝杠 9 带动滑枕 8 改变起始位置。

4. 滑枕行程长度调整机构

图 4-12 所示为滑枕行程长度调整机构。调整滑枕行程长度时，转动轴 1，通过锥齿轮 5、6 带动小丝杠 2 转动，使偏心滑块 7 移动，曲柄销 3 带动偏心滑块 7 改变偏心位置，从而改变滑枕的行程长度。

图 4-12　滑枕行程长度调整机构

1—轴（带方榫）　2—小丝杠　3—曲柄销

4—曲柄齿轮　5、6—锥齿轮　7—偏心滑块

5. 横向进给机构（棘轮机构）

横向进给机构又称为棘轮机构，因为牛头刨床的横向进给运动是由棘轮机构带动工作台做横向水平的间歇运动实现的，其结构如图 4-13 所示。棘轮 6 通过键与横向丝杠 8 相联接，棘爪架 5 则空套在横向丝杠 8 上。当齿轮 1（与摇杆齿轮同轴）带动齿轮 2 与摇杆齿轮同轴旋转时，连杆 4 便使棘爪架 5 左右摆动。齿轮 2 与摇杆齿轮同轴旋转，齿轮 1 又与齿轮 2 的齿数相等，因此滑枕带动刨刀每往复直线运动一次，齿轮旋转一周，摇杆即左右摆动一次。通过棘爪架 5 上的棘爪 7 拨动棘轮 6，使其间歇转动，再由横向丝杠 8 使工作台做横向水平进给运动。改变棘轮罩 9 的位置，可改变棘爪每次拨动的有效齿数，即改变棘轮转过的角

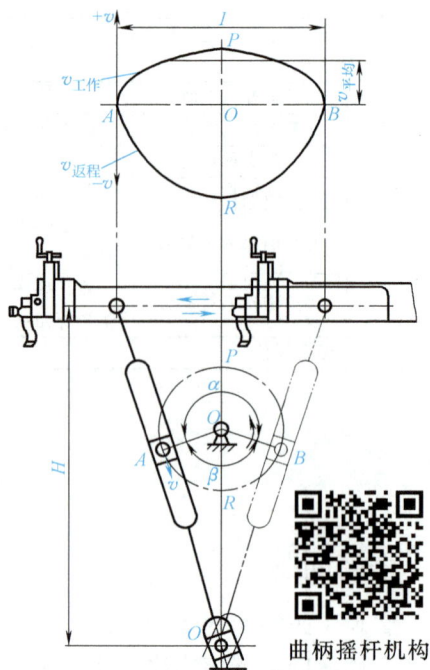

度，从而改变进给量的大小。改变齿轮 2 上偏心销 3 在槽中的位置，调整偏心距的大小，也可改变进给量的大小。改变棘爪 7 的左右方向，可改变工作台的进给方向。若使棘轮 6 与棘爪 7 分离，则机动进给停止，可用手动移动工作台。

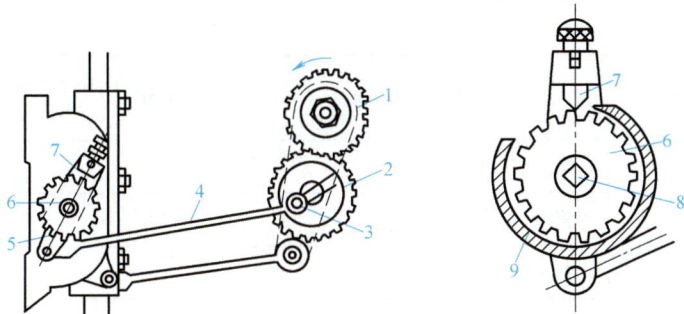

图 4-13　横向进给机构

1、2—齿轮　3—偏心销　4—连杆　5—棘爪架　6—棘轮　7—棘爪　8—横向丝杠　9—棘轮罩

工作台横向进给量的大小取决于滑枕每往复一次时棘爪所能拨动的棘轮齿数，因此调整横向进给量实际是调整棘轮罩 9 的位置。横向进给量的调整范围为 0.33~3.3mm。

6. 刀架机构

刀架机构由手柄、丝杠、刻度转盘、夹刀座、拍板、拍板座和滑板等组成，如图 4-6 所示。

刻度转盘用 T 形螺柱紧固在滑枕前端的环状 T 形槽内，可按加工的需要做 ±60° 回转。刻度转盘与滑板通过导轨相配合，只要转动丝杠上的手柄，就可使滑板沿着刻度转盘上的导轨移动，通过刻度环来控制背吃刀量的大小。拍板与拍板座的凹槽配合用铰链销联接，拍板的孔内装有夹刀座，刨刀就装在它的槽孔内。拍板可以绕铰链销向前上方抬起，这样可避免滑枕回程时刨刀与工件已加工表面之间的摩擦。放松拍板座紧固螺母，可使拍板座沿弧形槽在拖板平面上做 ±15° 的偏转，以便于刨削侧面和斜面。

任务实施

一、活动内容

活动 1：认识牛头刨床机械结构

1）拆装牛头刨床的刀架、滑枕等零件，进行观察。

在实训车间，当把牛头刨床刀架、滑枕等零件拆去后，可以看到它们的内部机械结构，可对照上述知识链接中有关牛头刨床机械传动结构图进行识读和分析。

2）手工盘车，仔细观察牛头刨床机械传动装置的运动。

3）说明滑枕直线运动是依靠哪些机械结构传动的。

活动 2：观察曲柄摇杆齿轮机构和滑枕行程长度调整机构，体会其工作过程

1）观察并说明曲柄摇杆齿轮机构的结构，体会其工作过程。

2）动手调整并说明如何调整滑枕行程长度，体会其工作过程。

二、考核评价

根据活动内容填写考核评价表，见表 4-2。

表 4-2 考核评价表

序号	考核项目	考核内容要求	配分	学生自检	学生互检	教师检测	得分
1		文明、礼仪	5				
2		安全、纪律	10				
3	职业素养	行为习惯	5				
4		工作态度	5				
5		团队合作	5				
6	认识牛头刨床机械结构	能正确指出牛头刨床上各机械传动装置之间的关系	10				
7	基本操作能力	手工盘车，仔细观察牛头刨床机械传动装置，并能说明其运动传递过程	10				
8	拆装牛头刨床刀架、滑枕等零件	能正确使用工具拆去刀架、滑枕等零件并进行仔细观察	10				
		能表述刀架、滑枕等零件中机械结构的作用和结构零件的名称、组成	10				
9	观察曲柄摇杆齿轮机构、滑枕行程长度调整机构，体验其工作过程	能正确使用工具拆去曲柄摇杆齿轮机构外罩并进行仔细观察	10				
		能说明曲柄摇杆齿轮机构的工作过程	10				
		能动手调整并且说明调整滑枕行程长度的方法，体会其工作过程	10				
	综合评价						

任务三　带传动机构的拆装与维护

任务描述

带传动机构是一种应用广泛、成本较低的机械传动机构。无论是在精密机械中还是在工程机械、矿山机械、化工机械、交通运输、农业机械等系统中，它都得到了广泛的应用。带传动机构通过环形曳引元件（图 4-14）在两个或两个以上的传动轮之间传递运动和动力，其主要作用是传递转矩和改变转速。大部分带传动是依靠挠性传动带与带轮间的摩擦力来传递运动和动力的。本任务主要学习带传动机构中带和带轮的材料、类型和结构特点，以及带传动机构的安装、修复调试与检测、维护知识。

知识链接

一、带传动机构的组成、类型和特点

1. 带传动机构的组成

带传动机构由主动带轮、从动带轮和传动带组成，如图 4-15 所示，工作时以带和带轮轮缘接触面间产生的摩擦力来传递运动和动力。带传动是一种利用中间挠性件的摩擦传动。

图 4-14　带传动机构

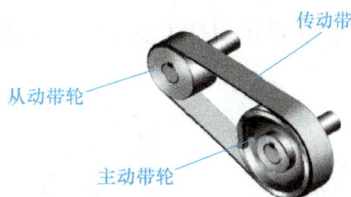

图 4-15　带传动机构的组成

2. 带传动的类型

根据传动原理的不同，带传动可分为摩擦型带传动和啮合型带传动两大类。

（1）摩擦型带传动　摩擦型带传动是利用传动带与带轮之间的摩擦力传递运动和动力的。摩擦型带传动按照带截面形状的不同，可分为以下类型。

1）普通平带传动。如图 4-16 所示，平带传动中带的截面形状为矩形，工作时带的内表面是工作面，与圆柱形带轮工作面接触，属于平面摩擦传动。

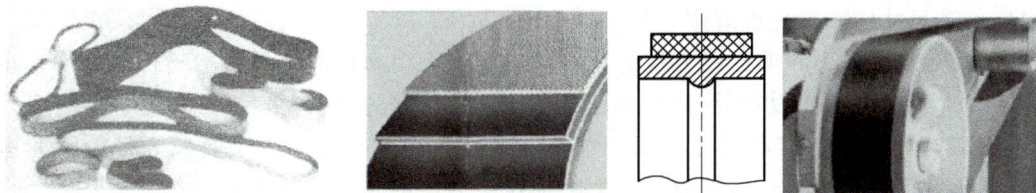

图 4-16　普通平带与带轮

2）V 带传动。如图 4-17 所示，V 带传动中带的截面形状为等腰梯形。工作时带的两侧面是工作面，与带轮的环槽侧面接触，主要靠带的侧面与带轮产生的摩擦力来传递动力，属于楔面摩擦传动。在相同的带张紧程度下，V 带传动的摩擦力要比平带传动约大 70%，其承载能力是平带传动的 3 倍。在一般的机械传动中，V 带传动已取代了平带传动而成为常用的带传动装置。

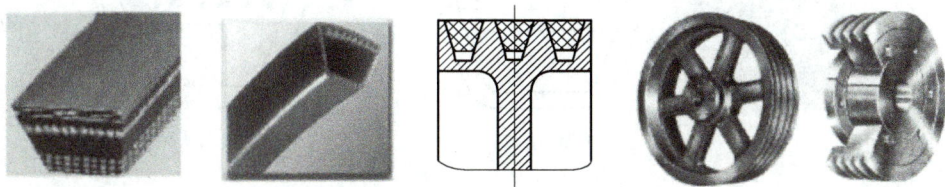

图 4-17　V 带与带轮

3）圆带传动。如图 4-18 所示，圆带传动中带的截面形状为圆形。圆形带有圆皮带、圆绳带、圆腈纶带等，其传动能力小，主要用于 $v<15m/s$，$i=0.5\sim3$ 的小功率传动，如仪器和缝纫机等家用器械中的带传动。

（2）同步带传动　同步带传动如图 4-19 所示，它是靠传动带上的齿与带轮上的齿槽的啮合作用来完成运动和动力的传递的。

V 带传动和同步带传动是工业上最为常用的带传动。

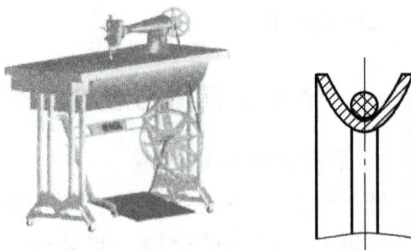

图 4-18　缝纫机中的圆带传动

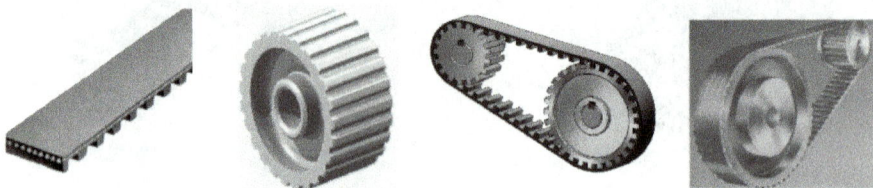

图 4-19　同步带传动

3. 带传动的特点

1）带传动能缓冲、吸振，传动平稳，无噪声。

2）过载时产生打滑，可防止损坏零件，起安全保护作用，但不能保证传动比的准确性。

3）结构简单，制造容易，成本低廉，适用于两轴中心距较大的场合。

4）外廓尺寸较大，传动效率较低。

由于带传动的效率和承载能力较低，故不适用于大功率传动。平带传动传送的功率小于 500kW，V 带传动传递的功率小于 700kW。带传动的工作速度一般为 5~30m/s。速度太低（1~5m/s 或以下）时，传动尺寸大而不经济；速度太高时，离心力又会减少带轮间的压紧程度，降低传动能力。离心力会使带产生附加拉应力作用，降低其寿命。

二、V 带的材料、结构种类和标准

V 带传动是依靠带的两侧面与带轮轮槽侧面相接触产生摩擦力而工作的。我国生产的 V 带分为帘布芯和线绳芯两种结构。如图 4-20 所示，普通 V 带由顶胶、抗拉体、底胶和包布组成，其中顶胶和底胶由橡胶制成，包布由橡胶帆布制成，主要起耐磨和保护的作用。

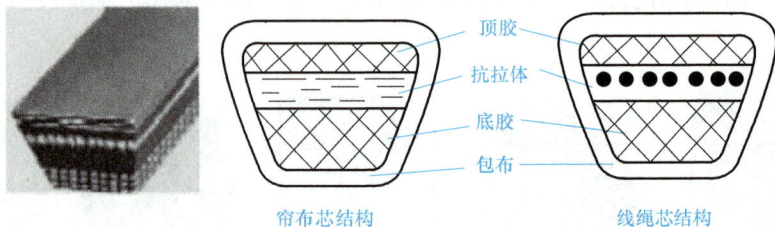

帘布芯结构　　　　　线绳芯结构

图 4-20　V 带的材料、结构

V 带的种类有普通 V 带、窄 V 带、宽 V 带、大楔角 V 带、齿形 V 带、汽车 V 带、联组

V 带和接头 V 带等，其中普通 V 带应用最广。

普通 V 带已标准化，按截面尺寸由小到大有 Y、Z、A、B、C、D、E 七种型号，见表 4-3。

表 4-3 普通 V 带截面尺寸

类别	Y	Z	A	B	C	D	E
b_p/mm	5.3	8.5	11.0	14.0	19.0	27.0	32.0
b/mm	6	10	13	17	22	32	38
h/mm	4	6、8	8、10	11、14	14、18	19	23
φ				40°			

普通 V 带是无接头的环形带，当其绕过带轮而弯曲时，顶胶受拉而伸长，底胶受压而缩短，抗拉体部分必有一层既不被拉伸也不被压缩的中性层，称为节面，其宽度称为节宽，用 b_p 表示。带在轮槽中与节宽相应的槽宽称为轮槽的基准宽度，用 b_d 表示；带轮在此处的直径称为基准直径，用 d_d 表示（见表 4-5 中的图）。普通 V 带在规定的张紧力下位于测量带轮基准直径上的周长称为基准长度（也称节线长度），用 L_d 表示，它用于带传动的几何尺寸计算。普通 V 带基准长度系列见表 4-4。

表 4-4 普通 V 带基准长度系列（GB/T 11544—2012） （单位：mm）

基准长度 L_d 的公称尺寸									
200	224	250	280	315	355	400	450	500	560
630	710	800	900	1000	1120	1250	1400	1600	1800
2000	2240	2500	2800	3150	3550	4000	4500	5000	5600

三、带轮的材料与结构

带轮是带传动中的重要零件，必须满足下列条件要求：质量分布均匀，安装对中性好，工作表面经过精细加工，以减少磨损，质量尽可能小，强度足够，旋转稳定。

1. 带轮的材料

在圆周速度 $v<30m/s$ 时，带轮最常用的材料为铸铁，如 HT150，速度大时用 HT200；低速转动（$v<15m/s$）和小功率传动时，常用工程塑料；高速时，常用铸钢或轻合金。

2. 带轮的组成

如图 4-21 所示，带轮由轮缘、轮辐和轮毂组成。

轮缘是带轮的外缘，在轮缘上面有梯形槽，槽数及结构尺寸与所选的 V 带型号相对应，可参考表 4-5 确定。

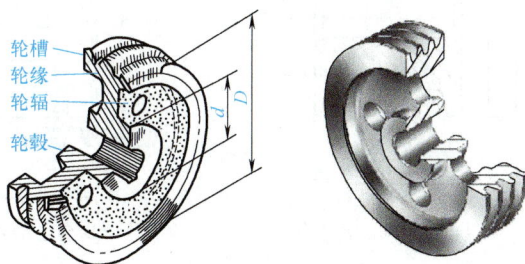

图 4-21 带轮的组成

轮毂是带轮与轴配合的内圈，其结构尺寸如图 4-22a 所示。轮毂内径 $d=$ 轴的直径，轮毂外径 $d_1=(1.8\sim2)d$，轮毂长度 $L=(1.5\sim2)d$。

轮辐是轮缘与轮毂的连接部分。

3. 带轮的结构形式

带轮的结构形式是根据带轮直径确定的。一般小带轮，即 $D<150mm$ 的带轮，可制成实

心式，如图 4-22a 所示；中带轮，即 $D = 150 \sim 450mm$ 的带轮，可制成腹板式或孔板式，如图 4-22b 所示；大带轮，即 $D>450mm$ 的带轮，可制成轮辐式，如图 4-22c 所示。轮辐截面是椭圆形，其长轴与回转平面重合。

表 4-5　普通 V 带带轮轮槽尺寸　　　　　　　　　　　　　　（单位：mm）

槽型剖面尺寸		型号						
		Y	Z	A	B	C	D	E
b		6.3	9.5	12	15	20	28	33
$h_{a\,min}$		1.6	2	2.75	3.5	4.8	8.1	9.6
e		8	12	15	19	25.5	37	44.5
f		7	8	10	12.5	17	23	29
b_d		5.3	8.5	11	14	19	27	32
δ_{min}		5	5.5	6	7.5	10	12	15
B		$B = (z-1)\,e + 2f$，z 为轮槽数						
φ	32°	≤60						
	34°			≤80	≤118	≤190	≤315	
	36°		>60				≤475	≤600
	38°			>80	>118	>190	>315	>475	>600

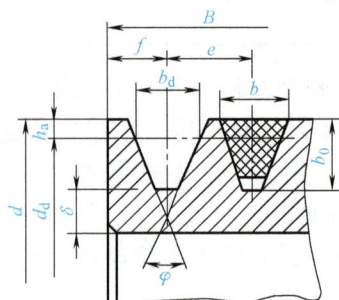

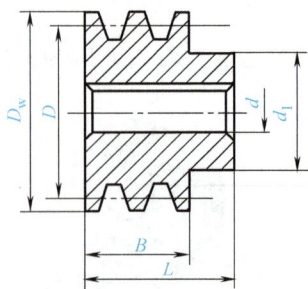
a) 实心式

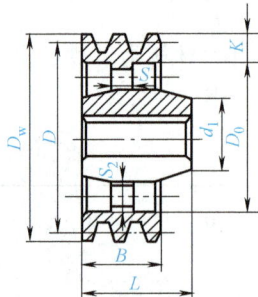
b) 腹板式(孔板式)

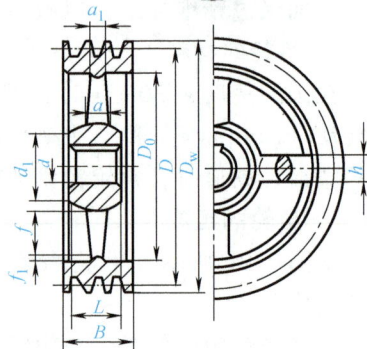
c) 轮辐式

图 4-22　带轮的结构形式与轮毂的结构尺寸

四、带传动装置的拆装、调整与检测及维护保养

1. 带传动装置的拆装方法

（1）带传动装置拆卸步骤

1）关掉电源，卸下防护罩，旋松电动机的装配螺栓，移动电动机使带足够松弛，取下

带，但不得硬撬。

2）取下旧带，检查是否有异常磨损。如磨损严重，则选择合适的带进行替换（如果发觉过度磨损则意味着传动装置的设计或保养可能存在问题）。

3）清洁带及带轮，用蘸有少许不易挥发液体的抹布进行擦拭。带在安装使用前必须保持干燥。

4）检查带轮是否有异常磨损或裂纹，如果磨损过量，则必须更换带轮。

5）检查其余的传动装置部件，如轴承和轴套的磨损情况和润滑情况等。

（2）带传动装置安装方法　将主动轮和从动轮分别安装到轴上，随后装上带，并检查是否符合安装要求。在安装时要注意下列事项。

1）应按设计要求选取带型、基准长度和根数。新、旧带不能同组混用，否则各带受力不均匀。

2）安装带轮时，两轮的轴线应平行，端面与中心垂直，且两带轮装在轴上不得晃动，否则会使传动带侧面过早磨损，如图 4-23 所示。

3）安装时，先将中心距缩小，待将传动带套在带轮上后再慢慢拉紧，以使带松紧适度，一般可凭经验来控制。如图 4-24 所示，带张紧程度以大拇指能按下 10～15mm 为宜。用手拨撬 V 带时，应注意防止带夹伤手指。

4）V 带在轮槽中应有正确的位置，如图 4-25 所示。

5）为了保证安全生产，应给 V 带传动装置加防护罩。

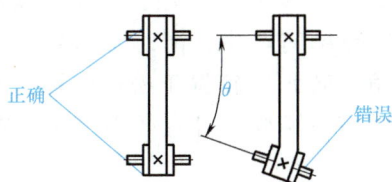

图 4-23　两轮的轴线应平行　　　　　图 4-24　带张紧程度检测示意图

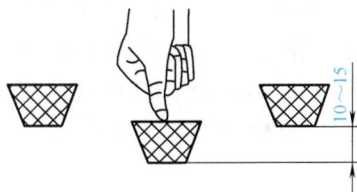

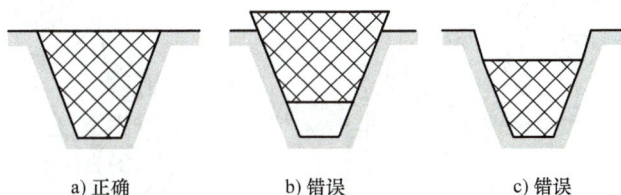

a) 正确　　　　　　b) 错误　　　　　　c) 错误

图 4-25　V 带在轮槽中的安装位置

（3）拆装带传动装置时需要特别注意的事项

1）不得在清洁剂中浸泡或是使用清洁剂刷洗传动带，也不可为除去油污及污垢而用砂纸擦或用尖锐的物体刮传动带。

2）在带轮上安装新带时，绝不能撬或用力过猛。

2. 传动带松紧程度的检测与张紧方法

（1）传动带松紧程度的检测　带的张紧程度一般凭经验检测，以大拇指能将带按下 10～15mm 为宜，如图 4-24 所示。根据带的摩擦传动原理，带必须在预张紧后才能正常工作，而且运转一定时间后带会松弛，为了保证带传动的传动能力，必须重新张紧，才能正常工作。

（2）传动带的张紧方法 由于传动带工作一段时间后，会产生永久变形使带松弛，使初拉力减小而降低带传动的工作能力，因此需要重新张紧传动带，提高初拉力。常用的张紧方法有以下两种。

1）定期张紧法。当两带轮的中心距能够调整时，可采用如图 4-26 所示增大两轮中心距的方法使传动带具有一定的张紧力。采用定期改变中心距的方法来调节 V 带轮的预紧力，可使 V 带轮重新张紧。图 4-26c 所示为一种自动张紧法，即将装有 V 带轮的电动机安装在浮动的摆动架上，利用 V 带轮的自重使 V 带轮随同电动机绕固定轴摆动，以自动保持张紧力。

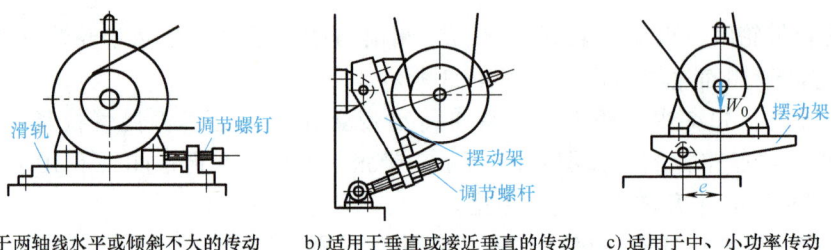

a) 适用于两轴线水平或倾斜不大的传动　b) 适用于垂直或接近垂直的传动　c) 适用于中、小功率传动

图 4-26　定期张紧法

2）加张紧轮法。当中心距不能调节时，可采用图 4-27 所示的方法，即用张紧轮将 V 带轮张紧。张紧轮一般应放在松边内侧，使 V 带轮只受单向弯曲，同时张紧轮还应尽量靠近大轮（图 4-27a），以免过分影响小 V 带轮的包角。若张紧轮置于松边外侧，则应尽量靠近小 V 带轮（图 4-27b）。张紧轮的轮槽尺寸与 V 带轮相同，且直径小于小 V 带轮的直径。

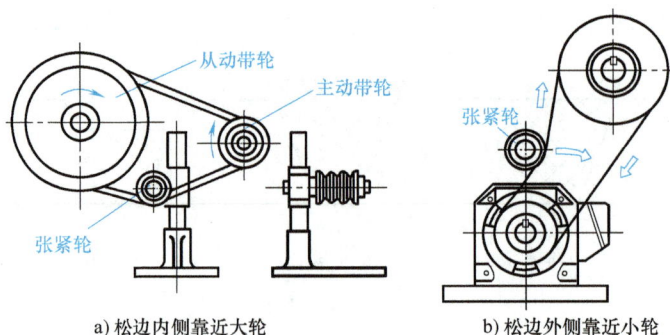

a) 松边内侧靠近大轮　b) 松边外侧靠近小轮

图 4-27　加张紧轮法

3. 带传动装置的检测维护内容

（1）检测 V 带在轮槽中的正确位置 为保证带和带轮工作面能良好接触，带顶面需与带轮轮槽顶面基本平齐，如图 4-25a 所示，以保证带的两侧工作面与轮槽全部贴合，图 4-25b、c 所示两种情况是不允许发生的。

（2）安装后两轴平行度的检测 安装带轮时，各带轮轴线应相互平行，各带轮相对应的三角形槽的对称平面应重合，如图 4-28 所示。如出现图 4-29 所示不正确的带轮安装位置，

124

会引起 V 带的扭曲，使两侧面过早磨损，导致带传动失效。

图 4-28 带传动正确的安装位置

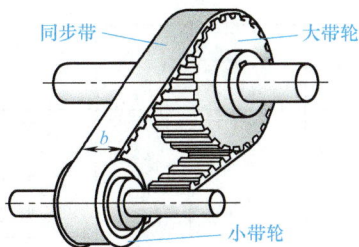

图 4-29 带传动不正确的安装位置

带轮安装后，两轴平行度的检测方法：中心距较大的用拉线法，如图 4-30a 所示；中心距不大的可用钢直尺测量法，如图 4-30b 所示。

任务实施

一、活动内容

本活动要求如下：

1）分组拆装带和带轮。

2）调整带的松紧并进行检测。

3）分小组讨论拆装和调整传动带的技巧。

带传动机构

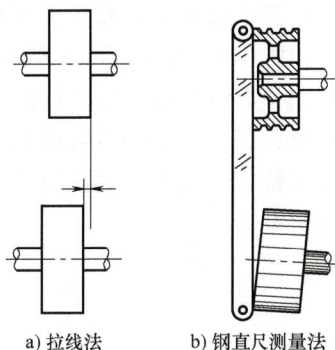

a) 拉线法   b) 钢直尺测量法

图 4-30 带轮两轴平行度的检测方法

活动 1：V 带传动装置的拆装、调整与检测

1）在机械实验室分组先认识带传动机构的组成和种类。

2）对台式钻床中的带传动装置进行拆装。

① 拆卸。关掉电源，卸下防护罩，用工具旋松电动机的装配螺栓，移动电动机使带足够松弛，取下带，卸下带轮，观察 V 带和轮槽的形状，分析、讨论带传动装置的工作原理，说明为何带底面与轮槽底面不接触。

② 对带和带轮进行维护保养。

③ 安装。

按前面已授知识对带传动装置进行正确的安装、调整与检测。

活动 2：认识同步带传动装置并进行拆装、调整与检测

1）认识同步带传动装置。同步带传动装置是由一根内周表面设有等距齿的环形胶带和具有相应齿的带轮所组成的，如图 4-31 所示。工作时，依靠带的凸齿与带轮齿槽的啮合来传递运动和动力。

由于同步带传动不靠摩擦力来传递动力，所以传动带的预紧力可以很小，从而作用于带轮轴和其轴承上的力也很小，而且同步带承载层强度高，受载后变形极小，能保持同步带的带节距不变，因而能保证准确的传动比。

图 4-31 同步带传动装置的组成

同步带轮的材料及轮辐、轮毂结构与 V 带轮相同。为防止同步带工作时从带轮上脱落，一般推荐小带轮两边均设计有挡圈，而大带轮则无挡圈；或大、小带轮均为单面挡圈，但挡圈各在大、小带轮的不同侧。同步带轮轮齿形状有渐开线齿廓和直边齿廓两种（用于梯形齿同步带），其中渐开线齿廓的同步带轮可借用齿轮刀具展开加工。

同步带传动兼有带传动和齿轮啮合传动的特性和优点，传动的速度范围很宽，从每分钟几转到线速度 40m/s 以上，传动效率可达 99.5%，传动比可达 10，传动功率从几瓦到数百千瓦，其在各种机械中的应用日益广泛。同步带的主要缺点是制造和安装精度要求较高，中心距要求较严格，价格较贵。

同步带以氯丁橡胶或聚氨酯为基体，以钢丝绳或玻璃纤维绳为承载层，工作面有齿形分布，如图 4-32 所示。同步带齿形有梯形和圆弧形，梯形齿同步带又有周节制和模数制两种。周节制梯形齿同步带称为标准同步带，其基本参数是节距 P_b，如图 4-33 所示。它是在规定的张紧力下，同步带纵截面上相邻两齿对称中心线间的直线距离（单位为 mm）。同步带工作时保持原长度不变的周线称为节线，节线长度 L_b 为基本长度（公称长度），轮上相应的圆称为节圆。

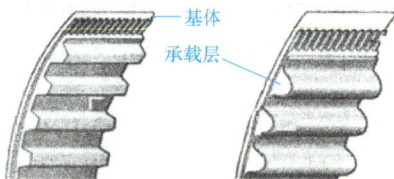

图 4-32　同步带

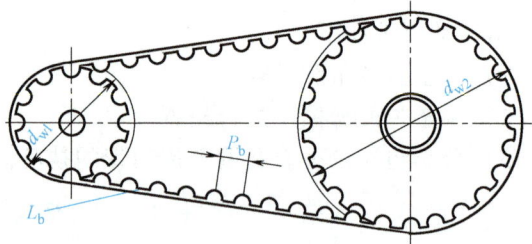

图 4-33　同步带与带轮

2）对同步带传动装置进行拆装。同步带传动装置的拆装方法与 V 带传动装置基本相同，这里不再赘述。

3）检测与维护同步带传动装置。

二、考核评价

根据活动内容填写考核评价表，见表 4-6。

表 4-6　考核评价表

序号	考核项目	考核内容要求	配分	学生自检	学生互检	教师检测	得分
1	职业素养	文明、礼仪	5				
2		安全、纪律	10				
3		行为习惯	5				
4		工作态度	5				
5		团队合作	5				
6	工作计划能力	能正确、合理地制订拆装工作计划	10				
7	基本操作能力	能正确选用常用拆装工具并正确使用	5				

（续）

序号	考核项目	考核内容要求	配分	学生自检	学生互检	教师检测	得分
8	拆卸和装配及维护能力	能按规定顺序拆卸 V 带传动装置	10				
		对拆下的零件能妥善保管,并做好标记,按次序摆放	5				
		能正确装配 V 带传动装置	10				
		能正确对 V 带传动装置进行调整、维护与检测	10				
9	同步带传动装置的拆装、调整与检测维护能力	能按规定顺序拆卸同步带传动装置	10				
		能正确装配同步带传动装置并且进行调整、检测与维护	10				
	综合评价						

知识拓展

一、带传动的传动比

带传动的传动比 i 是指主动带轮与从动带轮的转速之比,即

$$i = \frac{n_1}{n_2}$$

式中　n_1、n_2——主、从动带轮的转速（r/min）。

由主、从动带轮的转速与直径的关系可知

$$i = \frac{n_1}{n_2} = \frac{d_2}{d_1}$$

式中　d_1、d_2——主、从动带轮的直径。

二、带传动的失效形式

带传动的失效形式有带在带轮上弹性滑动、带在带轮上打滑、传动带磨损和传动带疲劳断裂。在 V 带传动中,带在带轮上弹性滑动和打滑这两种情况应予以注意。

1. 弹性滑动

V 带传动属于摩擦带传动,在没有运转时,绕过带轮的 V 带两端拉力相等;运转时,V 带两端的拉力一端增大、另一端减小。而 V 带具有弹性,会发生弹性变形,因此绕过带轮的 V 带会因拉力的变化而产生与带轮表面之间的相对滑动,这种 V 带工作时在带轮上的少量滑动就称为弹性滑动。

传动带弹性滑动将引起下列后果。

1）从动带轮的圆周速度低于主动带轮,因此带传动不能获得准确的传动比。

2）降低传动效率。

3）引起带的磨损。

4）发热使带温度升高。

在带传动中，由于摩擦力的变化使得带的两边发生不同程度的拉伸变形，而摩擦力是这类摩擦型传动所必需的，所以弹性滑动也是不可避免的。

2．打滑

在一定的初拉力作用下，带与带轮接触面之间摩擦力的总和有一极限值。当带所传递的动力（圆周力）超过带与带轮接触面间摩擦力总和的极限值时，带与带轮将发生明显的相对滑动，这种现象称为打滑。带打滑时，从动带轮转速急剧下降，使传动失效，同时也加剧了带的磨损，所以应避免打滑。

弹性滑动和打滑是不同的：打滑是由于过载所引起的带在带轮上的全面滑动，工作中是应该避免的，但是在传动突然超载时，打滑也可以起到过载保护作用，避免其他零件发生损坏；而弹性滑动是由于拉力差引起的，只要传递圆周力，就必然会发生弹性滑动，所以弹性滑动是不可避免的。

任务四　链传动机构的拆装与维护

任务描述

图 4-34a 所示为大家都非常熟悉的自行车，它是靠链传动机构传递动力的。虽然链传动机构与带传动机构有相似之处，但链传动机构不靠摩擦力传动，而靠链轮齿和链条之间的啮合来传动。其中，链条相当于带传动中的挠性带，因此链传动是一种具有中间挠性件的啮合传动。本任务主要学习链传动机构中链条和链轮的材料、类型和结构特点，以及链传动机构的安装、修复调试与检测。

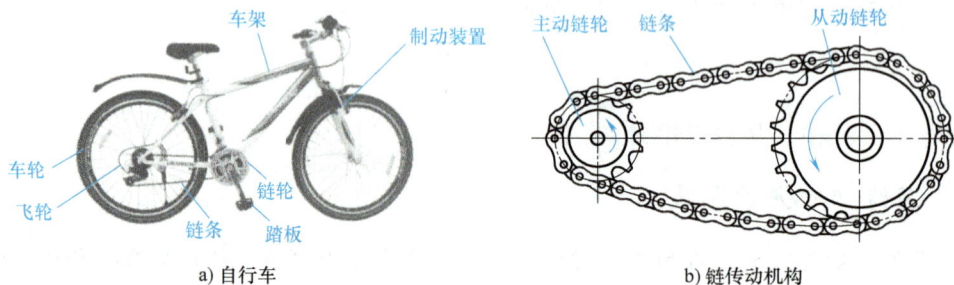

a) 自行车　　　　　　　　　　　b) 链传动机构

图 4-34　自行车及自行车的链传动机构

知识链接

一、链传动的组成和工作原理、特点及应用

1．链传动的组成和工作原理

如图 4-34b 所示，链传动装置是由装在平行轴上的两个链轮和绕在链轮上的环形链条组成的。当转动自行车踏脚板时，大链轮在转动的同时通过链条带动小链轮转动。链轮上制有特殊齿形的轮齿，以环形链条作为中间挠性件，工作时靠链条与链轮的轮齿啮合来传递运动和动力。

2. 链传动的特点及应用

链传动是具有中间挠性件（链条）的啮合传动，是一种应用较广的机械传动形式。

（1）链传动的主要优点

1）与带传动相比，链传动无弹性滑动和打滑现象，能保证准确的平均传动比，工作可靠，传动效率高，其效率 $\eta = 0.95 \sim 0.98$。

2）传递功率大，过载能力强，在同样的使用条件下，链传动结构较为紧凑，通常工作于要求可靠，且两轴相距较远，以及其他不适宜采用齿轮传动的场合。如摩托车上应用了链传动，结构大为简化，而且使用方便可靠。

3）作用于轴上的径向压力较小（因链条不需要像带那样张得很紧）。

4）能在高温、多尘、潮湿、低速重型及有污染等恶劣环境中工作。如挖掘机的运行机构，虽受到土块、泥浆及瞬时过载等影响，但仍能很好地工作。

5）与齿轮传动相比，链传动的制造与安装精度要求较低，成本低廉。在远距离传动（中心距离最大可达十多米）时，其结构比齿轮传动轻便得多。

（2）链传动的主要缺点

1）仅能用于两平行轴之间的传动。

2）易磨损（磨损后易发生跳齿），易伸长，传动平稳性差（运转时不能保持恒定的瞬时传动比）。

3）运转时会产生附加动载荷、振动、冲击和噪声，不宜用在急速反向的传动中。

因此，链传动多用在不宜采用带传动与齿轮传动，且两轴平行、距离较远、功率较大、平均传动比准确的场合，如应用于矿山、农业、起重运输、冶金、建筑、石油、化工等机械的传动装置中。链传动的技术参数适用于传动比 $i \leqslant 8$，传递功率 $P \leqslant 100kW$，线速度 $v \leqslant 15m/s$ 的工作场合。

二、传动链的类型

常用于传递力的传动链主要有套筒滚子链和齿形链两种。

1. 套筒滚子链

（1）套筒滚子链的结构 套筒滚子链的结构如图 4-35 所示，由内链板、外链板、销轴、套筒和滚子组成。链传动工作时，套筒上的滚子沿链轮齿廓滚动，可以减轻链和链轮轮齿的磨损。套筒滚子链的特点是摩擦和磨损较小，噪声较大。它可以做成多排，排数越多，传动

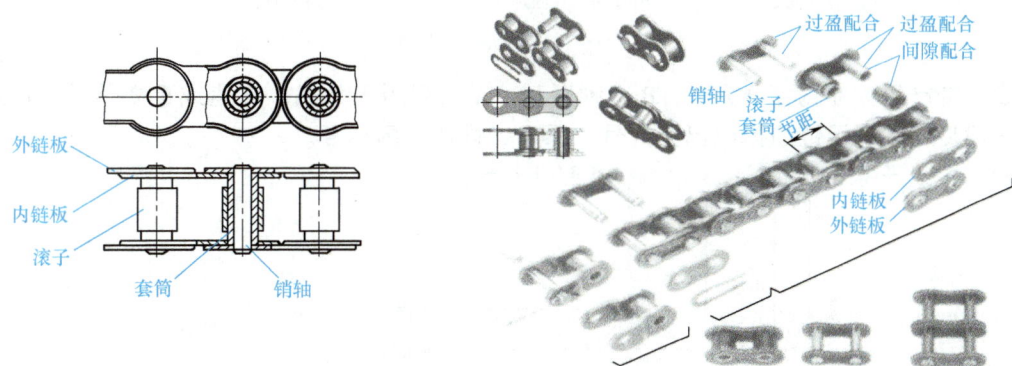

图 4-35 套筒滚子链的结构

能力越强。

套筒滚子链的内链板与套筒、外链板与销轴各用过盈配合连接；销轴与套筒、滚子与套筒之间都用间隙配合连接，以形成转动。当链与链轮啮合时，滚子与轮齿之间是滚动摩擦。若受力不大而速度较低时，也可能不用滚子，这种链称为套筒链。

当传动功率较大时，可以把一根以上的单列链并列，用长销轴连接起来，这种链称为多排链，如图 4-36 所示为双排链。链的排数越多，承载能力越强，但链的制造与安装精度要求也越高，且越难使各排链受力均匀，并将大大缩短多排链的使用寿命。为了避免受力不匀，链的排数不宜超过 4 排。

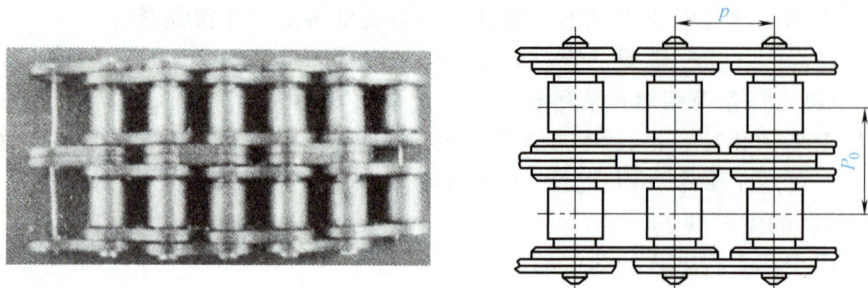

图 4-36　双排链结构

（2）链的接头形式　为了形成链节首尾相接的环形链条，要用接头加以连接。链的接头形式如图 4-37 所示。当链节数为偶数时，采用连接链节，其形状与链节相同，接头处用钢丝锁销（图 4-37a）或弹簧卡片（图 4-37b）等止锁件将销轴与连接链板固定。当链节数为奇数时，则必须加一个过渡链节（图 4-37c）。由于过渡链节的链板在工作时受附加弯矩，故应尽量避免采用奇数链节。

a) 钢丝锁销固定　　　　b) 弹簧卡片固定　　　　　　c) 过渡链节

图 4-37　链的接头形式

滚子链已经标准化，分为 A、B 两种系列。A 系列用于重载、高速或重要传动；B 系列用于一般传动。滚子链的标记包括链号、系列、排数、国标号。

例如：滚子链　08　A　-　1　×　80　GB/T 1243—2006

国标号

80节

单排

A系列

链号，其节距 $p=12.700$mm

2. 齿形链传动

齿形链如图 4-38 所示，它是利用带有特定齿形的链板与链轮相啮合来实现传动的。齿形链由铰链连接的齿形链板组成，链板两工作侧面间的夹角为 60°，相邻链节的链板左右错开排列，并用销轴、轴瓦或滚柱将链板连接起来。齿形链按铰链结构不同，可分为圆销铰链式、轴瓦铰链式和滚柱铰链式三种形式。

与套筒滚子链比较，齿形链的优点是工作平稳、噪声较小、允许链速较高、承受冲击载荷能力较好和轮齿受力较均匀等；缺点是结构复杂、摩擦力较大、易磨损、装拆困难、价格较高、质量较大并且对安装和维护的要求也较高。

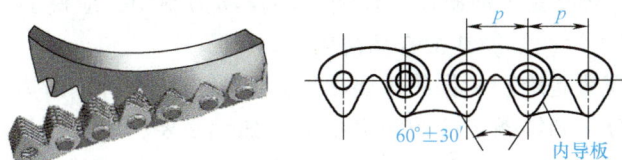

图 4-38　齿形链

三、链传动的润滑与维护保养

1. 链传动的润滑

链传动的润滑至关重要。当链传动具有良好的润滑时，可以减轻链条和铰链的磨损，延长其使用寿命。链传动常用的润滑方式有如下四种。

（1）人工定期用油壶或油刷润滑　如图 4-39a 所示，定期在链条松边的内、外链板间隙中注油。通常当链速 $v<2\mathrm{m/s}$ 时用该方法，且每班加油一次，保证销轴处不干燥。

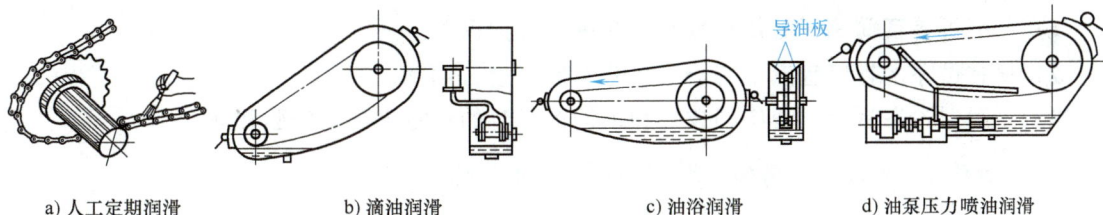

a) 人工定期润滑　　　　b) 滴油润滑　　　　c) 油浴润滑　　　　d) 油泵压力喷油润滑

图 4-39　链传动的润滑方式

（2）滴油润滑　如图 4-39b 所示，在有外壳的链传动装置中用油杯通过油管向松边内、外链板间隙处滴油。通常当链速 $v=2\sim4\mathrm{m/s}$ 时用该方法，给油量为 $5\sim20$ 滴/min（单排链），速度高时给油量应增加。

（3）油浴润滑或飞溅润滑　如图 4-39c 所示，采用密封的传动箱体，链条及链轮一部分浸入油中，或者采用直径较大的甩油盘溅油，甩油盘将油甩起，经箱体上的集油装置将油导流到链条上。甩油盘圆周速度大于 $3\mathrm{m/s}$。当链宽超过 125mm 时，应在链轮的两侧装甩油盘，链条不浸入油池，甩油盘浸油深度为 $12\sim15\mathrm{mm}$。

（4）油泵压力喷油润滑　如图 4-39d 所示，用油泵经油管向链条连续供油，循环油可起润滑和冷却作用。喷油嘴设在链条啮入处，喷油嘴数应是（$m+1$）个，m 为链条排数。

链传动的润滑油一般采用全损耗系统用油，常用牌号有 L-AN46、L-AN68 和 L-AN100。

油的运动黏度在运转温度下为 $20\sim40\,\text{mm}^2/\text{s}$。只有转速很慢又无法供油的地方，才可以用油脂替代。

2. 链传动的维护保养

由于链传动应用的广泛性，其常规的维护保养做得越好，链传动的故障就越少，使用寿命也就越长。常规的维护保养方法有以下几种。

1）保持传动的各个链轮具有良好的共面性，链条通道应保持畅通。

2）经常检查和调整链条松边垂度。

链条松边垂度应保持适当。对可调中心距的水平和倾斜传动，链条垂度应保持为中心距的 $1\%\sim2\%$；对垂直传动或受振动载荷、反向传动及动力制动，应使链条垂度更小些。

3）定期进行清洗去污，并经常检查润滑效果。

经常保持良好的润滑是维护工作的重要项目。不管采用哪种润滑方式，最重要的是能使润滑油及时、均匀地分布到链条铰链的间隙中去。如无必要，尽量不采用黏度较大的重油或润滑脂，因为它们使用一段时间后易与尘土一起堵塞通往铰链摩擦表面的通路（间隙），因此应定期对滚子链进行清洗，并经常检查润滑效果，必要时应拆开检查销轴和套筒进行检查，如摩擦表面呈棕色或暗褐色，一般是供油不足，润滑不良。

4）链条链轮应保持良好的工作状态。

5）经常检查链轮轮齿工作表面，如发现磨损过快，应及时调整或更换链轮。

任务实施

一、活动内容

本活动要求如下：

1）分组拆装套筒滚子链传动装置，并进行维护保养。

2）检查链条的松紧程度是否恰当，若不恰当进行调整。

3）小组讨论在拆装过程中的技巧和维护保养时的注意事项及经验和体会。

活动1：套筒滚子链传动装置的拆装和维护保养

1）在机械实验室分组认识套筒滚子链传动装置的组成和结构。

2）对套筒滚子链传动装置进行拆装，具体过程如下：

① 拆卸。用工具拆除链条连接处的弹簧卡片，卸下链条，取下链轮上的销子或锁紧螺钉，拆下两链轮，观察链条，检查是否有异常磨损或拉长变形（如有拉长变形或磨损严重，则必须更换链条）；然后检查其余传动装置部件，如轴承和轴套的磨损情况及润滑情况等。

② 安装。在安装链传动装置时，先把链轮安装在链轴上，然后用销子或螺钉将其锁紧，再把链条装到链轮上，并用弹簧卡片卡紧，同时需注意以下问题。

a. 两链轮的回转平面应在同一平面内，否则易使链条脱落，或出现不正常磨损。布置时应使紧边在上、松边在下，以防松边下垂量过大，使链条与链轮轮齿发生干涉或松边与紧边相碰，也可采用张紧轮，如图4-40所示。

b. 两链轮的连心线最好在水平面内，若需要倾斜布置时，倾角 φ 应≤45°，或采用张紧

链传动机构

轮，如图 4-41 所示。

c. 应避免垂直布置链轮，因为过大的下垂量会影响链轮与链条的正确啮合，降低传动能力。如果必须垂直布置，应让上、下两链轮错开，或采用张紧轮，如图 4-42 所示。

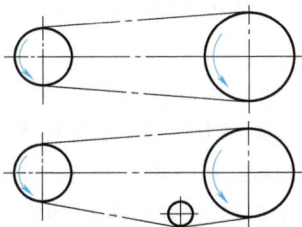

图 4-40 链轮水平布置   图 4-41 链轮倾斜布置

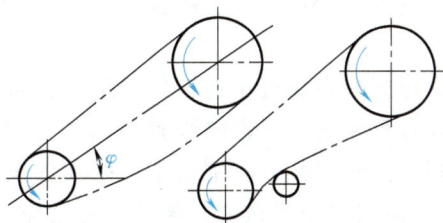

d. 两链轮轴线必须平行，否则会加剧链和链轮之间的磨损，从而降低传动的平稳性，还会增加噪声。可通过调整两轮轴两端支承件的位置来调整两轮轴线的平行度。

e. 两链轮的中心平面应重合，轴向偏移量应控制在许可范围内。

f. 链轮在轴上的固定可以采用键联接加紧定螺钉、锥销或轴侧端盖固定的方式。

g. 链轮在轴上固定后，其径向和轴向圆跳动量也应符合有关规定的要求。

h. 安装好的链条的下垂度不宜过大。当链传动的布置方式是水平或倾斜 45°以下时，下垂度 f 应≤2%L（L 为链传动的中心距）。当倾斜度增大时，要减小下垂度，对垂直放置的链传动，f 应<0.2%L，其检测方法如图 4-43 所示。链传动机构安装好以后，要检查链条的松紧程度，如不符合要求，需要张紧链条。

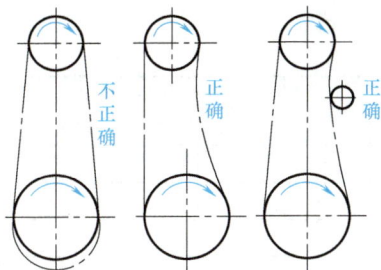

图 4-42 链轮垂直布置   图 4-43 链条下垂度的检测

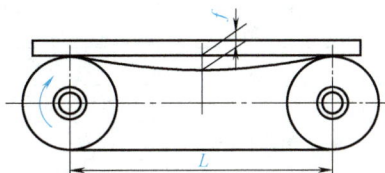

3）对链传动装置按常规进行一次维护保养。在使用和维护保养链传动装置时要注意以下几个问题。

① 在起用链传动装置前先要检查链条的运行和链条的松紧度是否正常。

② 在起动总电源开关前先要关闭链闸，这样才能使链条制动，防止起动时发生危险。但在工作前要松开链闸，不然会损坏轴承。

③ 链条转动时要注意不要与地面或其他物体发生摩擦。

链条要及时上油、涂抹防锈漆等，一旦生锈要及时更换，以提高工作效率。要经常对链条进行检查维护，出现断链、脱链情况要及时修理，并查明原因。

活动 2：套筒滚子链传动装置的调整与检测

1）套筒滚子链传动装置的调整。滚子链传动装置的调整主要是指链传动的张紧。链传动张紧的目的主要是保证链条有稳定的从动边拉力，以控制松边的垂度，使啮合良好，防止链条过大地振动。当两链轮的连心线倾斜角大于 60°时，通常应设有张紧装置，一般张紧方法有以下两种。

① 中心距调节法。通过移动链轮，增大两轮中心距来达到张紧的目的。

② 张紧轮调节法。当中心距不可调时，可用张紧轮自动或定期张紧，如图 4-44 和图 4-45 所示。

张紧轮应装在靠近小链轮的松边上，可分为有齿与无齿两种。其分度圆直径要与小链轮的分度圆直径相近。无齿的张紧轮可以用酚醛层压布板制成，宽度应比链宽约宽 5mm；还可用压板、托板张紧，特别是中心距大的链传动，用托板控制垂度更合理。

2）检测套筒滚子链传动装置。按要求对安装好的套筒滚子链传动装置进行检测。

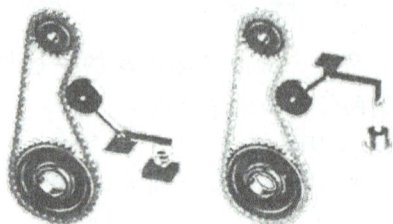

图 4-44　自动张紧

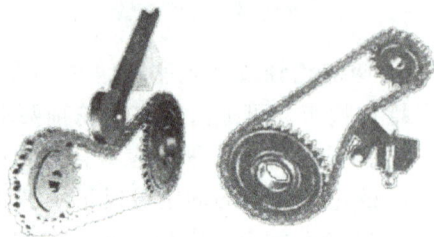

图 4-45　定期张紧

3）讨论在拆装过程中的注意事项及技巧、经验和体会。

二、考核评价

根据活动内容填写考核评价表，见表 4-7。

表 4-7　考核评价表

序号	考核项目	考核内容要求	配分	学生自检	学生互检	教师检测	得分
1	职业素养	文明、礼仪	5				
2		安全、纪律	10				
3		行为习惯	5				
4		工作态度	5				
5		团队合作	5				
6	工作计划能力	能正确、合理地制订拆装工作计划	10				
7	基本操作能力	能正确选用常用拆装工具并正确使用	10				
8	拆卸和装配能力及维护能力	能按规定顺序拆卸套筒滚子链传动装置	10				
		对拆下的零件能妥善保管，并做好标记，按次序摆放	5				
		能正确装配套筒滚子链传动装置并进行维护	15				
9	套筒滚子链传动装置的调整与检测能力	能正确对套筒滚子链传动装置进行调整与检测	10				
		能交流、总结技巧、经验和体会	10				
	综合评价						

项目五

磨床机械结构及维护

项目描述

　　用磨料磨具（砂轮、砂带、磨石和研磨料等）做刀具进行切削加工的机床统称为磨床。由于磨削加工较易获得高的加工精度和小的表面粗糙度值，所以磨床主要应用于零件表面的精加工，尤其是淬硬的钢件和高硬度特殊材料的精加工。本项目主要以 M1432B 型万能外圆磨床为例，分析其工作过程、机械结构，然后通过两个具体的实训活动来掌握机械结构中联轴器和轴系零部件的拆装与维护技能。

学习目标

一、知识目标

1. 了解磨床的工作范围、工作原理和传动系统。
2. 掌握磨床机械结构的特点。

二、技能目标

1. 能正确描述 M1432B 型万能外圆磨床的传动关系。
2. 会识别 M1432B 型万能外圆磨床各部件的作用。
3. 会识读和分析 M1432B 型万能外圆磨床传动系统图。
4. 掌握机械结构中联轴器的拆装与维护技能。
5. 掌握机械结构中轴系零部件的拆装与维护技能。

任务一　　认识磨床的工作过程

任务描述

　　磨床一般可分为外圆磨床、内圆磨床、平面磨床、工具磨床和各种专门化磨床等，如图 5-1 所示。其中图 5-2 所示的 M1432B 型万能外圆磨床在机械加工车间应用较广，因其不但

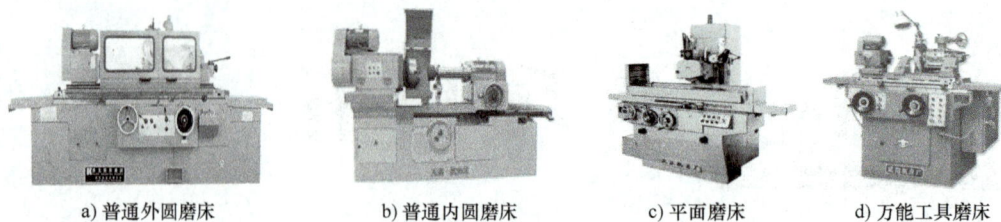

a) 普通外圆磨床　　　　　b) 普通内圆磨床　　　　　c) 平面磨床　　　　　d) 万能工具磨床

图 5-1　磨床

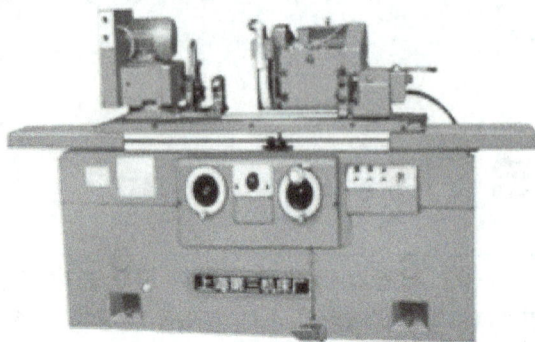

图 5-2　M1432B 型万能外圆磨床

能磨削外圆，还能磨削内孔，所以被称为万能外圆磨床。本任务以 M1432B 型万能外圆磨床为例，阐述磨床的工作范围和磨床整个传动系统的运动规律。另外，通过实际操作磨床，亲身体验磨床各个部件的运动关系，更加牢固地掌握磨床的工作原理。

知识链接

一、磨床的加工工艺范围

磨床的加工工艺范围十分广泛，用不同类型的磨床可以加工各种表面，如内外圆柱面和圆锥面、平面、沟槽、渐开线齿廓面、螺旋面，以及各种成形面等，还可以刃磨刀具和进行切断等。磨床的加工工艺范围及工件与砂轮的运动形式如图 5-3 所示。

二、M1432B 型万能外圆磨床

M1432B 型万能外圆磨床是应用最普遍的外圆磨床，主要用于磨削外圆柱面和圆锥面，还可磨削内孔和台阶面等。

1. M1432B 型万能外圆磨床的组成及各部件的作用

图 5-4 所示为 M1432B 型万能外圆磨床的外形图。它由床身 1、工件头架 2、工作台 3、内磨装置 4、砂轮架 5、尾座 6 和控制箱 7 等组成。其中床身是机床的基本支承件，机床的各主要部件都安装在床身上，并保证各部件间具有准确的相对位置关系和相对运动关系。在床身顶面的前部装有导轨，导轨上装有可纵向移动的工作台。工作台 3 的作用是支承工件头架 2 和尾座 6。工作台由液压传动，并沿床身导轨往复直线移动，使工件实现纵向进给运动；也可用手轮操纵，使工件实现纵向进给运动。工件头架的主轴上可以装卡盘，用于夹持

a) 磨外圆　　　　b) 磨内圆　　　　c) 磨平面　　　　d) 磨花键

e) 磨螺纹　　　　f) 磨齿形　　　　g) 磨导轨面

图 5-3　磨床的加工工艺范围及工件与砂轮的运动形式

①—主运动　②—进给运动

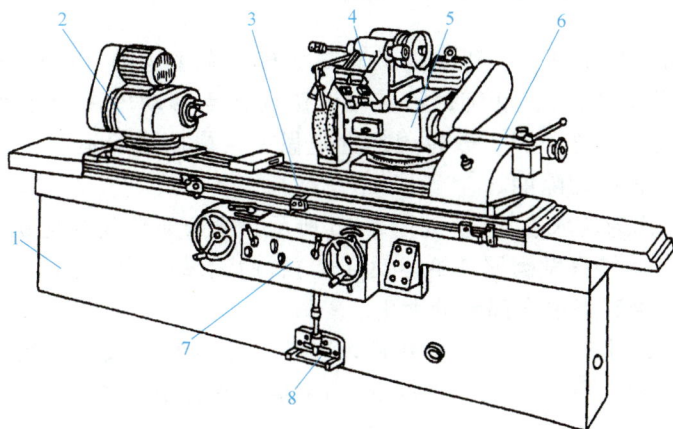

图 5-4　M1432B 型万能外圆磨床的外形图

1—床身　2—工件头架　3—工作台　4—内磨装置　5—砂轮架　6—尾座　7—控制箱　8—脚踏板

被加工工件，或者将被加工工件支承在头架、尾座顶尖上，由头架上的传动装置带动工件旋转，实现圆周进给运动。尾座在工作台上可左右移动调整位置，以适应装夹不同长度工件的需要。工作台由上、下两层组成，上工作台可相对于下工作台在水平面内偏转一定角度（一般不大于±10°），以便磨削锥度不大的圆锥面。砂轮架 5 由装有砂轮的主轴和传动装置组成，安装在床身顶面后部的横向导轨上，利用横向进给机构可实现横向进给运动以及调整位移。装在砂轮架上的内磨装置 4 用于磨削内孔，其上的内圆磨具由单独的电动机驱动。万能外圆磨床的砂轮架和头架都可绕垂直轴线转动一定角度，以便磨削锥度较大的圆锥面。

此外，床身内还有液压传动装置，床身左后侧有切削液循环装置。

2. M1432B 型万能外圆磨床的运动

M1432B 型万能外圆磨床既可以磨削外圆又可以磨削内孔，其运动分析如下：

（1）磨削外圆　磨削外圆时，轴类工件常用顶尖装夹，其方法与车削时基本相同，但磨床所用顶尖都是固定顶尖，不随工件一起转动；盘套类工件则利用心轴和顶尖装夹。具体磨削方法有纵磨法、横磨法、综合磨法和深磨法四种，如图 5-5 所示。

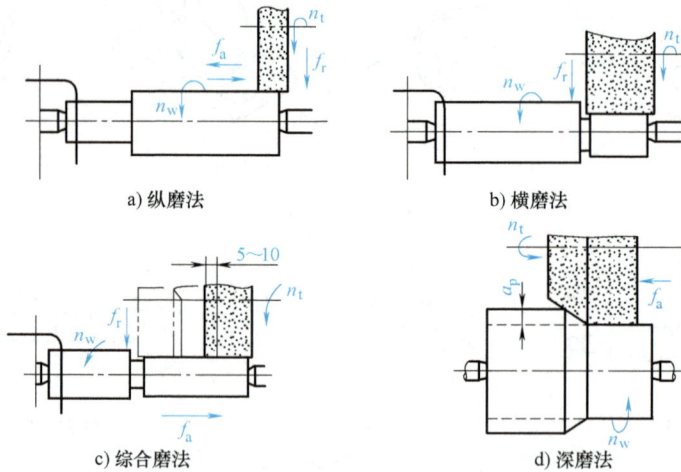

a) 纵磨法   b) 横磨法

c) 综合磨法   d) 深磨法

图 5-5　在外圆磨床上磨外圆

n_t—主运动　n_w—旋转进给运动　f_a—纵向进给运动　f_r—横向进给运动　a_p—背吃刀量

1）纵磨法。如图 5-5a 所示，纵磨时砂轮高速旋转做主运动（n_t），进给运动有：①工件旋转做圆周进给运动（n_w）；②工件沿其轴线纵向往复移动做进给运动（f_a）；③在工件每一纵向行程或往复行程终了时，砂轮周期性地做一次横向进给运动（f_r）。纵磨时的磨削余量是在多次往复行程中切除的。

2）横磨法（又称为切入磨法）。如图 5-5b 所示，横磨时砂轮高速旋转做主运动（n_t），进给运动有：①工件旋转只做圆周进给运动（n_w），而无纵向进给运动；②砂轮连续地做横向进给运动。（f_r），直到磨去全部余量为止。

3）综合磨法。如图 5-5c 所示，先用横磨法对工件表面分段进行粗磨，相邻两段间有 5~10mm 的搭接，工件上留下 0.01~0.03mm 的余量，然后用纵磨法进行精磨。此法综合了横磨法和纵磨法的优点。

4）深磨法。如图 5-5d 所示，深磨时砂轮高速旋转做主运动（n_t），进给运动有：①工件旋转只做圆周进给运动（n_w），而无纵向进给运动；②砂轮横向一次取较大的背吃刀量（一般为 0.3mm 左右）；③砂轮沿工件轴线用较小的纵向进给量（一般取 1~2mm/r）纵向移动做进给运动（f_a）。

（2）磨削内孔　磨内圆时，工件用卡盘或其他夹具装夹在工件头架主轴上，由主轴带动旋转做圆周进给运动（n_w），砂轮高速旋转实现主运动（n_t），同时砂轮或工件往复移动做纵向进给运动（f_a），在每次（或 n 次）往复行程后，砂轮或工件做一次横向进给（f_r）。

与外圆磨削类似，内圆磨削也分为纵磨法和横磨法。鉴于砂轮轴的刚度很差，横磨法仅适用于磨削短孔及内成形面。内圆磨削难以采用深磨法，所以多数情况下是采用纵磨法。

图 5-6 所示为磨削内孔的方法，图 5-6a 所示为用纵磨法磨孔，图 5-6b 所示为用切入磨法磨孔。图 5-6a、b 中的 f_r 是切入运动。有的内圆磨床还附有磨削端面的磨头，可以在一次装夹下磨削端面和内孔，如图 5-6c、d 所示，以保证端面垂直于孔轴线。图 5-6c、d 中的 f_a 是切入运动。

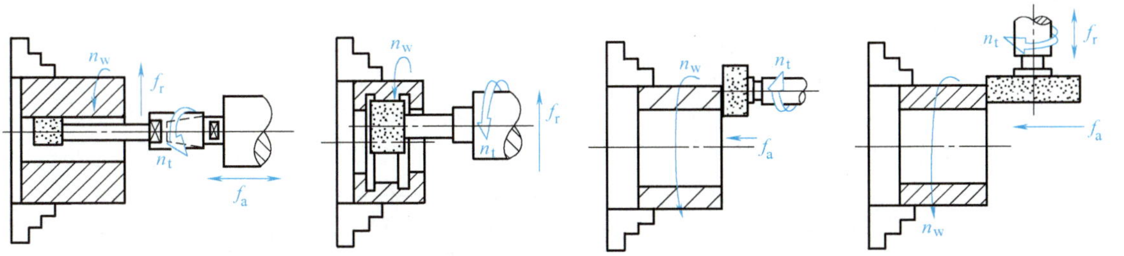

| a) 纵磨法 | b) 切入磨法 | c) 磨端面1 | d) 磨端面2 |

图 5-6　磨削内孔的方法

n_t—主运动　n_w—旋转进给运动　f_a—纵向进给运动　f_r—横向进给运动

3. M1432B 型万能外圆磨床的主要技术参数

M1432B 型万能外圆磨床的主要技术参数如下：

可磨削直径：外圆 $\phi8 \sim \phi60$mm（用中心架），$\phi8 \sim \phi320$mm（不用中心架）；内圆 $\phi35 \sim \phi100$mm（用中心架），$\phi30 \sim \phi100$mm（不用中心架）；最大磨削长度：外圆 1000mm、1500mm；内圆 125mm；中心高：180mm；顶尖距：1000mm、1500mm；头架顶尖（莫氏）：4#；尾座顶尖（莫氏）：4#；可磨工件最大质量：150kg；外圆砂轮转速：1670r/min；内圆砂轮转速：10000r/min、15000r/min。

M1432B 型万能外圆磨床属于工作台移动式普通精度级磨床，其工作精度如下：

1）不用中心架，工件支承在头架、尾座顶尖上，工件直径为 $\phi60$mm、长度为 500mm，精磨后的圆度公差为 0.005mm。

2）不用中心架，工件安装在卡盘上，工件孔径为 $\phi60$mm、长度为 125mm，精磨内孔的圆度公差 0.005mm。主要用于磨削外圆柱面和圆锥面，还可磨削内孔和台阶面等。

4. M1432B 型万能外圆磨床的传动系统

M1432B 型万能外圆磨床的运动由机械和液压装置联合传动。其中，工作台的纵向往复运动、砂轮架的快速进退和周期自动切入进给及尾座顶尖套筒的缩回为液压传动。液压传动具有运动和换向平稳、无级调速、易于实现自动化等优点。其余运动都是机械传动，机械传动系统图如图 5-7 所示。

（1）工件传动　通过操纵面板上的矢量变频器开关来使工件变速，其传动路线为

$$头架变频调速电动机 - \frac{带轮1}{带轮2}$$

（2）工作台手摇传动　传动路线为

$$手摇手轮9 - \frac{齿轮8(z=15)}{齿轮7(z=72)} \frac{齿轮6(z=18)}{齿轮5(z=72)} - 齿轮4(z=18) - 工作台齿条3(m=2mm)$$

（3）外圆砂轮传动　由砂轮架电动机通过带轮 30、29 驱动砂轮主轴 28 转动。

（4）内圆磨具传动　由内圆磨具电动机经带轮 33、32 驱动内圆磨具主轴 31 转动，内圆磨具电动机与内圆磨具支架装有联锁机构，只有在支架翻下到工作位置时，内圆磨具电动机才能开动，同时在支架翻下后，砂轮架快速进退手柄即在原位置自锁（砂轮架位于前进位置或后退位置均可）。

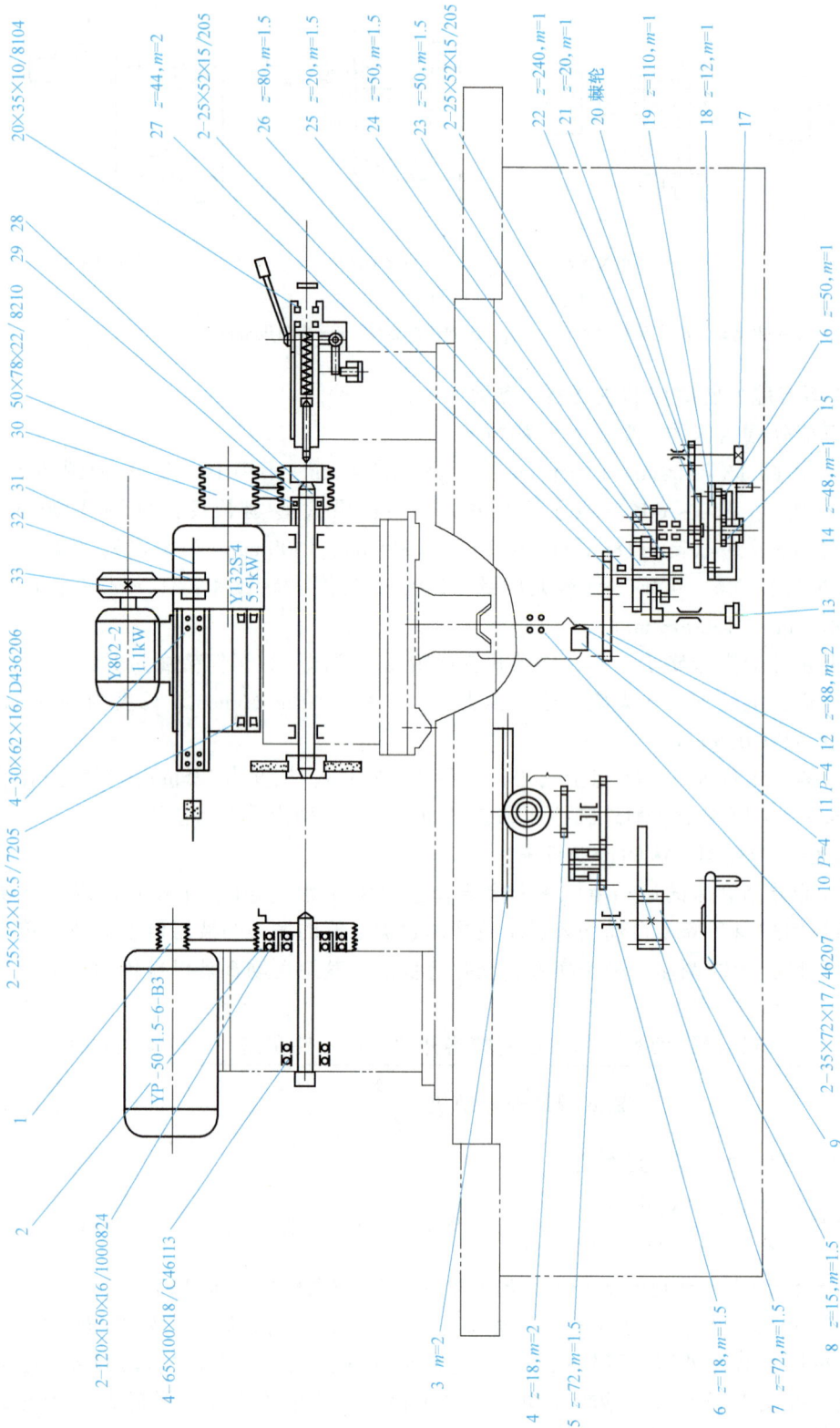

图 5-7 M1432B 型万能外圆磨床机械传动系统图

1、2、29、30、32、33—带轮 3—齿条 4—齿轮（m=2mm） 5、6、7、8、23、24、25、26—齿轮（m=1.5mm）
9、15—手轮 10—半螺母（P=4mm） 11—丝杠（P=4mm） 12、27—齿轮（m=2mm）
13—把手 14、16、18、19、21、22—齿轮（m=1mm） 17—旋钮 20—蜗轮 28—砂轮主轴 31—内圆磨具主轴

（5）砂轮架进给运动

粗进给传动路线为

$$手轮15-\frac{齿轮23(z=50)}{齿轮24(z=50)}-\frac{齿轮27(z=44)}{齿轮12(z=88)}-\frac{丝杠11(P=4mm)}{半螺母10(P=4mm)}$$

细进给传动路线为

$$手轮15-\frac{齿轮25(z=20)}{齿轮26(z=80)}-\frac{齿轮27(z=44)}{齿轮12(z=88)}-\frac{丝杠11(P=4mm)}{半螺母10(P=4mm)}$$

齿轮 23（z=50）/齿轮 24（z=50）和齿轮 25（z=20）/齿轮 26（z=80）是通过把手 13 的推进拉出来实现传动齿轮的转换的。

为了补偿砂轮的磨损，可拨出手轮中间带有齿轮 14 的旋钮，按顺时针方向转动（保持手轮 15 不动），使旋钮上的齿轮 14（z=48）带动行星齿轮 16（z=50）、18（z=12）、19（z=110）转动，从而使刻度盘（与齿轮 19 一体）后退，后退的距离根据砂轮的磨损量确定。然后将旋钮推入原位，转动手轮 15 使砂轮进给，直到刻度盘上的撞块与定位爪相碰。此时，因砂轮磨损而引起的工件尺寸变化值已经得到补偿。

自动周期进给量的调节可通过旋钮 17 来选择。

任务实施

一、活动内容

磨床的组成
及工作原理

活动 1：实地操作磨床并指出各部件的名称和作用

1）在实训车间观察磨床的组成。
2）空运转操作磨床的操纵手柄，体会磨床的各种运动。
3）在图 5-8 中填写磨床各部件的名称，并说明各部件的作用。

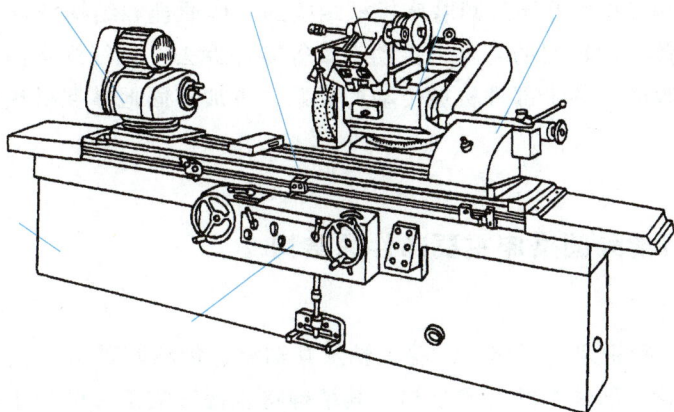

图 5-8　填写磨床各部件的名称

活动 2：实地操作、体会磨床的工作过程，分析磨床的传动系统

1）操作磨床，使其起动、停止，体验磨床的工作过程。
2）操作磨床操纵开关，体验磨床的各种运动，并写出各运动的传动系统。

二、考核评价

根据活动内容填写考核评价表，见表 5-1。

表 5-1　考核评价表

序号	考核项目	考核内容要求	配分	学生自检	学生互检	教师检测	得分
1		文明、礼仪	5				
2		安全、纪律	10				
3	职业素养	行为习惯	5				
4		工作态度	5				
5		团队合作	5				
6	讲解部件名称	能正确指出各部件的名称和作用	10				
7	基本操作能力	能操作各种操纵手柄,控制各种运动	10				
8	手动操作能力	能手动操作各种运动	10				
9	机动操作能力	能机动操作控制各种运动	10				
10	控制调速运动能力	能根据要求调整各种运动速度和方向	15				
11	写出传动系统路线	能正确写出工件转动和砂轮横向进给运动的传动系统	15				
	综合评价						

任务二　了解磨床机械传动机构

任务描述

磨床设备主要用于零件表面的精加工。为使磨床能正确进行磨削加工，必须使工件和砂轮（刀具）之间产生确定的相对运动，这一相对运动是由机械传动和液压传动来保证的。本任务主要学习 M1432B 型万能外圆磨床机械结构的工作原理和结构特点。另外，将磨床的工件头架、内磨装置、砂轮架的箱盖、传动带罩等零件拆去，仔细观察内部机械结构，通过手工盘车，亲身体验磨床各个部件机械传动的关系，更加牢固地掌握机械结构原理。

知识链接

M1432B 型万能外圆磨床主要部件的结构

1. 砂轮架

如图 5-9 所示，砂轮架由壳体、砂轮主轴及其轴承、传动装置与滑鞍等组成。砂轮主轴及其支承部分是砂轮架部件中的关键结构，其结构将直接影响工件的加工质量，故应具有较高的回转精度、刚度、抗振性及耐磨性。

（1）砂轮主轴轴承间隙的调整　砂轮主轴 10 安装于左、右两对由四块扇形轴瓦组成的滑动轴承中，每块轴瓦由可调球头螺钉 4 或轴瓦支承球头销 7 支承，轴承与主轴之间的间隙通过球头螺钉 4 来调整。

轴承与主轴的间隙在制造厂已调整好，一般可长期使用，故请勿随便松动锁紧螺钉 2，如

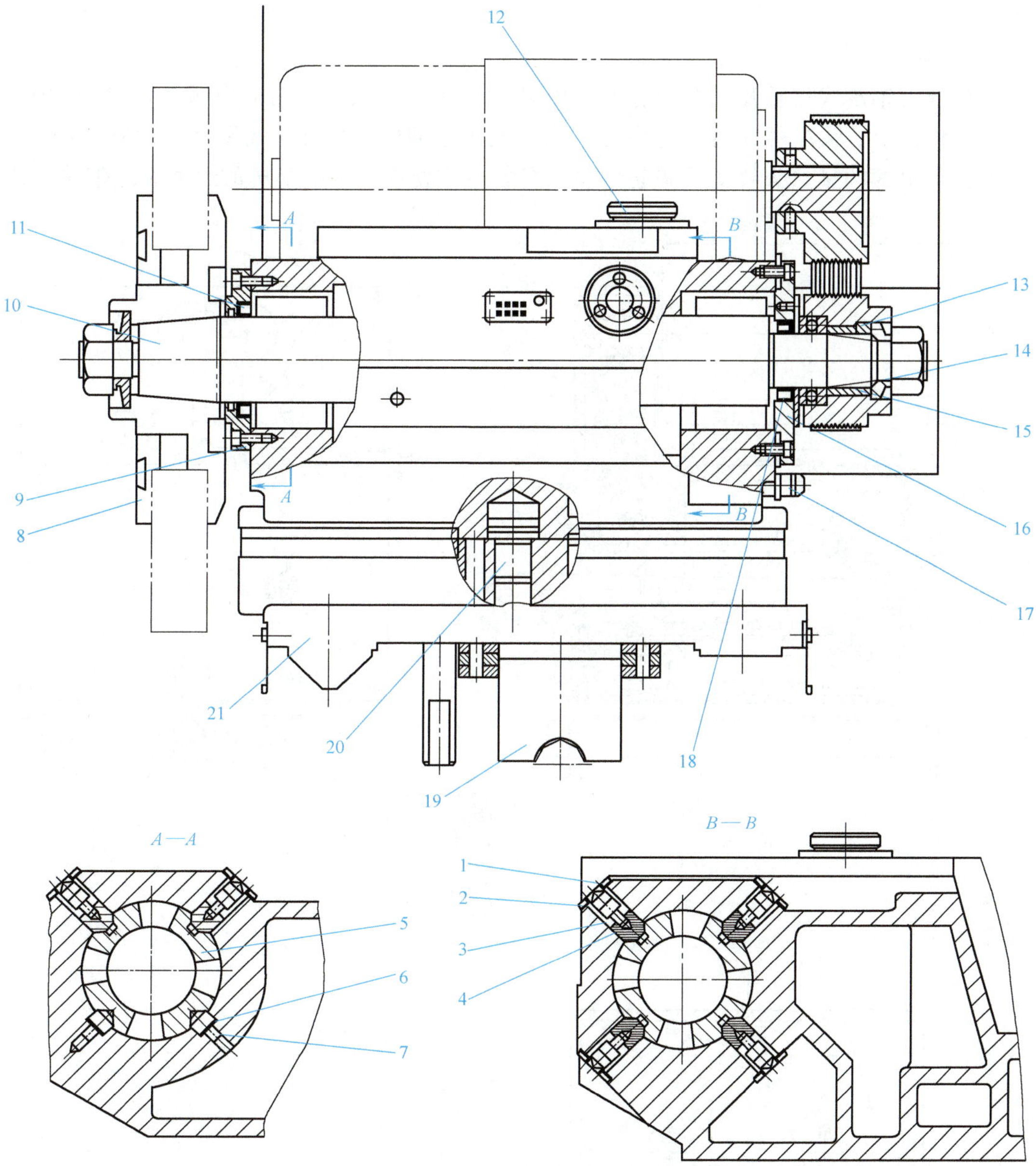

图 5-9　砂轮架

1—封口螺钉　2—锁紧螺钉　3—螺套　4—球头螺钉　5—轴瓦　6—密封圈　7—轴瓦支承球头销
8—砂轮压紧盘　9—法兰盖　10—砂轮主轴　11、18—砂轮架导轨　12—盖子　13—滑柱　14—弹簧
15—调节螺钉　16—端面轴承　17—螺钉　19—半螺母　20—定位销轴　21—滑鞍

在工作过程中发现因热态下间隙大于 0.02mm（测量方法：将测量仪表顶在砂轮主轴 10 的砂轮压紧盘 8 的安装锥面上，用手抬起主轴进行测量）而影响磨削质量时，可重新调整。

（2）使用注意事项

1）更换砂轮及传动带时必须切断电源。

2）装拆砂轮必须使用专用扳手，不得使用重物直接敲击锁紧螺母。

3）新砂轮使用前必须检查砂轮的质量及线速度是否符合机床要求，并且要经过静平衡。

2. 头架

头架分为轴承式与轴瓦式两种。图 5-10 所示为轴承式头架，头架由两个"L"形的螺钉固定在工作台上，头架体壳可绕定位柱 8 在底座 7 上回转，按加工需要在逆时针方向 90°范围内做任意角度调整。头架变频调速电动机安装在体壳顶部，电动机的运动通过带轮 1 传递

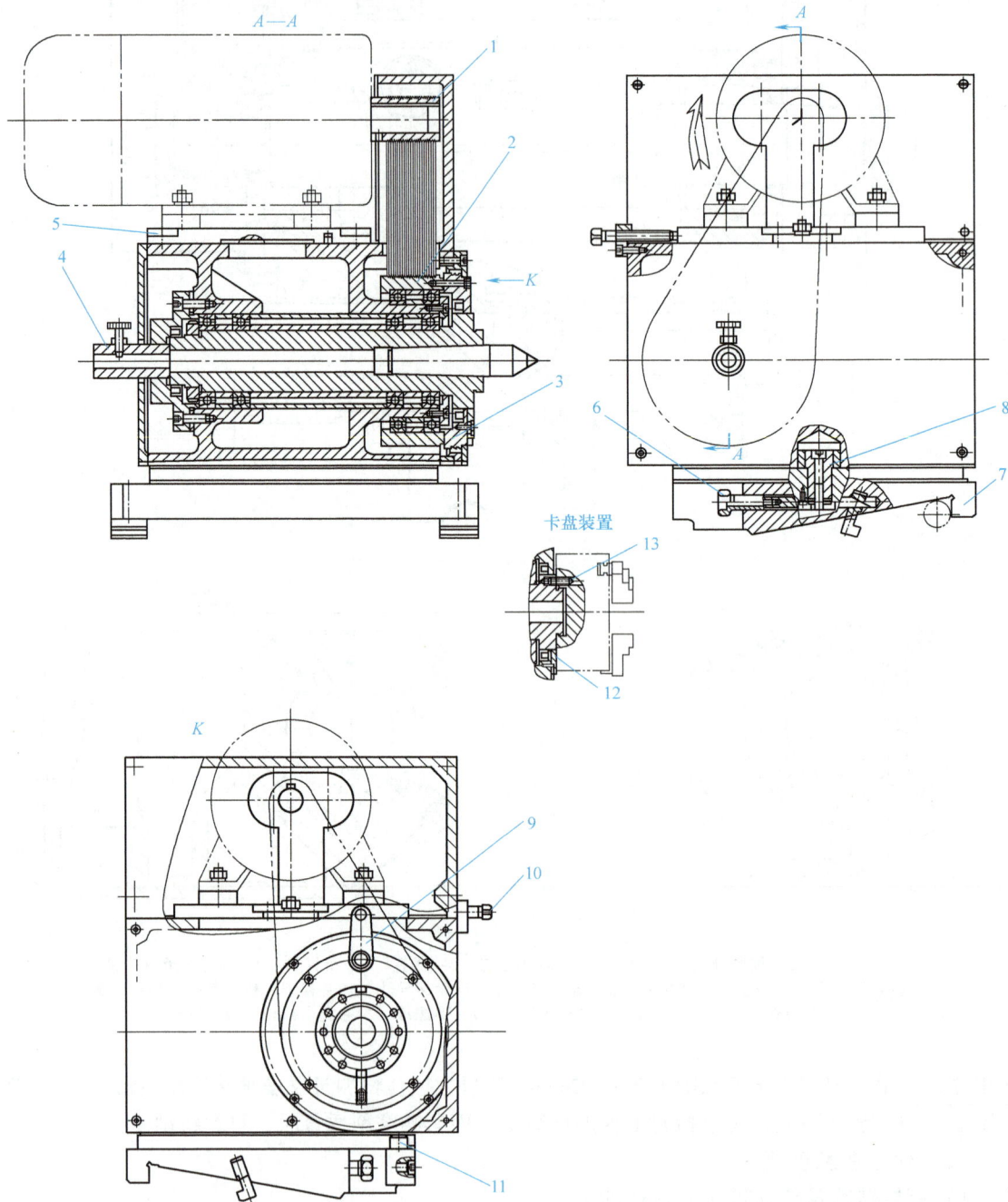

图 5-10　轴承式头架
1、2—带轮　3—拨盘　4—手柄　5—盖板　6—螺钉　7—底座　8—定位柱　9—拨杆
10—调节螺钉　11—偏心轴　12—传动键　13—螺钉

到带轮 2，由带轮连接拨盘 3 带动装夹在头架顶尖中的工件旋转。可通过旋转矢量变频器旋钮来改变变频调速电动机的转速，从而实现头架变速。

头架传动方式有以下两种。

（1）固定顶尖式　主轴莫氏锥孔内安装有顶尖，通过手柄 4 将主轴间隙消除（按顺时针方向旋转手柄到旋不动即可），这时主轴即被固定，不能旋转，工件则由与传动带连接的拨盘 3 上的拨杆 9 带动。

（2）卡盘式　在安装卡盘前，通过逆时针方向旋转手柄，把装在拨盘 3 上的传动键 12 插入主轴，再用螺钉将传动键固定（注意：用螺钉固定传动键时，不能使传动键的顶住主轴，以免破坏磨削精度），然后用螺钉 13 将卡盘安装在主轴大端的端部圆锥体上，就能安装工件，起动头架电动机。

如果工件具有莫氏 4# 锥体（例如顶尖），可直接插在主轴锥孔中，装上传动键 12 即可进行磨削（例如自磨顶尖）。

将螺钉 6 锁紧，然后再紧固螺钉 6 中的内六角螺钉，就可将头架固定在工作台上。

3. 横向进给机构

横向进给机构用于实现砂轮架的周期或连续的横向工作进给、调整位移和快速进退，以确保砂轮和工件的相对位置，控制工件的直径尺寸。因此，对它的基本要求是保证砂轮架有高的定位精度和进给精度。

横向进给机构的工作进给有手动的也有自动的，调整位移一般用手动，而定距离的快速进退通常都采用液压传动。图 5-11 所示为可做自动周期进给的横向进给机构图。

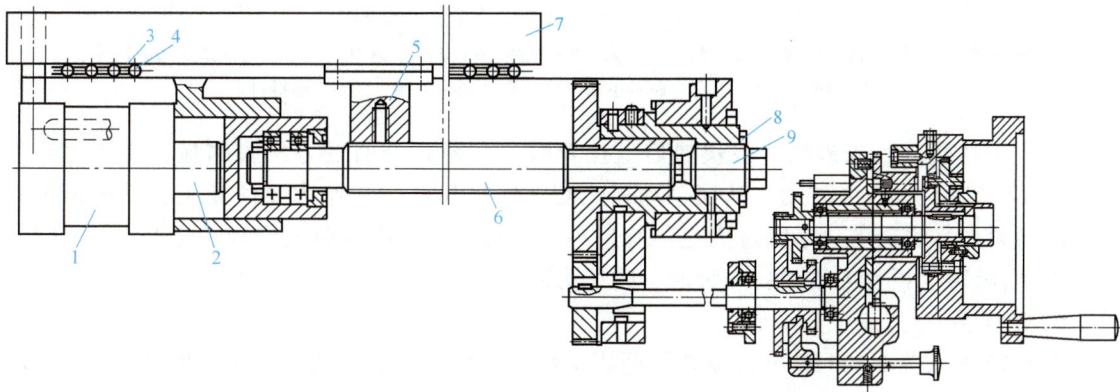

图 5-11　M1432B 型万能外圆磨床的横向进给机构

1—液压缸　2—活塞杆　3、4—滚动导轨　5—半螺母　6—丝杠　7—滑鞍　8—螺母　9—定位螺钉

4. 尾座

图 5-12 所示为 M1432B 型万能外圆磨床尾座结构图。尾座由顶尖、顶尖套、体壳、密封盖和拨杆等组成，尾座体壳 4 用一个 L 形螺钉固定在上工作台右边。尾座除了可安装顶尖夹持实心轴类工件外，顶尖部端盖上也可安装金刚笔进行砂轮外圆修整。尾座顶尖套 2 的后退动作有两种不同的实现方法。

（1）手动　顺时针方向转动手柄 16，带动拨杆 8 转动，可使顶尖套 2 克服弹簧力向后移动。

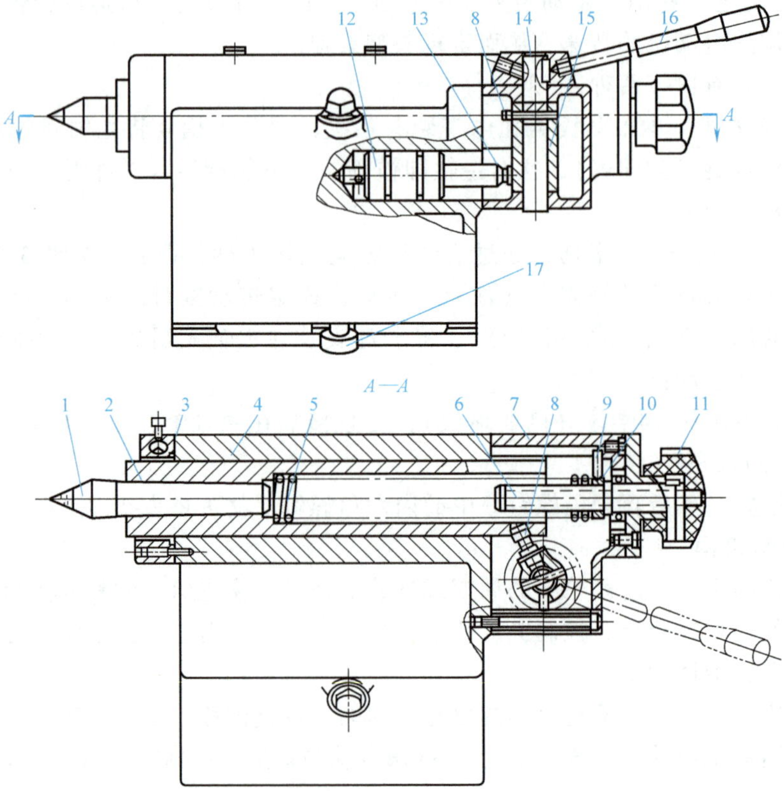

图 5-12 M1432B 型万能外圆磨床尾座结构图

1—顶尖 2—顶尖套 3—密封盖 4、7—体壳 5—弹簧 6—丝杠 8、13—拨杆 9—销 10—螺母
11—手轮 12—活塞 14—小轴 15—套 16—手柄 17—T 形螺钉

（2）液压传动 当砂轮架在快速后退位置时，脚踏床身前下方的脚踏板，使压力油推动活塞 12 带动，拨杆 8 转动，从而带动顶尖套 2 向后移动。工作中要注意头、尾座顶尖对工件的顶紧力必须适中，不宜过大也不宜过小。顶紧力的大小可通过旋转手轮 11 进行调整。手轮 11 右旋时，顶紧力增加；左旋时，顶紧力减小。

5．工作台

图 5-13 所示为 M1432B 型万能外圆磨床工作台，由上台面 6 和下台面 5 等组成，借助定位销轴 7、10 和两端压板 1、2 定位。下台面 5 的下部装有液压缸 4 和齿条 8，分别用于工作台的液压传动和手摇传动。

6．内磨装置

万能外圆磨床除磨削外回转面外，还可磨削内孔，所以应有内磨装置。内磨装置主要由内圆磨具 1 和支架 2 两部分组成，如图 5-14 所示。它通常以铰链连接的方式装在砂轮架的前上方，使用时翻下，如图 5-14 所示位置；不用时翻向上方，如图 5-4 所示位置。

内圆磨具是磨内孔用的砂轮主轴部件，如图 5-15 所示。磨削内圆时因砂轮直径较小，为达到一定的磨削速度，要求砂轮轴具有很高的转速，因此内圆磨具除应保证主轴在高转速下运转平稳外，还应具有足够的刚度和抗振性。内圆磨具主轴由平带传动，主轴前、后轴承各用两个 P5 级精度的角接触球轴承，用弹簧 3 通过套筒 2 和 4 进行预紧。主轴的前端有一

图 5-13　M1432B 型万能外圆磨床工作台

1、2—压板　3a—右行程挡块　3b—左行程挡块　4—液压缸　5—下台面　6—上台面

7、10—定位销轴　8—齿条　9—螺母　11—螺杆　12—千分表　13—刻度表

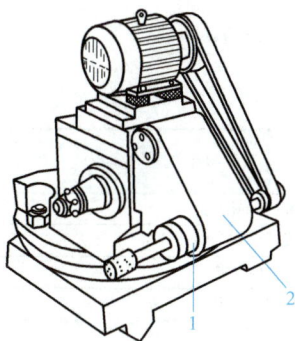

图 5-14　内磨装置

1—内圆磨具　2—支架

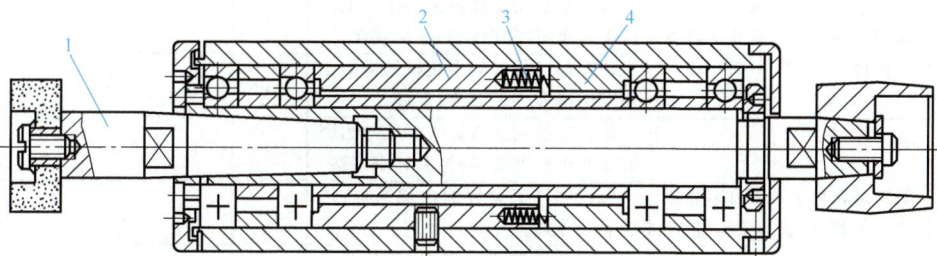

图 5-15　内圆磨具

1—接长轴　2、4—套筒　3—弹簧

莫氏锥孔，可根据磨削孔的深度安装不同的接长轴 1，但由于受结构的限制，接长轴 1 轴颈较细而悬伸又较长，因此刚度较差，是内圆磨具中刚度最薄弱的环节，为了克服这个缺点，某些专用磨床的内圆磨具常改成固定轴形式；主轴的后端有一外锥面，以安装平带轮，由电动机通过平带直接驱动主轴。

任务实施

外圆磨床主要
部件的结构

一、活动内容

活动 1：认识外圆磨床工件头架机械传动机构

1）拆去外圆磨床的工件头架和带罩等零件，进行观察。

在实训车间，当把外圆磨床的工件头架和带罩等零件拆去后，可以看到它们的内部机械结构，对照知识链接中有关 M1432B 型万能外圆磨床的主要部件结构图进行识读和分析。

2）手工盘车，仔细观察工件头架机械传动装置的运动。

3）叙述工件头架中有哪些机械结构。

活动 2：观察磨床内磨装置和砂轮架的内部结构，体验其工作过程

1）观察并说明内磨装置的内部结构，体验其工作过程。

2）观察并说明砂轮架的内部结构，体验其工作过程。

二、考核评价

根据活动内容填写考核评价表，见表 5-2。

表 5-2　考核评价表

序号	考核项目	考核内容要求	配分	学生自检	学生互检	教师检测	得分
1	职业素养	文明、礼仪	5				
2		安全、纪律	10				
3		行为习惯	5				
4		工作态度	5				
5		团队合作	5				
6	观察磨床机械传动机构	能正确指出磨床上各机械传动装置之间的关系	10				
7	基本操作能力	手工盘车，仔细观察车床机械传动装置，并能说明其运动传递过程	10				
8	认识外圆磨床工件头架机械传动机构	能正确使用工具拆去磨床的工件头架和带罩等零件，并仔细观察	10				
		能叙述工件头架中机械结构的作用和结构零件的名称、组成	10				
9	观察磨床内磨装置和砂轮架的内部结构，体验其工作过程	能正确使用工具拆去磨床的内磨装置和砂轮架等零件，并仔细观察	10				
		能说明内磨装置的内部结构，体验其工作过程	10				
		能说明砂轮架的内部结构，体验其工作过程	10				
	综合评价						

任务描述

联轴器主要用于连接主动轴和从动轴,如图 5-16 所示,离心泵通过电动机的驱动来工作,电动机驱动轴和离心泵从动轴之间的连接靠的是联轴器。由此可见,联轴器的作用是连接两轴并传递转动和转矩。联轴器在机械传动中的用途非常广泛,本任务通过联轴器的拆装与维护操作,掌握联轴器的各种连接方法和作用。

图 5-16 联轴器的连接作用

联轴器的组成和类型

知识链接

一、联轴器的组成和类型

联轴器有两个联轴盘,它们先分别与驱动轴和被驱动轴连接,然后再连接在一起。根据两联轴盘的连接方式和结构不同,联轴器有很多种类型,均应用于不同的场合。

联轴器的用途非常广泛,种类也很多,图 5-17 所示为各种常见联轴器。常用的联轴器分为刚性联轴器和挠性联轴器两大类。

1. 刚性联轴器

刚性联轴器使两轴刚性地连接在一起,传递载荷时不能缓冲和吸收振动,对中性要求高,主要有凸缘联轴器、套筒式联轴器和夹壳式联轴器等,其中最常用的是凸缘联轴器。

图 5-17 各种常见联轴器

(1) 凸缘联轴器 如图 5-18 所示为凸缘联轴器,它由两个半联轴器组成,分别用键与轴相联接,并用螺栓连成一体。两半联轴器的对中形式有两种:图 5-19a 所示为用两半联轴器的凸肩和凹孔相互配合来保证两轴同心;图 5-19b 所示为靠铰制孔用螺栓联接来实现两轴同心。

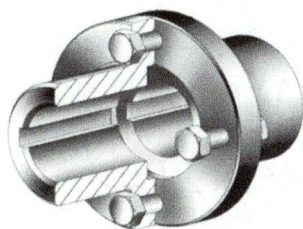

图 5-18 凸缘联轴器

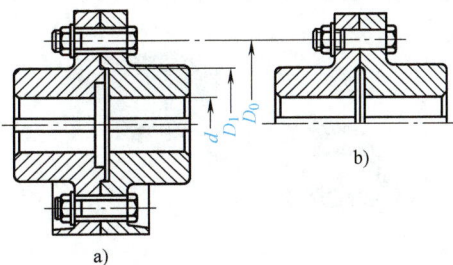

图 5-19 凸缘联轴器的对中形式

凸缘联轴器结构简单、成本低，能传递较大转矩，但对两轴的对中性要求较高，适用于低速、大转矩、载荷平稳、轴短而刚性大的场合。

（2）套筒联轴器 如图5-20所示为套筒联轴器，它用套筒套住两轴的轴端，轴与套筒用销或键联接起来以传递转矩。

a) 销联接   b) 键联接

图5-20 套筒联轴器

套筒联轴器尺寸小、结构简单、成本低，常用于两轴直径较小、同心度较高、低速、载荷平稳、传递转矩较小的场合。它在机床上应用广泛，其缺点是拆装时一轴需做轴向移动。

2. 挠性联轴器

由于制造安装误差、承载后的变形、温度变化以及外力作用产生变形等原因，联轴器连接的两轴轴线会产生如图5-21所示的轴向、径向、角向位移或综合位移。为使两轴位移所产生的影响尽可能减少，可采用挠性联轴器。

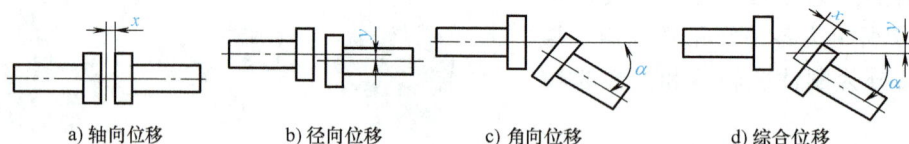

a) 轴向位移   b) 径向位移   c) 角向位移   d) 综合位移

图5-21 两轴轴线的相对位移

挠性联轴器可分为无弹性元件的挠性联轴器和有弹性元件的挠性联轴器两大类。

（1）无弹性元件的挠性联轴器 无弹性元件的挠性联轴器利用本身结构的相对位移量来补偿两轴的对中误差，常用的有滑块联轴器、万向联轴器和齿式联轴器等。

1）滑块联轴器如图5-22所示，它由一个两面都有凸肩的圆盘和两个端面开有凹槽的半联轴器组成。两个半联轴器用键或过盈配合与轴联接，半联轴器上的凹槽与圆盘的凸肩采用动配合连接，使轴连成一体。

滑块联轴器结构简单、尺寸小，因凸肩可在凹槽中滑动，故可补偿综合位移，但不耐冲击，易磨损，适用于低速、轴的刚性较大且无剧烈冲击的场合。

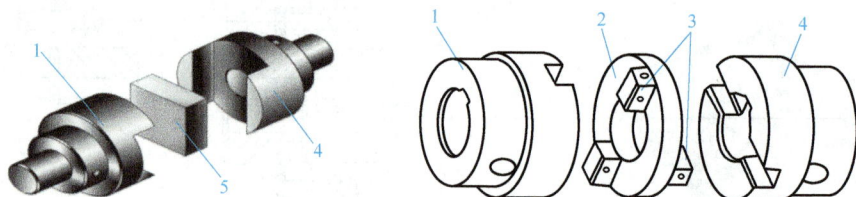

图5-22 滑块联轴器

1、4—半联轴器 2—圆盘 3—凸肩 5—中间滑块

2）万向联轴器如图 5-23 所示，它由两个叉形接头和十字销组成，叉形接头和十字销为铰接。万向联轴器结构紧凑、维护方便，能补偿较大的综合位移，且传递转矩较大，常成对应用于汽车、拖拉机及金属切削机床等的传动装置中。

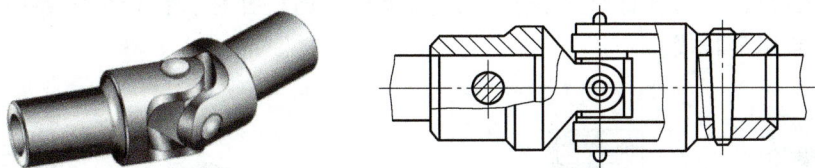

图 5-23　万向联轴器

3）齿式联轴器如图 5-24 所示，它由两个具有外齿的半联轴器和两个具有内齿的外壳组成，内、外齿数相等，两个外壳的内齿套在半联轴器的外齿上，两外壳用螺栓联接，轴与联轴器用键联接。

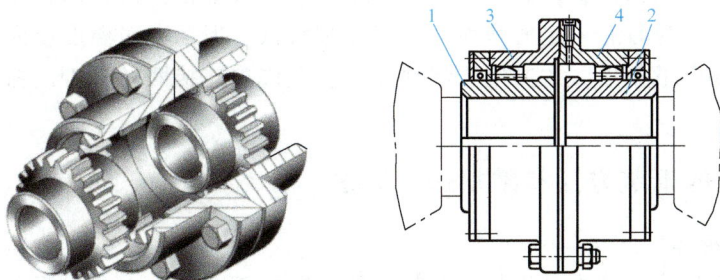

图 5-24　齿式联轴器

1、2—半联轴器　3、4—外壳

如果把外齿齿顶制成球面，而且内、外齿间具有较大的齿侧间隙，则两轴间就有较大的综合位移，如图 5-25 所示。齿式联轴器能传递很大的转矩，补偿较大的综合位移，但其较笨重，制造困难，成本高，适用于高速、重载场合，在重型机械中得到了广泛的应用。

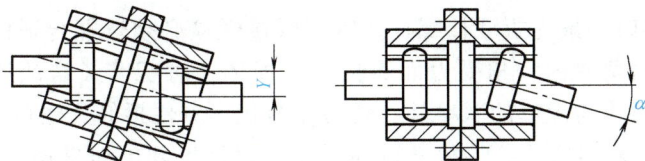

图 5-25　外齿齿顶制成球面的齿式联轴器

（2）有弹性元件的挠性联轴器　有弹性元件的挠性联轴器靠弹性元件的弹性变形来补偿两轴的相对位移，而且可以缓冲减振，常用的有弹性套柱销联轴器和弹性柱销联轴器等。

1）弹性套柱销联轴器如图 5-26 所示，其结构与凸缘联轴器相似，只是用带有橡胶弹性套的柱销代替了联接螺栓，轴与联轴器用键联接。弹性套柱销联轴器是利用联轴器中弹性套的变形来补偿两轴间的相对位移、缓冲和吸振的。

弹性套柱销联轴器制造容易，装拆方便，成本较低，但其弹性套易磨损，寿命较短，工作温度范围在橡胶适应的范围，不能与对橡胶有害的介质接触，适用于起动频繁和载荷变化较大的场合。

2）弹性柱销联轴器如图 5-27 所示，它与弹性套柱销联轴器结构相似，弹性柱销用尼龙材料制成，为防止运转时弹性柱销滑出，在其两端用挡板挡住，挡板固定在两个半联轴器上，轴与联轴器用键联接。

图 5-26　弹性套柱销联轴器

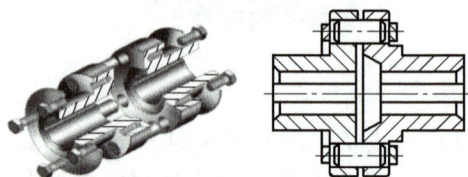

图 5-27　弹性柱销联轴器

弹性柱销联轴器结构简单，制造、安装、维护、拆换都很方便，而且性能稳定，耐磨性好，寿命长。尼龙本身具有一定的弹性，能缓冲和吸振，但尼龙对温度较为敏感，不宜在温度较高或较低的场合下使用，主要用于起动频繁、允许被连接两轴有少量综合位移、承载较大的场合。

二、联轴器的拆装方法和维护保养方法

1. 联轴器的拆卸

联轴器的种类很多，结构各不相同，其拆卸过程也不一样。在此主要介绍联轴器拆卸工作中需要注意的一些问题。

1）由于联轴器本身的故障而需要拆卸，先要对联轴器整体进行认真、细致的检查，查明故障的原因。

2）在拆卸联轴器前，要在联轴器各零部件之间互相配合的位置做一些记号，以便复装时的参考。对于高转速机器的联轴器，其联接螺栓是经过称重的，必须标记清楚，不能搞错。

3）拆卸联轴器时一般先拆联接螺栓。拆卸联接螺栓必须选择合适的工具，以免使工具工作面与螺栓的外六角或内六角受力面因打滑而损坏。对于已经锈蚀的或油垢比较多的螺栓，可用溶剂喷涂螺栓与螺母的联接处，使污垢溶化，方便拆卸，也可考虑用冲击法将扳手卡在螺母上，用锤子敲打扳手，振松铁锈和污垢，以便拆卸。如果还不能把螺栓拆卸下来，还可采用加热法，加热温度一般控制在 200℃ 以下，通过加热使螺母与螺栓之间的间隙加大，以使锈蚀物松动掉下，从而使螺栓容易拆卸。若用上述办法都不行，只有破坏螺栓，把螺栓切掉或钻掉，在装配时更换新的螺栓。新的螺栓必须与原使用的螺栓规格一致，高转速设备联轴器新更换的螺栓还必须称重，使新螺栓与同一组法兰上的联接螺栓重量一样。

4）在拆卸联轴器的过程中，较难的工作是从轴上拆下轮毂。对于键联接的轮毂，一般用三爪顶拔器或四爪顶拔器进行拆卸。选用的顶拔器应该与轮毂的外形尺寸相匹配，顶拔器各爪的直角挂钩与轮毂后侧面的结合要合适，在用力时才不会产生滑脱现象。这种方法仅用于过盈较小的轮毂的拆卸。对于过盈较大的轮毂，可采用加热法，或者同时配合液压千斤顶

进行拆卸。

5）拆卸后，对联轴器的全部零件进行清洗、清理及质量评定，是联轴器拆卸后的一项极为重要的工作。用柴油把零部件清洗干净，清洗后的零部件用压缩空气吹干。在短时间内投入使用的联轴器，应在干燥后的零部件表面涂些汽轮机油或机油，防止生锈。对于需要过较长时间才使用的联轴器，应涂以防锈油保养。对零部件进行质量评定是指每个零部件在运转后，将其尺寸、形状和材料性质的现有状况与零部件设计确定的质量标准进行比较，判定哪些零部件能继续使用，哪些零部件应修复后使用，哪些属于应该报废更新的零部件。

2. 联轴器的装配

在联轴器装配中，首先要根据图样要求，了解轮毂在轴上的装配关系、联轴器所连接两轴的对中要求等，并且在安装前先对零部件进行检查，然后才开始进行联轴器的装配。联轴器的结构形式很多，使用的场合也不一样，但联轴器的正确安装能改善设备的运行情况，减少设备的振动，延长联轴器的使用寿命。对于不同结构形式的联轴器，具体的装配要求、方法都不一样，其安装的要点如下：

1）测量两被连接轴的中心线到各自安装平面间的距离，以便后面的组件选取。

2）将两个半联轴器通过键分别安装在对应的轴上。

3）将其中一轴所装的组件（可选取大而重、中心线距离安装基准较远的，一般选取主机）先固定在基准平面上。

4）通过调整垫铁使两半联轴器的中心线高低保持一致，必须检测其精度，以达到规定要求，检测的方法在活动2中将阐述。

5）以固定的轴组件为基准，利用刀口形直尺或塞尺找正另一被连接的半联轴器，使两个半联轴器在水平面上中心一致，必要时也可用百分表进行找正。

6）均匀连接两个半联轴器，依次均匀地旋紧联接螺钉。

7）检查两个半联轴器的连接平面是否有间隙，可用塞尺对四周进行检查，要求塞尺不能塞进接合面中。

8）逐步均匀旋紧轴组件安装螺钉，并同时检查两轴的松紧是否一致，不能出现卡滞现象，否则需重新调整。

3. 装配联轴器时应注意的事项

1）装配刚性联轴器时，对两轴的同轴度要求严格；挠性联轴器的同轴度虽然没有刚性联轴器要求高，但也必须达到所规定的技术要求。

2）对于无弹性元件的挠性联轴器，在装配完后应检查联轴器的刚性可移件能否进行少量的移动，有无卡涩的现象。例如，滑块联轴器的中间圆盘（图5-22中的件2）在安装后应能在两个半联轴器（图5-22中的件1、4）之间自由滑动。

3）对有弹性元件的挠性联轴器，两个半联轴器的柱销插入孔及柱销固定孔应均匀分布，同轴度符合要求，以保证起动后各柱销的受力均匀。

4）对于应用在高速旋转机械上的联轴器，一般在制造厂都做过动平衡试验，试验合格后画上各部件之间互相配合方位的标记。在装配时必须按制造厂给定的标记进行组装。如果是运行的联轴器，拆前应做好标记。如果没有标记任意组装，很可能由于联轴器的动不平而引起机组振动。

5）高速联轴器法兰盘上的联接螺栓是经过称重的，使每一联轴器上的联接螺栓重量基本一致。如大型离心式压缩机上用的齿式联轴器，其所用的联接螺栓重量相差小于 0.05g，因此各联轴器之间的螺栓不能任意互换。如果要更换联轴器联接螺栓中的某一个，必须使它的重量与原有的联接螺栓一致。此外，在拧紧联轴器的联接螺栓时，应对称、逐步拧紧，使每一联接螺栓上的锁紧力基本一致，不至于因为各螺栓受力不均而使联轴器在装配后产生歪斜现象，有条件的可采用力矩扳手拧紧。

6）各种联轴器在装配后，均应盘车，看看转动情况是否良好。

4. 联轴器的检查和维护保养方法

（1）联轴器的检查 联轴器的作用是连接两轴并传递转动和转矩，因此在工作一段时间后应及时检查下列内容。

1）检查联轴器本体有无裂纹。

2）检查联轴器连接是否紧固、牢靠。

3）检查联轴器的键联接是否松动、滚键。

4）检查联轴器转动时是否有径向圆跳动和轴向圆跳动。

5）检查联轴器润滑状况是否良好。

6）检查联轴器齿轮的完整状况、磨损状况及内、外齿轮的啮合状况。

（2）联轴器的维护保养方法 联轴器的种类和连接方式及转速不同，其维护保养方法也不同，一般常用的维护方法如下：

1）滑块联轴器。滑块联轴器可用润滑脂或齿轮油润滑。当最高圆周速度约为 30m/s 时，可用 2 号润滑脂润滑，中间滑块的空隙装满润滑脂，换润滑脂周期为 1000h，适合采用球轴承脂；也可用 N220 齿轮油润滑，中间滑块的空隙装满润滑油，换润滑油周期为 1000h，有时采用浸满油的毛毡垫润滑。

2）齿式联轴器。齿式联轴器可用润滑脂或齿轮油润滑。当最高圆周速度约为 60m/s 时，可用 0 号或 1 号润滑脂润滑，用量应装满联轴器，换润滑脂周期为 6~12 个月，要求润滑脂粘着性要好，但对密封要求不严；也可用 N150、N220 号齿轮油润滑，用量应装联轴器容量的一半，使静止时不漏油，换油周期为 12 个月，对密封要求不严。

当齿式联轴器最高圆周速度约为 150m/s 时，用 N150、N220 齿轮油润滑，要求有足够的流量，且沿轴向连续地通过联轴器。

3）牙嵌联轴器。当牙嵌联轴器最高圆周速度约为 150m/s 时，可用 N150、N220 齿轮油润滑，要求有足够的流量，并沿轴向连续地通过联轴器。

4）弹簧片式联轴器。当弹簧片式联轴器最高圆周速度约为 30m/s 时，可用 1 号润滑脂润滑，用量为装满联轴器，换润滑脂周期为 1000h，对密封要求不严。

5）盘式弹簧联轴器。当盘式弹簧联轴器最高圆周速度约为 60m/s 时，可用 2 号或 3 号润滑脂润滑，用量为装满联轴器，换润滑脂周期为 12 个月，对密封要求不严；当最高圆周速度约为 150m/s 时，可用 N150、N220 齿轮油润滑，要求有足够的流量，且沿轴向连续地通过联轴器。

任务实施

一、活动内容

本活动要求如下：

1）分组拆装联轴器。

2）检测联轴器两轴不对中的情况，并且进行调整。

3）分组讨论拆装联轴器的技巧。

活动1：联轴器的拆卸和装配

1. 在机械实验室分组对各种联轴器进行拆卸

通常由于设备故障或联轴器自身需要维修时，就把联轴器拆卸成零部件，拆卸的程度一般根据检修要求而定，有的只是要求把连接的两轴脱开，有的不仅要把联轴器全部分解，还要把轮毂从轴上取下来。

本活动要求把各种联轴器全部拆卸下来并分析它们的工作原理，然后做一次维护保养。

2. 对联轴器进行装配

按各种联轴器类型的技术要求进行装配联轴器。

活动2：检测联轴器装配精度

1. 联轴器装配后进行检测的原因

由于两轴存在装配误差，必然出现两轴线不同轴的情况，轴系旋转时就会出现因两轴不对中而产生的强烈振动，加剧支承轴承的磨损。联轴器装配的关键问题是要保证两转轴的同轴度误差，因此联轴器装配后必须检测合格后才能使用。联轴器装配精度的检测主要就是检测两轴的同轴度。

不同形式的联轴器，同轴度的允许误差值也不相同。对于一般机械设备上所使用的联轴器，装配对中的要求见表5-3。

表5-3　联轴器装配对中允许误差值　　　　　　　（单位：mm）

联轴器的连接类型	允许误差	
	径向圆跳动	轴向圆跳动
	最大值 a	最大值 b
挠性与挠性	0.06	0.05
刚性与挠性	0.05	0.04
刚性与刚性	0.04	0.03
齿轮式	0.10	0.05
弹簧式	0.08	0.06

1. 同时旋转两半联轴器
2. 两根转轴不产生轴向窜动

2. 用百分表检测（百分表检测法）

在装配联轴器时，可以做一个简单的工装，用百分表进行检测，如图5-28所示。检测时，可按以下步骤进行。

1）用螺栓将测量工具架固定在主机轴（已经先固定在基准平面上的轴组）的半联轴器上。

2）在未连接成一体的两半联轴器外圈，沿轴向划一直线，做上记号。

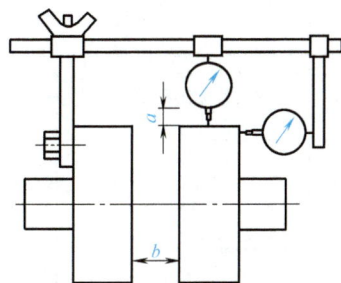

图5-28　百分表检测法

3）用径向百分表和轴向百分表分别对好位置，径向百分表对准另一半联轴器外圆记号处，轴向百分表对准其侧面记号处。

4）使两半联轴器记号处于垂直或水平位置，将其作为零位。

5）依次同时转动两转轴，使其回转0°、90°、180°、270°，并始终保证两半联轴器记号对准，分别记下两百分表在相应四个位置上指针相对零位的变化值，即为径向圆跳动量a_1、a_2、a_3、a_4和轴向圆跳动量b_1、b_2、b_3、b_4。

6）根据这些值的情况就可判断两轴的不对中情况，进行两轴相对位置的调整，直至满足要求。

测量数据是否准确，可以用$a_1+a_3=a_2+a_4$、$b_1+b_3=b_2+b_4$等式是否成立来进行判定。若等式两边的差值大于0.02mm，则说明测量工具安装的紧固性、工具架的刚性或者百分表出现了问题，应查找原因，排除故障后再进行测量。

在实际测量中，因位置所限，数值a_3、b_3无法直接测量时，可用下式求得

$$a_3=(a_2+a_4)-a_1 ; b_3=(b_2+b_4)-b_1$$

3. 塞尺测量法

对于机器转速较低、对中要求不高的联轴器的安装测量，可用塞尺测量法。其检测方法为：用直角尺和塞尺测量联轴器外圆的径向偏差，然后用塞尺测量两半联轴器端面间的轴向间隙偏差，如图5-29所示。其测量位置与百分表测量法相同，但要掌握好塞尺塞入的松紧程度。这种方法操作简单，但精度不高，误差较大。

安装联轴器时，两轴绝对准确的对中是难以达到的。因此，在设计时规定两轴中心线有一个允许误差值。从装配角度讲，只要能保证联轴器安全可靠地传递转矩，两轴中心允许的误差值越大，安装时越容易达到要求。

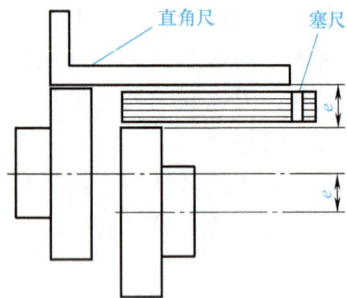

图5-29 塞尺测量法

但是从安装质量角度讲，两轴中心线误差越小，对中越精确，机器的运转情况就越好，使用寿命就越长。所以，不能把联轴器安装时两轴对中的允许误差看成是安装者草率施工所留的余量，一定要保证安装质量。

二、考核评价

根据活动内容填写考核评价表，见表5-4。

表5-4 考核评价表

序号	考核项目	考核内容要求	配分	学生自检	学生互检	教师检测	得分
1	职业素养	文明、礼仪	5				
2		安全、纪律	10				
3		行为习惯	5				
4		工作态度	5				
5		团队合作	5				

（续）

序号	考核项目	考核内容要求	配分	学生自检	学生互检	教师检测	得分
6	工作计划能力	能正确、合理地制订拆装工作计划	10				
7	基本操作能力	能正确选用常用拆装工具,并正确使用	10				
8	拆卸和装配及维护保养能力	能按规定顺序拆卸联轴器	5				
		对拆下的零件进行清洗并妥善保管	5				
		对拆下的零件和螺栓能做好标记并按次序摆放	5				
		能正确装配联轴器	5				
		能正确对万向联轴器进行维护保养	10				
9	联轴器的装配精度检测能力	能正确用百分表检测法进行检测	10				
		能正确用塞尺测量法进行检测	10				
	综合评价						

知识拓展

一、认识离合器

能在旋转中的两轴之间很迅速地接合或分离的传动装置称为离合器。对离合器的基本要求有：工作可靠，接合与分离迅速平稳，动作准确，操作方便、省力，维修方便，结构简单等。常用的离合器有牙嵌离合器、摩擦离合器和安全离合器三种。

1. 牙嵌离合器

图5-30所示为牙嵌离合器的典型结构。它由端面带牙的两半离合器所组成，其中一个用平键和主动轴相联接，另一个用导向平键或花键与从动轴相联接，并通过操纵系统拨动滑环，使其做轴向移动，从而使离合器分离或结合。为保证两轴线的对中，在与主轴连接的半离合器中固定有对中环。牙嵌离合器的牙型有矩形、梯形和锯齿形等。

2. 摩擦离合器

摩擦离合器是靠工作面上所产生的摩擦力矩来传递转矩的。按结构形式不同，可将摩擦离合器分为圆盘式、圆锥式和多圆盘（又称多片式）摩擦离合器（CA6140型车床就用双向多片式摩擦离合器）等。圆盘式摩擦离合器又可分为单盘式和多盘式两种。

1）单圆盘摩擦离合器如图5-31所示。工作时，操纵滑环将摩擦盘与摩擦盘压紧，实现接合，主动轴上的转矩便通过两摩擦盘接触面传到从动轴上。单圆盘摩擦离合器结构简单，散热性好，但传递的转矩不大。

2）多圆盘摩擦离合器如图5-32所示，其中一组外摩擦盘用花键与外套筒相联接，一组内摩擦盘用花键与内套筒相联接。当滑环向左移动时，拨动曲臂压杆逆时针方向转动，将内、外摩擦盘压紧，从而使离合器实现接合。

3. 安全离合器

安全离合器与安全联轴器的功用类似，用于机器过载时使机器自动脱开，以保护机器重要零件不因过载而损坏（可参阅图2-21）。它与安全联轴器的主要区别在于，当机器所受载荷恢复正常后，前者自动接合，继续进行动力的传递，而后者则无法自动接合，须重新更换剪切销。常用的安全离合器有牙嵌安全离合器和滚珠安全离合器。

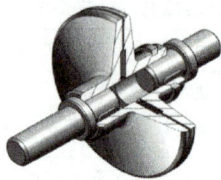

图 5-30　牙嵌离合器　　　　图 5-31　单圆盘摩擦离合器　　　　图 5-32　多圆盘摩擦离合器

二、认识制动器

制动器是利用摩擦力矩来实现制动的。如果把摩擦离合器的从动部分固定起来，就构成了一个制动器，接合时起制动作用。

制动器应满足的基本要求是：能产生足够大的制动力矩，制动平稳、可靠，操纵灵活、方便，散热好，体积小，有较好的耐磨性等。

常用的制动器有锥形制动器、带状制动器、电磁制动器和盘式制动器。

1. 锥形制动器

图 5-33 所示为锥形制动器。外锥体固定在箱体壁上，内锥体用导向平键或花键与轴相联接。在操纵手柄放在停止位置时把内锥体向右推，正在空转的内锥体就与固定的外锥体贴紧，从而使内锥体和轴立即停止转动。电动葫芦的制动装置采用的就是锥形制动器。

2. 带状制动器

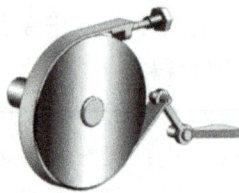

图 5-34 所示为带状制动器。其摩擦轮固定在轴上，在摩擦轮的外圆上包有一根钢带（钢带下面衬一层橡胶带）。当开关或操纵手柄放在停车位置时，使杠杆的上端向上，钢带就包紧摩擦轮，摩擦轮立即停止转动。CA6140 型车床就采用带状制动器进行主轴制动。

图 5-33　锥形制动器　　　　　　　　　图 5-34　带状制动器

3. 电磁制动器

这种制动器由位于制动轮两旁的两个制动臂和两个制动块组成，如图 5-35 所示，主弹簧通过制动臂及制动块使制动轮经常处于制动状态。当松闸器通入电流时，利用电磁作用把推杆推出，通过推杆使制动器放松。吊车吊钩的制动轮采用的就是电磁制动器。

4. 盘式制动器

图 5-36 所示为盘式制动器。盘式制动器沿制动盘轴向施力，制动轴不承受弯矩，径向尺寸小，制动性能稳定。常用的盘式制动器为点盘式制动器，如轿车的盘式制动器。

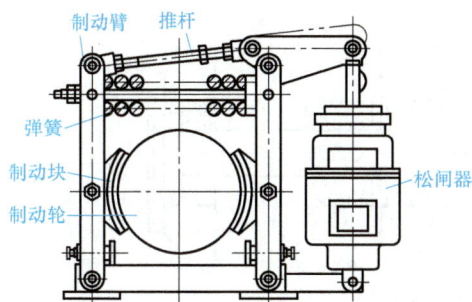

图 5-35　电磁制动器

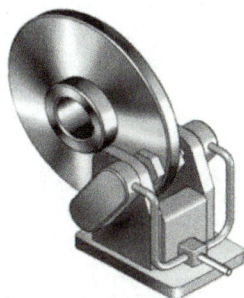

图 5-36　盘式制动器

任务四　轴系零部件的拆装与维护

任务描述

在项目二中，当打开 CA6140 型车床的主轴箱盖时，可以看到如图 5-37 所示的很多齿轮，这些齿轮都装在轴上。通过盘车，可以发现运动和动力的传递是由于齿轮间的相互啮合作用，通过轮系传动把车床主轴的运动传给工件，主轴转动并输出转动和转矩，进行工件的加工。本任务就是通过拆卸车床主轴和轴上零件，观察主轴的结构形状，了解其各部分名称及轴上零件的正确定位方法，并掌握维护技能。

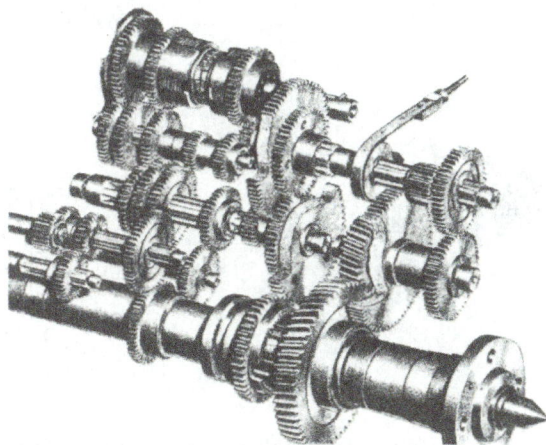

图 5-37　CA6140 型车床主轴箱内的机械结构

知识链接

一、轴的功能和类型

1. 轴的功能

机械在转动和转矩的任何传递过程中，均离不开轴。由此可见，轴不仅要支承联轴器、带轮、齿轮等轴上零件，还要传递转动和转矩，所以轴一般都要有足够的强度、合理的结构和良好的工艺性。

2. 轴的类型

根据轴线形状的不同，轴分为直轴（车床各传动装置的轴，见图 5-38）、曲轴（活塞式压缩机的主轴，见图 5-39）和软轴（牙科医生用于修磨牙齿的钢丝软轴，见图 5-40）三类。其中直轴又可分为光轴（图 5-38a）与阶梯轴（图 5-38b）。

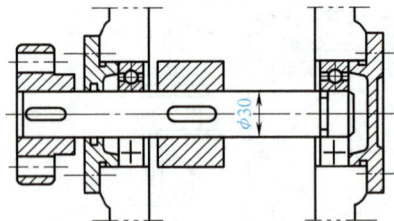

a) 光轴及轴上零件的装配方式

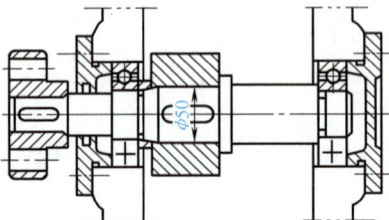

b) 阶梯轴及轴上零件的装配方式

图 5-38　光轴与阶梯轴

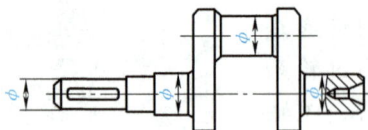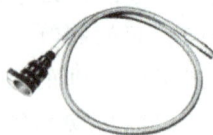

图 5-39　曲轴　　　　　　　　　　　　　　　　　图 5-40　软轴

　　图 5-38a 所示为直径没有变化的光轴，其结构简单，加工容易，但不利于轴上零件的轴向定位。图 5-38b 所示为直径有变化的阶梯轴，与光轴相比虽然结构较为复杂，但其不仅能对轴上零件进向轴向定位，而且还便于轴上零件的安装和拆卸。另外，在阶梯轴直径的选择上，可以考虑在应力大的位置处选择大直径，应力小的位置选择小直径，使轴符合等强度原则，从而节约材料，减轻质量。因此，在一般机械中，应用最多的是阶梯轴。

二、阶梯轴的组成和结构

　　为了便于安装和拆卸，以及承载的需要，大多数阶梯轴采用中间大、两端小的结构形式，如图 5-41 所示。

1. 阶梯轴的组成

　　阶梯轴主要由轴头、轴颈和轴身组成，如图 5-41 所示。

　　（1）轴头　与齿轮、联轴器等传动零件配合的轴段为轴头，如图 5-41 中的②、⑤段。

　　（2）轴颈　与轴承配合的轴段为轴颈，如图 5-41 中的①、③段。

　　（3）轴身　连接轴头与轴颈的轴段为轴身，如图 5-41 中的④段。

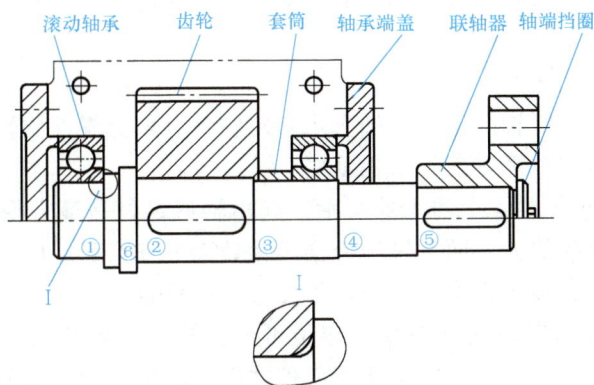

图 5-41　阶梯轴的结构形状

2. 阶梯轴的结构

（1）轴肩　轴直径变化所形成的台阶为轴肩，如图 5-41 中的 I 处。轴肩又分为定位轴肩和非定位轴肩。

（2）轴环　两轴肩之间距离很小，且呈环状的轴段为轴环，如图 5-41 中的⑥段。轴环一般用于轴向定位。

（3）过渡圆角　在轴截面尺寸发生急剧变化的位置，设置有过渡圆角，如图 5-41 中放大图 I 所示。过渡圆角可减缓轴截面尺寸的变化，降低应力集中，提高轴的疲劳强度。

（4）倒角　为了便于装配零件并去飞边，轴端制出 45°的倒角，如图 5-41 中轴的两端。

（5）中心孔　轴的两端常设有中心孔，以保证加工时各轴段的同轴度和尺寸精度。

（6）退刀槽　在车制螺纹的轴段上应有螺纹退刀槽，以便于加工，如图 5-42 所示。一般螺纹退刀槽的宽度 $b \geq P$（P 为螺距）。

（7）砂轮越程槽　在磨削的轴段应留出砂轮越程槽，以便于加工，如图 5-43 所示。砂轮越程槽的宽度 $b = 2 \sim 4mm$，深度 $a = 0.5 \sim 1mm$。

（8）装配锥度　有较大过盈配合处的压入端，应采用锥形结构，以使零件能顺利地压入，如图 5-44 所示。

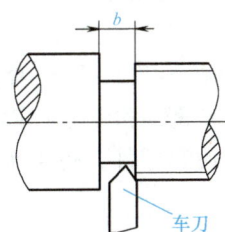

图 5-42　螺纹退刀槽

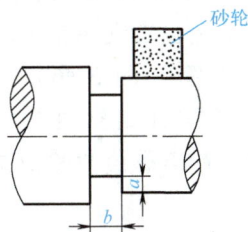

图 5-43　砂轮越程槽

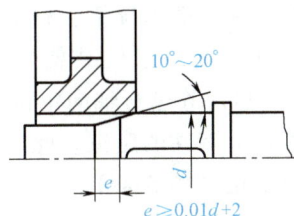

图 5-44　装配锥度

轴上直径相近处的圆角、倒角、键槽、退刀槽、砂轮越程槽等尺寸应尽可能一致。当轴上开有多个键槽时，应布置在同一素线上，以减少刀具规格和换刀次数，便于加工。

三、轴上零件的定位

为确保轴能支承轴上零件，并传递转动和转矩，且能正常地工作，轴上零件相对轴沿轴线方向不能有相对移动，沿圆周方向不能有相对转动。因此，轴上零件沿轴向和周向要有对应的定位结构。

1. 轴上零件的轴向定位

轴向定位的目的是限制轴上零件与轴发生相对移动。轴上零件的轴向定位是以轴肩、套筒、圆螺母、轴端挡圈和轴承端盖等来保证的。

（1）轴肩定位 如图5-41中的I处所示，利用轴肩定位是最方便可靠的方法，但采用轴肩就必然会使轴的直径加大，而且轴肩处会因为截面突变而引起应力集中。另外，轴肩过多也不利于加工。因此，轴肩定位多用于进给力较大的场合。

（2）套筒定位 套筒定位结构简单，定位可靠，轴上不需开槽、钻孔和车制螺纹，因而不影响轴的疲劳强度，一般用于轴上两个零件之间的定位。如两零件的间距较大时，不宜采用套筒定位，以免增大套筒的质量及材料用量。因套筒与轴的配合较松，如轴的转速很高时，也不宜采用套筒定位。

（3）圆螺母定位 圆螺母定位可承受大的进给力，但轴上螺母处有较大的应力集中，会降低轴的疲劳强度，故一般用于固定轴端的零件。圆螺母定位有双圆螺母定位（图5-45a）和圆螺母与止动垫片定位（图5-45b）两种形式。当轴上两零件间距离较大，不宜采用套筒定位时，常采用圆螺母定位。

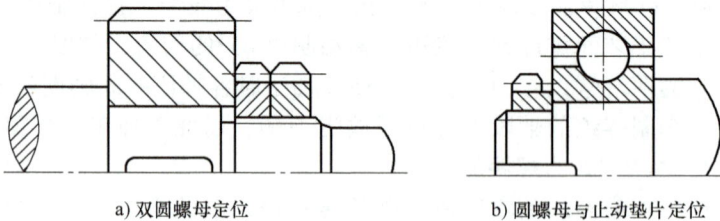

a) 双圆螺母定位　　　　　　　　　b) 圆螺母与止动垫片定位

图 5-45　圆螺母定位

（4）轴端挡圈定位 它适用于固定轴端零件，可以承受较大的进给力。

（5）轴承端盖定位 轴承端盖用螺钉或榫槽与箱体联接而使滚动轴承的外圈得以轴向定位。在一般情况下，整个轴的轴向定位也常利用轴承端盖来实现。

（6）其他定位结构 利用弹性挡圈（图5-46）、紧定螺钉（图5-47）及锁紧挡圈（图5-48）等进行轴向定位，只适用于零件上进给力不大的定位。紧定螺钉和锁紧挡圈常用于光轴上零件的定位。此外，对于承受冲击载荷和同轴度要求较高的轴端零件，也可采用圆锥面定位（图5-49）。

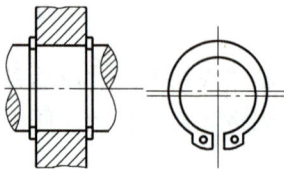

图 5-46　弹性挡圈定位

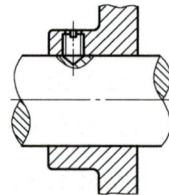

图 5-47　紧定螺钉定位

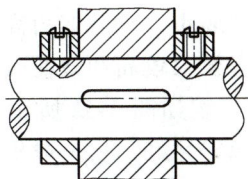

图 5-48 锁紧挡圈定位

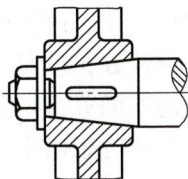

图 5-49 圆锥面定位

2. 轴上零件的周向定位

周向定位的目的是限制轴上零件与轴发生相对转动，并传递转动和转矩。轴上零件与轴的周向定位所形成的连接称为轴毂连接。常用的周向定位一般采用平键、花键、销及过盈配合等轴毂连接方法。

（1）平键联接 图 5-50 所示为平键联接，它依靠键侧面的挤压来传递转矩，键的上表面和轮毂键槽间留有间隙。平键联接结构简单、装拆方便、对中性良好，用于传动精度要求较高的场合。平键主要有两端部圆头（A 型）、平头（B 型）和单圆头（C 型，一端为圆头，另一端为平头）三种形式。A 型键定位好，应用广泛；C 型键用于轴端。A、C 型键的轴上键槽用立铣刀切制，端部的应力集中较大；B 型键的轴上键槽用盘铣刀铣出，轴的应力集中较小，但对尺寸较大的键，要用紧定螺钉压紧，以防松动。图 5-50 中 L 为键的长度，l 为键的工作面长度。

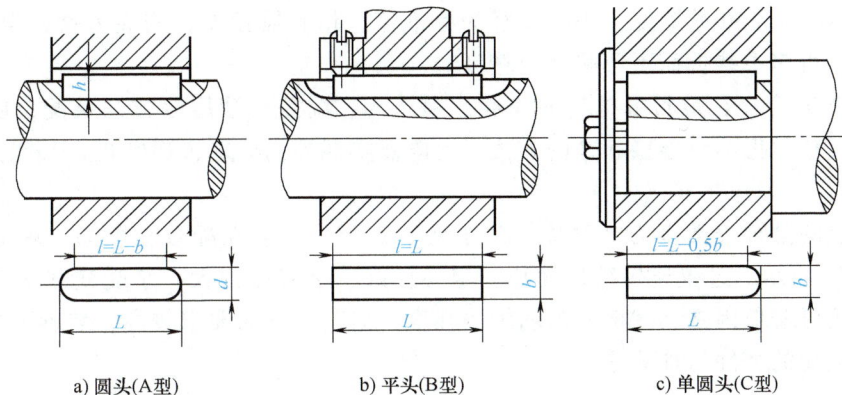

a) 圆头(A型)   b) 平头(B型)   c) 单圆头(C型)

图 5-50 平键联接的类型

（2）花键联接 图 5-51 所示为花键联接，由周向均匀分布的多个键齿的外花键和具有

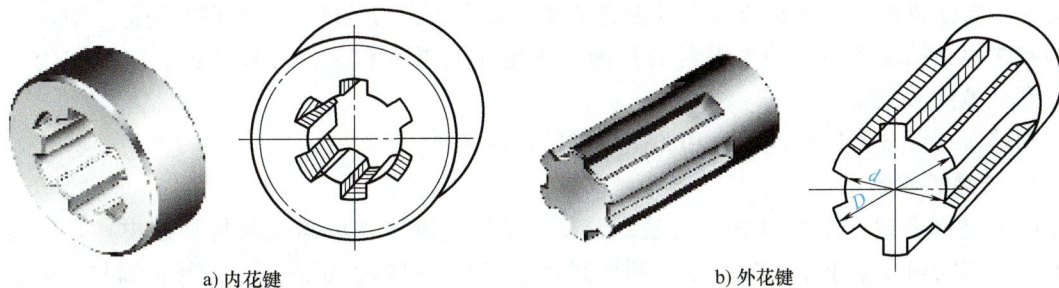

a) 内花键   b) 外花键

图 5-51 花键联接

同样数目键齿的内花键组成，工作时靠键齿的侧面互相挤压传递转矩。花键的键齿数多、键槽较浅，且与轴成一体，故受力均匀，对轴和轮毂的强度削弱小，承载能力高，轴上零件与轴的对中性、导向性好，但制造成本较高，适用于定心精度要求较高和载荷较大的场合。

花键按齿形的不同分为矩形花键和渐开线花键。矩形花键如图5-52所示。其齿廓为直线，廓形简单，联接时采用小径定心，定心精度高，定心稳定性好，在一般机械传动装置中应用广泛。渐开线花键的齿廓为渐开线，受载时齿上有背向力，能起自动定心作用，使各齿受力均匀，强度高。其加工工艺与齿轮相同，易获得较高的精度和互换性，常用于传递载荷较大、轴径较大、大批量生产的场合。

（3）销联接　图5-53所示为销联接，是用于轴毂间或其他零件间的联接。销联接既可用于轴向定位，也可用于周向定位，并能传递较小的载荷。

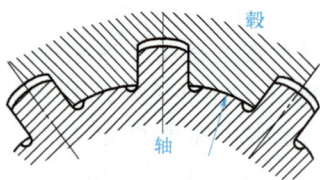

图5-52　矩形花键

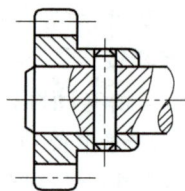

图5-53　销联接

按形状不同，销可分为圆柱销、圆锥销、异形销（主要起防松作用，不用于传递动力）三类。圆柱销靠过盈与销孔配合，销孔需铰制，多次装拆后会降低定位精度和联接的紧固性。圆锥销具有1∶50的锥度，小头直径为标准值，销孔需铰制，安装方便，自锁性能好，定位精度高，可多次装拆而不影响定位精度。

（4）过盈配合　它是利用材料的弹性，用压入、温差或液压等方法装配，使轴和毂之间相互压紧，从而把两者连接起来的方法。它既能实现周向固定传递转矩，又能实现轴向固定传递进给力。

过盈连接的配合表面多为圆柱面，为了便于装配，一般在配合轴段的一端制成锥形结构，如图5-44所示。过盈连接结构简单、定心性好、承载能力大，承受变载荷和冲击载荷的能力好，还可避免因铣制键槽而削弱轴的强度，但其配合面要求较高，装拆不方便，主要用于受冲击载荷的零件与轴的连接。

四、轴端密封

机器的输入轴或输出轴需要伸出机壳外面，与其他机器的轴相连接，传递转动和转矩。因此，若要使机器的输入轴或输出轴能自如地运转，机壳与轴间一定要存在间隙，对这一间隙的密封称为轴端密封。轴端密封的目的在于阻止润滑剂和工作介质泄漏，防止灰尘、杂物、水分等侵入机器。

轴端密封可分为接触式密封和非接触式密封两大类。

1. 接触式密封

（1）毡圈密封　图5-54所示为毡圈密封，是将毡圈装在轴承盖的梯形槽中，并一起套在轴上，毡圈内径略小于轴的直径，利用其弹性变形后对轴表面的压力，封住轴与轴承盖间的间隙。装配前，毡圈应先放在黏度稍高的油中浸渍饱和。毡圈密封结构简单，易于更换，成本较低，但摩擦较大，易吸潮而腐蚀轴颈，主要用于脂润滑轴承的密封。

（2）唇形密封圈密封　图 5-55a 所示为唇形密封圈密封。唇形密封圈一般由橡胶圈、金属骨架和弹簧圈三部分组成。它依靠唇部自身的弹性和弹簧的压力压紧在轴上实现密封。唇口对着轴承，安装时主要用于防止漏油，如图 5-55b 所示。唇口反向安装两个密封圈时既可以防止漏油又可以防尘，如图 5-55c 所示。唇形密封圈密封效果好，易装拆，主要用于轴线速度 $v<20\text{m/s}$、工作温度 $<100℃$ 的油润滑的密封。

图 5-54　毡圈密封

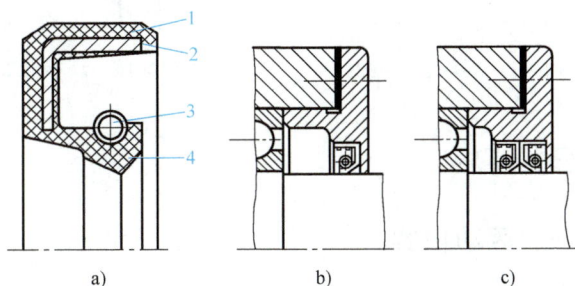

图 5-55　唇形密封圈密封

1—橡胶圈　2—金属骨架　3—弹簧圈　4—唇部

（3）机械密封　机械密封又称为端面密封，如图 5-56 所示，动环固定在轴上，随轴转动，静环固定于机座端盖上。在弹簧压力作用下，动环与静环的端面紧密贴合，构成良好的密封。

机器运转时，需要不断地用润滑油冷却、润滑密封面，使其在相对旋转的摩擦面间形成油膜，以提高其密封能力。同时，在动环与轴间有动环密封圈，在静环与机座端盖间有静环密封圈辅助密封，加强密封效果。动、静环应采用摩擦因数小的耐磨材料，且一软一硬，以减少磨损。一般动环要求强度好、不易变形，常用铸铁、硬质合金等硬材料制作；而静环往往用浸渍树脂或石墨制造，具有较好的自润滑性能。动、静环的密封面若有磨损，在弹簧的作用下仍能保持密合，有自动补偿作用，密封性能可靠。

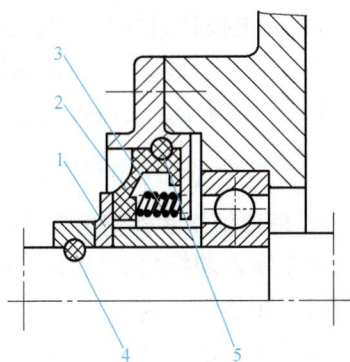

图 5-56　机械密封

1—动环　2—静环　3—弹簧
4—动环密封圈　5—静环密封圈

机械密封具有密封性好、摩擦损失小、对轴不磨损、工作寿命长和使用范围广等优点，可用于高速、高压、高温、低温或强腐蚀条件下的转轴的密封。

2. 非接触式密封

（1）缝隙沟槽密封　其结构如图 5-57 所示，间隙 $\delta=0.1\sim0.3\text{mm}$。为了提高密封效果，常在轴承盖孔内车出几个环形槽，并充满润滑脂。它适用于干燥、清洁环境中脂润滑轴承的外密封。

（2）迷宫式密封　在轴承盖与轴套之间形成曲折的缝隙，构成"迷宫"，在缝隙中充填润滑脂，形成迷宫式密封，如图 5-58 所示。这种密封无论是对油润滑还是对脂润滑都十分可靠，且转速越高密封效果越好。

在必要的场合，为提高密封效果，也可考虑采用组合密封方式，如图 5-59 所示，这种方式在迷宫式密封的基础上组合了毡圈密封。

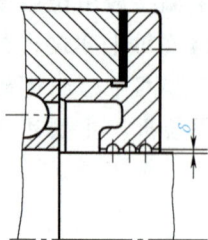

图 5-57 缝隙沟槽密封　　　　图 5-58 迷宫式密封　　　　图 5-59 组合密封

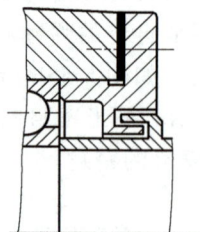

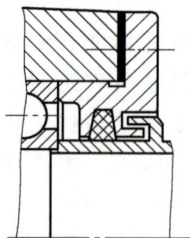

任务实施

一、活动内容

轴上零件的定位

本活动要求如下：

1）教师分析、讲解轴系零件拆装的注意事项。

2）分组制订拆装车床主轴箱中的主轴和轴上零件的计划。

3）分组按计划拆装车床主轴箱中的主轴和轴上零件。

4）装配主轴轴承后径向圆跳动误差的检测。

5）分组讨论、交流拆装经验，教师点评。

活动1：轴系零件的拆装

1. 根据轴系零件情况制订拆卸和装配计划

轴系零件的拆装要以恰当的方式进行。首先，应分析轴上零件所处的位置，按一定顺序进行拆卸或装配；其次，要分析其传动原理，掌握各个零部件的结构特点和装配关系。

现以图 5-60 所示的某轴系零件组件的拆装为例进行说明。

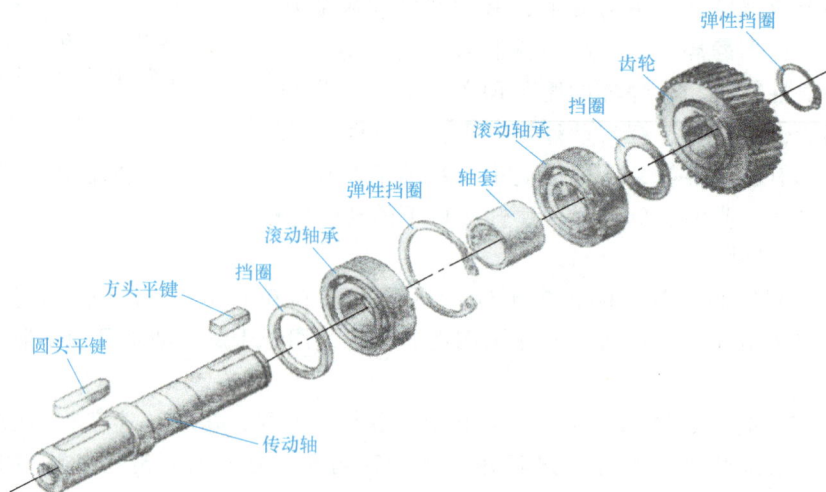

图 5-60 轴系零件组件

由图 5-60 分析可知，阶梯轴的右边（左边不讨论）是装配有挡圈、齿轮、轴承和轴套等零件的轴系组件，拆卸顺序为

弹性挡圈→齿轮→挡圈→滚动轴承→轴套→弹性挡圈→滚动轴承→挡圈。

根据先拆后装的原则，其装配顺序为

挡圈→滚动轴承→弹性挡圈→轴套→滚动轴承→挡圈→齿轮→弹性挡圈。

由于轴系零件结构各不相同，其拆装过程也不一样，在此主要介绍轴系零件拆装工作中需要注意的一些问题。

（1）轴系零件拆卸的注意事项

1）在拆卸前，需先了解轴的阶梯方向，确定轴上零件的拆出方向。

2）了解轴上零件的定位是否使用了定位销、弹簧卡圈、锁紧螺母和锁紧螺钉，若有使用要先行将其拆除。

3）在拆卸轴孔装配件时，要根据图样的装配关系确定拆卸的用力程度，如果出现异常情况，应查找原因，防止在拆卸中将零件碰伤、拉毛、甚至损坏。热装零件要通过加热来拆卸，如热装轴承可用热油加热轴承内圈进行拆卸。一般情况下，在拆卸过程中不允许进行破坏性拆卸。

4）要坚持拆卸服务于装配的原则。拆卸中必须对拆卸过程进行必要的记录，以便安装时按照先拆后装的原则进行装配。在拆卸中为防止搞乱关键件的装配关系和配合位置，避免重新装配时降低精度，应该在装配件上做好明显标记，如齿轮的位置不能对换，否则会影响与另一齿轮的啮合。拆卸出来的轴类零件应该悬挂起来，防止其弯曲变形。

（2）轴系零件的装配注意事项

1）装配零件要干净，即在装配过程中要保持零件干净，凡是装配面一般都要用手在整个面上进行触抹，防止棉绒毛、铁屑、砂土等脏物进入装配面内，影响装配质量。

2）装配必须按程序进行，后拆卸的零件要先装配，按先拆后装的原则。

3）按配合关系安装轴孔装配件，间隙配合一般应具有较小的允许间隙，使零件间滑动灵活。过盈配合根据零件的配合性质，可选择压力机压入装配、温差法装配，过盈量较小的小直径零件，也可用锤子借助铜棒或衬垫敲击压入件，进行装配。

4）平键联接中，一般要求键在轴槽中固定，在轮毂中滑动。

2. 拆卸轴系零件

在机械实训室或实习车间拆卸车床主轴轴系零件，如图 5-61 所示。

拆卸时一定要注意安全，严格按拆卸要求进行拆卸，拆卸后的零件必须进行清洗和检查，并且按顺序摆放各个零件，轴零件必须垂直吊放，以防止变形。

3. 装配轴系零件

按图 5-61 所示，对清洗后和检查合格的零件（如有损坏的零件必须更换）进行装配，装配时必须严格按装配要求进行。

活动 2：主轴轴承装配后的径向圆跳动误差的检测

1）把检测用的心轴安装在主轴的锥形孔中。

2）按图 5-62 所示位置装好百分表，给百分表一定的压缩量并调整好零位。

3）按要求进行检测。

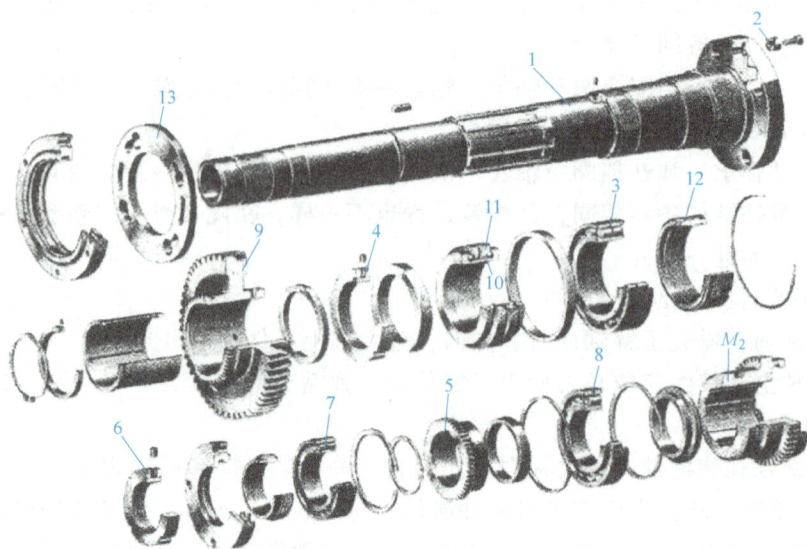

图 5-61　车床主轴轴系零件

1—主轴　2—垫圈　3、7、8—轴承　4、6—止推垫圈　5、9—齿轮

10、11—内、外滑套　12—轴套　13—锁紧底盘　M_2—滑动齿轮

检测时要先检测 a 点，让主轴以一定的转速旋转，观察百分表指针的摆动情况，百分表指针摆动的最大值与最小值之差，就是径向圆跳动误差。一般主轴轴承装配后的径向圆跳动需检测两个位置，即图 5-62 中的 a 点和 b 点位置，检测 a 点时要求最大径向圆跳动量不超过 0.01mm，检测 b 点时要求最大径向圆跳动量不超过 0.02mm。

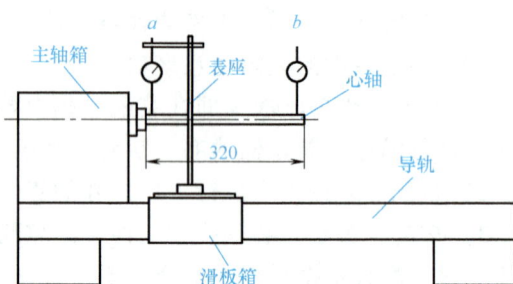

图 5-62　主轴轴承径向跳动检测示意图

二、考核评价

根据活动内容填写考核评价表，见表 5-5。

表 5-5　考核评价表

序号	考核项目	考核内容要求	配分	学生自检	学生互检	教师检测	得分
1	职业素养	文明、礼仪	5				
2		安全、纪律	10				
3		行为习惯	5				
4		工作态度	5				
5		团队合作	5				
6	工作计划能力	能正确、合理地制订拆装工作计划	10				
7	基本操作能力	能正确选用常用拆装工具并正确使用	10				

（续）

序号	考核项目	考核内容要求	配分	学生自检	学生互检	教师检测	得分
8	拆卸和装配能力	能按规定顺序拆卸轴系零件	10				
		对拆下的零件能妥善保管,并按次序摆放	5				
		对拆下的零件能做好标记,并按次序摆放	5				
		拆装工具和拆下的零件、螺钉能分开摆放,有次序、文明地进行操作	5				
		能正确装配轴系零件	10				
9	主轴轴承的装配精度检测能力	能正确使用百分表	5				
		能正确用百分表进行检测	10				
	综合评价						

项目六

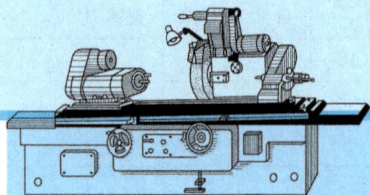

数控机床结构及维护

项 目 描 述

　　用计算机以数字指令方式控制机床动作的技术称为数字控制技术，简称数控（Numerical Control）并缩写为 NC。由于数控是与机床控制密切结合而发展起来的，因此人们通常所讲的"数控"就是指"机床数控"，用这种控制技术控制的机床就称为"数控机床"，如图 6-1 所示。人们习惯将"数控机床"称为"NC 机床"，甚至就叫"NC"。数控机床的用途很广，它的刀具运动是由计算机程序控制的，在工件一次安装后可自动完成一系列加工。今天数控机床已发展成为一种高度机电一体化的产品。数控机床在机械零件尤其是模具型芯、型腔的加工方面应用很广。本项目主要学习数控机床的工作原理和机械传动结构，并通过两个具体的拆装实训来掌握数控机床辅助装置的结构与维护技能，以及数控机床刀库的结构与维护技能。

图 6-1　数控机床

数控机床加工

学习目标

一、知识目标

1. 了解数控机床的工作范围、工作原理和分类及选用。
2. 掌握数控机床机械结构的特点。

二、技能目标

1. 能正确描述数控机床的工作范围和工作原理。
2. 会识别数控机床各部件的作用。

3. 会识读和分析各种数控机床的作用。

4. 掌握数控机床夹具的结构与维护技能。

5. 掌握数控机床刀库的结构与维护技能。

任务一　认识数控机床的工作过程

任务描述

数控机床的工作过程包括基于原理的工作过程和基于使用的加工过程。加工过程一般包括加工前的工艺准备、机床调整、程序调试、试切加工和正式加工等内容；基于原理的工作过程是指以数控装置为核心的数控机床如何协调完成数控加工任务的所有内容，包括数据的输入/输出、程序处理、位置控制、程序管理等。通过本任务的学习，将了解数控机床的工作原理、种类、一般操作方法及步骤。另外，通过实际操作数控机床，亲身体会从编程仿真到数控机床试切加工与普通机床加工的区别，更加牢固地掌握数控机床加工的工作原理。

知识链接

一、数控机床的组成和工作原理

1. 数控机床的组成

数控机床一般由信息输入、运算及控制、伺服驱动、机床、机电接口电路等部分组成。

（1）信息输入　信息输入是数控机床的输入通道，零件程序和各种参数、数据均通过输入设备送入计算机系统。输入方式以前有穿孔纸带、按键和 CRT 显示器（CRT/MDI）、磁盘、磁带、手摇脉冲发生器，现在则可以通过计算机软件直接输入。

（2）运算及控制　运算及控制是由中央处理单元（CPU）、存储器及总线构成的专用计算机来实现的。它接收输入的信息，完成插补计算和补偿计算，并且对伺服机构和控制系统中的其他各部分进行控制和协调，是整个数控机床的核心。数控机床的功能强弱主要由这一部分决定，其输出信号用以驱动伺服机构。

（3）伺服驱动　伺服驱动接收计算机运算处理结果信号，由驱动电路进行转换、放大，进而去驱动各坐标的伺服电动机，并且随时检测运动末端件的实际运行情况并进行反馈控制，它是数控机床的关键环节。

（4）机床　机床是由主运动部件、进给运动部件和其他相关的底座、立柱、滑鞍、工作台（刀架）等构成的总体，是数控机床的基础。数控机床与普通机床不同，它的每一个坐标都由单独的伺服电动机驱动，由计算机协调控制各个坐标轴之间的运动关系，而普通机床则是依靠一定的齿轮传动比建立各个轴的运动关系；数控机床主轴都靠电动机无级调速，普通机床则由异步电动机带动变速箱实现有级变速；数控机床的丝杠副、导轨副、蜗杆副都要求精密、无间隙、灵活轻快。

（5）机电接口电路　机电接口电路执行机床上的各种辅助交流电动机、电磁铁、离合器、电磁阀等的开、停、连锁、互锁，以及机床的急停、循环启动、进给保持、行程超限、报警、程序停止、复位、切削液泵起停、强电和弱电的相互转换动作。这一部分通常由可编程序控制器（Programmable Controller，PC）来完成。

被加工零件的信息由信息输入部分输送到计算机中，经过计算机的处理、运算，按各坐标轴的分量分别送给各轴的驱动电路，经转换放大去驱动伺服电动机，带动各轴运动，并通过反馈控制，使各轴精确地走到要求的点，如此继续下去，直至加工完零件的全部轮廓。

一般将信息输入、运算及控制、伺服驱动中的位置控制、PC可编程序控制以及相应的软件，合称为数控系统，将它们装在柜中，称为数控装置。伺服电动机（带检测反馈）及其伺服驱动单元是配套提供给用户的。

2. 数控机床的工作原理

数控机床的工作原理如图6-2所示。数控机床加工零件时，必须根据零件图及加工工艺要求，将加工所需的刀具、刀具的运动轨迹与速度、主轴的转速与旋转方向、冷却等辅助要素的先后顺序，用规定的数控代码形式编制成程序，再将这些程序输入到数控装置中，通过数控装置内部的控制软件，经过自动数据处理和计算后，向机床各伺服系统及辅助装置发出工作指令，驱动各运动部件及辅助装置按预定顺序动作，实现刀具与工件的相对运动，最终加工出符合要求的合格零件。

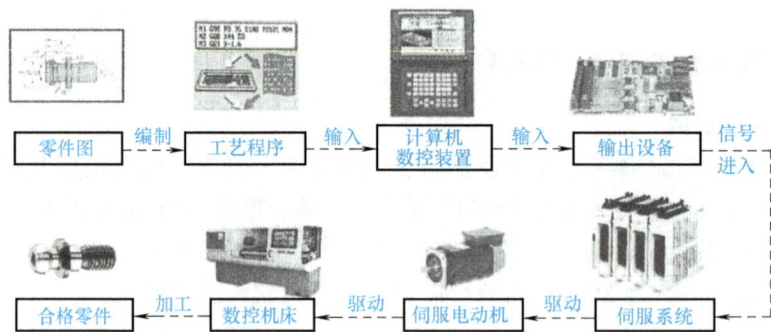

图6-2 数控机床的工作原理

二、数控机床的种类

常见的数控机床有数控铣床、数控车床和加工中心等。

1. 数控铣床

数控铣床（图6-3）是发展最早的一种数控机床，以主轴位于垂直方向的立式铣床居多，主轴安装刀具，做旋转的主运动，工件装夹在工作台上，工作台做进给运动。当工作台完成纵向、横向、垂向三个方向的进给运动，主轴只做旋转运动时，机床属升降台式铣床。为了提高刚度，目前多采用主轴既做旋转主运动，又随主轴箱做垂向进给运动，工作台做纵、横两方向进给运动的数控铣床，这时机床属工作台不升降铣床。

在工作台不升降的立式数控铣床上加工平面凸轮零件，只需工作台沿纵、横两个坐标协调运动，称为两坐标联动控制（图6-4a）。当加工圆锥台零件时，依靠工作台纵、横两个坐标协调运动完成圆周曲线的加工，加工完一圈后，再沿锥台高度方向提升一个高度，接着改变圆的半径值（X、Y坐标的合成值），称为两轴半或两个半坐标控制（图6-4b）。如果在圆锥体上加工一条螺旋槽，这就要求三个进给坐标每时每刻都进行协调控制，称为三坐标联动控制（图6-4c）。数控铣床的坐标系规定：Z轴与主轴同方向，X轴为水平方向，且为运动行程较长者，按右手直角坐标确定Y轴方向。为了保证足够的工件安装空间，取刀具远离工件的方向为Z轴的正方向。在立式三坐标数控铣床上加一绕X轴（或Y轴）的回转坐标，即构成四坐标数控铣床。如同时加上X、Y两个回转坐标运动，即构成五坐标数控铣床。

图6-3 数控铣床

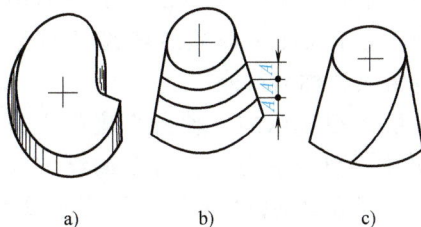

图6-4 联动坐标的实例

数控铣床铣削加工一般适用于下列零件的加工生产。

1）轮廓形状特别复杂或难以控制尺寸的零件，如复杂平面、曲面和壳体类零件等。

2）用数学模型描述的复杂曲线零件，以及三维空间曲面类零件。

3）需要进行多道工序加工，精度要求高的零件，如各种模具、样板、凸轮和箱体等。

2. 数控车床

数控车床（图6-5）是目前使用较广的数控机床之一，主要用于加工轴类、盘类回转体零件的内外圆柱面、锥面、圆弧、螺纹面，并能进行切槽、钻孔、扩孔、铰孔等工作（图6-6），特别适宜于复杂形状零件的加工。

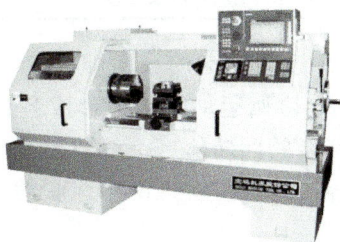

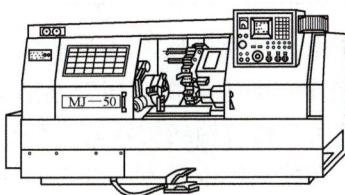

图6-5 数控车床

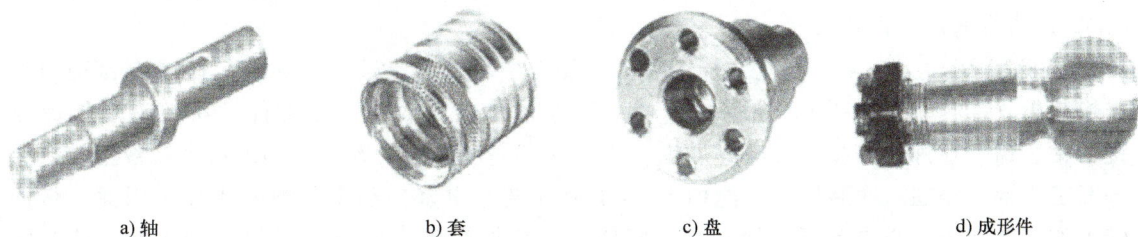

a) 轴　　　b) 套　　　c) 盘　　　d) 成形件

图6-6 常见的数控车床加工的零件

图 6-7 所示为 CAK6140dj/1000 卧式数控车床。数控车床的外形与普通车床相似，由床身、主轴箱、刀架、进给系统、冷却和润滑系统等部分组成。数控车床的进给系统与普通车床有质的区别，普通车床有进给箱和交换齿轮架，而数控车床是直接用伺服电动机通过滚珠丝杠驱动溜板和刀架实现进给运动的，因而进给系统的结构大为简化。表 6-1 为卧式经济型数控车床的部分组成名称与功能。

一般数控车床的主轴由直流或交流调速电动机带动做主运动，刀架的纵向、横向分别由伺服电动机驱动。为了车削螺纹，在主传动系统里装有主轴脉冲发生器，以

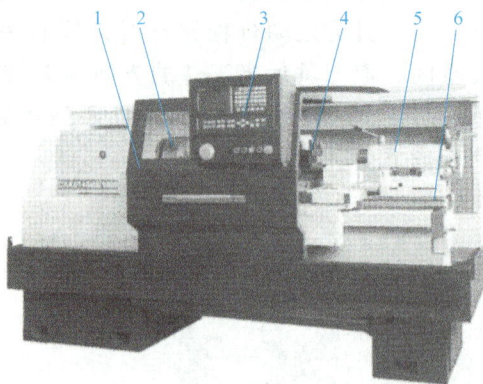

图 6-7 CAK6140dj/1000 卧式数控车床
1—安全防护门 2—卡盘 3—数控操作
面板 4—刀塔 5—尾座 6—导轨

检测主轴的转速，保证车削螺纹时主轴转（工件）一转，刀具（Z 轴）移动一个工件上螺纹的导程。

表 6-1 卧式经济型数控车床部分组成名称与功能

序号	名 称	功 能
1	安全防护门	主要用于安全防护，门上有窥视孔
2	卡 盘	主要用来夹持工件，一般有自定心卡盘与单动卡盘之分
3	数控操作面板	主要用来进行数控编程、控制运动部件、调节加工参数等
4	刀 塔	用于安装各类车削用刀具
5	尾 座	用于安装顶尖、钻头等工具
6	导 轨	主要起导向与支承作用，具有较高的精度、刚度及承载能力

如果数控车床的主轴是卧式（即水平方向）的，刀架运动的纵向即为 Z 向，刀架的横向（即工件的径向）即为 X 向。当刀架沿 Z 向和 X 向协调运动时，可形成各种复杂的平面曲线，以这条线为母线绕轴线旋转时，可形成各种复杂的回转体。一般数控车床只需要两坐标联动。同样，数控立车也是刀架沿工件的轴向和径向运动，实现两坐标联动。

3. 加工中心

图 6-8 所示为加工中心。加工中心（Machining Center，MC），是目前世界上产量最高、应用最广泛的数控机床之一，是在数控机床上增加刀库和由机械手完成自动交换刀具的装置（ATC）构成的加工设备。

图 6-9 所示为 JCS-018 型立式加工中心。加工中心首先是数控机床，其次具有自动刀具交换装置（刀库和机械手）。数控加工中心综合加工能力较强，在工件一次装夹后能完成铣、钻、镗、攻螺纹等多道工序的加工，所以加工精度高、效率高。如果再带有数控转台或分度工作台，则在一次装夹后，能加工 1~4 个（甚至更多）面上的所有工序。因而，带回转工作台的加工中心具有更大的潜力。同样，在数控车床上增加刀库和 C 轴控制，使其除能车削、镗削外，还能进行端面和圆周面上任意部位的钻、铣、攻螺纹加工，而且在具有插

补功能的情况下还可铣削曲面，就构成了车削加工中心。此外，还有磨削加工中心、齿轮加工中心、板材加工中心、激光加工中心等。

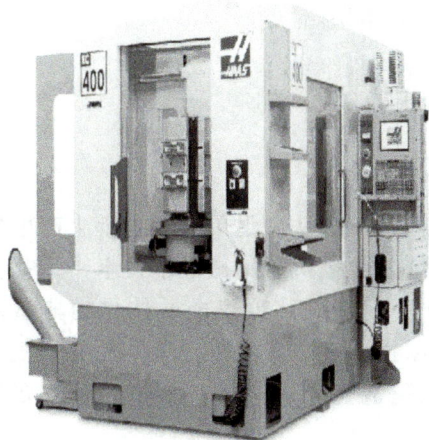

图 6-8　加工中心

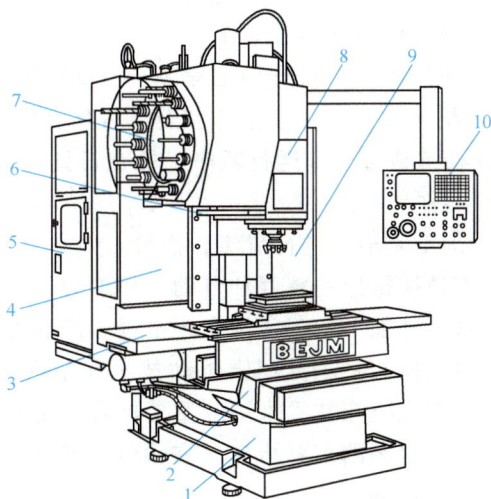

图 6-9　JCS-018 型立式加工中心

1—床身　2—滑座　3—工作台　4—立柱　5—数控柜　6—机械手
7—刀座　8—主轴箱　9—驱动电动机　10—操作面板

三、数控机床的一般操作方法及步骤

在用数控机床加工工件前，先要根据图样尺寸编程并进行模拟仿真，然后才能在数控机床上进行加工。一般数控机床的操作步骤如图 6-10 所示。

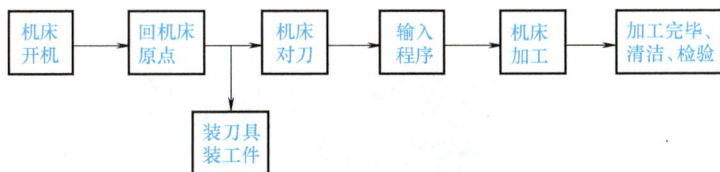

图 6-10　数控机床的操作步骤

1）开机。打开总电源开关→开通机床电源→等待系统启动。

2）返回参考点。将"方式选择"旋钮转到回零方式→分别选择+Z、+X、+Y。

3）机床启动。

4）安装工件毛坯。将工件毛坯安装在夹具上并进行基准找正。

5）安装刀具并对刀。在手动方式下，将所需刀具安装在主轴上，或将刀具装入刀库并检查刀号，通过对刀设定刀具补偿值。

对刀方法如下：

X 向：碰刀→输入 X→起源（清零）→另一端碰刀→计数/2→刀具移至计算值位置→起源（清零）。

Y 向：碰刀→输入 *Y*→起源（清零）→另一端碰刀→计数/2→刀具移至计算值位置→起源（清零）。

Z 向：碰刀→输入 *Z*→起源（清零）。

6）将程序输入数控系统。

7）机床锁定，检查加工程序，检查程序的语法是否有错误。

8）机床加工（加工生产和复制程序存储介质）。

① 模拟轨迹，即运行程序，检查刀具运行轨迹是否正确。

② 零件加工。

9）加工完毕，进行清洁和检验。

随着数控机床的精度和自动化程度的不断提高，数控机床已从满足单件、小批生产中的精密复杂零件加工，逐步扩大到批量生产的柔性生产系统。数控机床集微电子技术、计算机技术、自动控制技术及伺服驱动技术和精密机械技术于一身，是高度机电一体化的典型产品。它是现代机床技术水平的重要标志，是当前世界机床技术进步的主流，是体现现代机械制造业工艺水平的重要指标，在柔性生产和计算机集成制造等先进制造技术中起着重要的作用。

任务实施

一、活动内容

活动1：实地操作数控车床并指出各部件的名称和作用

1）在实训车间观察数控车床的组成。

2）空运转操作数控车床的操纵手柄，体会数控车床的各种运动。

3）在图6-11引线上填写数控车床各部件的名称，并说明各部件的作用。

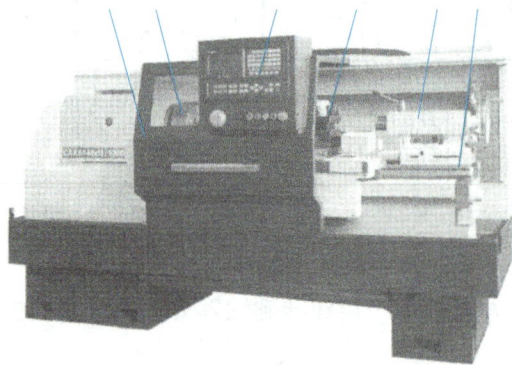

图 6-11　数控车床各部件的名称

活动2：实地操作、体会数控车床工作过程，分析数控车床与普通车床的区别

1）操作数控车床，使其启动、停止，体会其工作过程。

2）操作数控车床操纵开关，体会车床正转、反转、变速等运动。

3）分析数控车床与普通车床的区别，并说明数控车床的工作原理。

二、考核评价

根据活动内容填写考核评价表，见表 6-2。

表 6-2　考核评价表

序号	考核项目	考核内容要求	配分	学生自检	学生互检	教师检测	得分
1	职业素养	文明、礼仪	5				
2		安全、纪律	10				
3		行为习惯	5				
4		工作态度	5				
5		团队合作	5				
6	基本操作能力	能操作各种操纵手柄,控制各种运动	20				
7	编程能力	能简单编制加工程序	15				
8	填写各部件的名称	能正确填写图 6-11 中数控车床各部件的名称	15				
9	分析能力	能分析、比较并说明数控车床与普通车床的区别	20				
	综合评价						

任务二　　了解数控机床机械传动机构

任务描述

数控机床按零件图及加工工艺要求，将加工所需的刀具、刀具的运动轨迹与速度、主轴的转速与旋转方向、冷却等辅助要素的先后顺序，用规定的数控代码形式编制成程序，再将这些程序输入到数控装置中，通过数控装置内部的控制软件，经过自动数据处理、计算后，向机床各伺服系统及辅助装置发出工作指令，驱动各运动部件及辅助装置按预定顺序动作。由于采用伺服驱动机床，因此数控机床的机械结构比普通机床简单。本任务主要学习数控车床、数控铣床和加工中心的一些典型机械结构，然后实地观看这些机械结构的传动关系，体会伺服驱动机床的机械结构与普通机床机械结构的区别。

知识链接

一、数控车床的典型机械结构

数控车床的机械结构除机床基础部件外，由下列各部件组成：主传动系统；进给系统；实现工件回转、定位的装置和附件；实现某些部件动作和辅助功能的系统和装置（如液压、气压、润滑、冷却等系统和排屑、防护等装置）；刀架；特殊功能装置（如刀具破损监控、精度检测和监控装置）；为完成自动化控制功能的各种反馈信号装置及元件。

1. 主传动系统

数控机床的主传动系统包括主轴电动机、传动系统和主轴组件。它与普通机床的主传动系统相比，在结构上比较简单，这是因为变速功能全部或大部分由主轴电动机的无级调速来承担，省去了繁杂的齿轮变速机构，有些只有二级或三级齿轮变速系统，用以扩大电动机无级调速的范围。

数控机床的主传动系统要具有较宽的调速范围，以保证在加工时能选用合理的切削用量，以获得最佳的表面加工质量、精度和生产率。数控机床的调速是按照控制指令自动进行的，因此变速机构必须适应自动操作要求。在主传动系统中，目前多采用交流主轴电动机和直流主轴电动机无级调速系统。为扩大调速范围，适应低速大转矩的要求，也经常采用齿轮有级调速和电动机无级调速相结合的调速方式。数控机床主传动系统主要有四种配置方式，如图 6-12 所示。

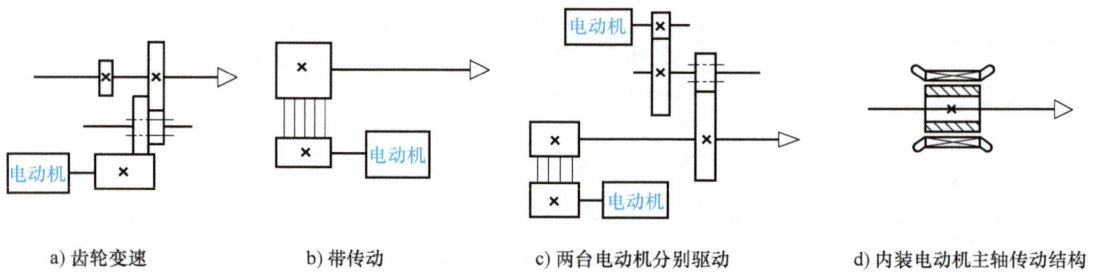

a) 齿轮变速　　　　b) 带传动　　　　c) 两台电动机分别驱动　　　　d) 内装电动机主轴传动结构

图 6-12　数控机床主传动系统的配置方式

（1）带有变速齿轮的主传动系统　图 6-12a 所示为大中型数控机床较常采用的配置方式，通过少数几对齿轮传动，扩大变速范围。由于电动机在额定转速以上的恒功率调速范围为 2~5，当需扩大这个调速范围时常使用变速齿轮，滑动齿轮的移位大都采用液压拨叉或直接由液压缸带动齿轮来实现。

（2）带有带传动的主传动系统　如图 6-12b 所示，这种传动主要用于转速较高、变速范围不大的机床，电动机本身的调速就能够满足要求，不用齿轮变速，可以避免由齿轮传动时所引起的振动和噪声。它适用于对高速、低转矩特性有要求的主轴，常用的为同步带。

（3）用两台电动机分别驱动主轴　如图 6-12c 所示，这是上述两种方式的混合传动，具有上述两种性能，高速时由一台电动机通过带传动驱动主轴，低速时由另一台电动机通过齿轮传动驱动主轴，齿轮起到降速和扩大变速范围的作用，这样就使恒功率区增大，扩大了变速范围，避免了低速时转矩不够且电动机功率不能充分利用的问题。但两台电动机不能同时工作，也是一种浪费。

（4）内装电动机主轴传动结构　如图 6-12d 所示，主轴和电动机转子装在一起，省去了电动机和主轴的传动件，主轴只承受转矩而没有弯矩。这种结构形式用于变速范围不大的高速主轴，但电动机发热对主轴的影响较大，需专门有一套主轴冷却装置。

在带有齿轮传动的主传动系统中，齿轮的换档主要靠液压拨叉来完成，图 6-13 所示为三位液压拨叉的工作原理图。通过改变不同的通油方式，可以使三联齿轮块获得三个不同的变速位置。该机构除液压缸和活塞杆外，还增加了套筒4。当液压缸1通入压力油，而液压缸5卸压时（图6-13a），活塞杆2便带动拨叉3向左移动到极限位置，此时拨叉带动三联齿轮块移动到左端。当液压缸5通压力油，而液压缸1卸压时（图6-13b），活塞杆2和套筒4一起向右移动，在套筒4碰到液压缸5的端部后，活塞杆2继续右移到极限位置，此时三联齿轮块被拨叉3移动到右端。当压力油同时进入液压缸1和5时（图6-13c），由于活塞杆2的两端直径不同，使活塞杆处在中间位置。在设计活塞杆2和套筒4的截面直径时，应使套筒4圆环面上的向右推力大于活塞杆2向左的推力。液压拨叉换档在主轴停车之后才能进行，但停车时拨叉带动齿轮块移动又可能产生"顶齿"现象，因此在这种主运动系统中通常设有一台微电动机，在拨叉移动齿轮块的同时带动各传动齿轮做低速回转，使移动齿轮与主动齿轮顺利啮合。

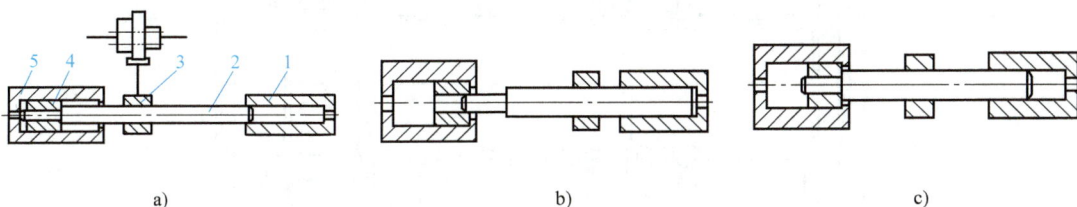

a)　　　　　　　　　　　　　b)　　　　　　　　　　　　　c)

图6-13　三位液压拨叉的工作原理图

1、5—液压缸　2—活塞杆　3—拨叉　4—套筒

图6-14所示为TND360型数控车床的主传动系统。它由带测速发电机的直流电动机驱动，电动机的额定转速为2000r/min，最高转速为4000r/min，最低转速为35r/min。电动机通过同步带使主轴箱轴Ⅰ旋转。主轴箱内有两对传动齿轮，经过齿轮84/60传动时，使主轴Ⅱ得到800~3150r/min的高速段，经过齿轮29/86传动时，使主轴获得7~760r/min的低速段，高速段和低速段的变换由液压拨叉推动滑移齿轮来实现。主轴通过齿轮60/60带动主轴脉冲发生器与主轴同步旋转，发出脉冲。主轴每转一转，脉冲发生器可发出1024个脉冲。这些脉冲送给CNC装置作为坐标轴向进给的脉冲源，经CPU对节距进行计算后，发给坐标轴的位置伺服系统，使进给量与主轴的转速保持要求的比率，可以车削螺纹。

2. 主轴部件的结构

主轴是机床的重要部件，其结构应满足传动精度高、刚性好、旋转时轴向和径向跳动小、高转速温度升高少、热变形小、噪声降低到最低限度的要求。机床规格、转速和加工要求是影响主轴结构的重要因素。因此，合理选择主轴结构十分重要。下面以TND360型数控车床主轴部件和车削中心的主轴部件为研究对象进行分析。

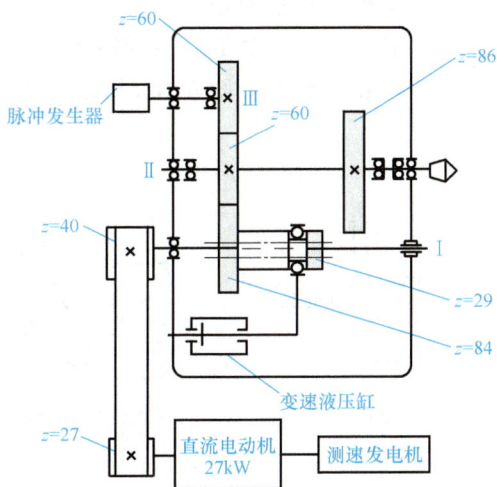

图6-14　TND360型数控车床的主传动系统

（1）TND360 型数控车床主轴部件　TND360 型数控车床主轴的结构如图 6-15 所示。因主轴在切削时承受较大的切削力，所以其轴径较大，刚性好。前轴承为三个一组结构，均为角接触球轴承，前面两个轴承 4、5 大口朝向主轴前端，以承受轴向切削力，后面一个轴承 3 大口朝里。主轴前轴承的内、外圈轴向由轴肩和箱体孔的台阶固定，以承受轴向载荷。后轴承 1、2 也由一对背对背的角接触球轴承组成，只承受径向载荷，并由后压套进行预紧。轴承预紧量预先配好，直接装配，不需修磨。主轴为空心轴，其内孔可通过棒料的直径可达 60mm。

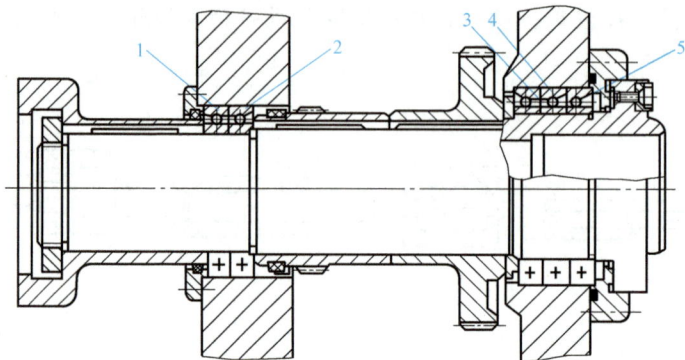

图 6-15　TND360 型数控车床主轴的结构

1、2—后轴承　3—轴承　4、5—前轴承

（2）车削中心的主轴部件　车削中心的主传动系统与数控车床基本相同，只是增加了主轴的 C 轴坐标功能，以实现主轴的定向停车和圆周进给，并在数控装置控制下实现 C 轴、Z 轴联动插补，或 C 轴、X 轴联动插补，以进行圆柱面或端面上任意部位的钻削、铣削、攻螺纹及曲面铣加工。图 6-16 所示为 C 轴功能的示意图。

图 6-16a 所示为 C 轴分度定位（主轴不转动）在圆柱面或端面上铣直槽；图 6-16b 所示为 C 轴、Z 轴实现插补进给，在圆柱面上铣螺旋槽；图 6-16c 所示为 C 轴、X 轴实现插补进给，在端面上铣螺旋槽；图 6-16d 所示为 C 轴、X 轴实现插补进给，在圆柱面或端面上铣直线和平面。

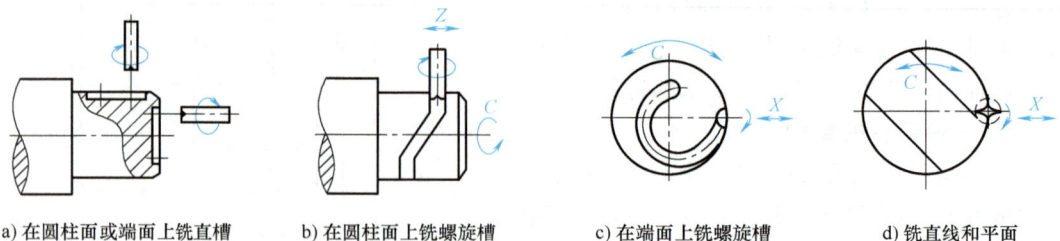

a) 在圆柱面或端面上铣直槽　　b) 在圆柱面上铣螺旋槽　　c) 在端面上铣螺旋槽　　d) 铣直线和平面

图 6-16　C 轴功能的示意图

C 轴传动有多种结构形式。图 6-17 所示为 MOC200MS3 车削柔性加工单元的主轴传动系统和 C 轴传动及主传动系统简图。C 轴分度采用可啮合和脱开的精密蜗轮蜗杆副结构，由伺服电动机驱动蜗杆 1 及主轴上的蜗轮 3。当机床处于铣削和钻削状态时，即主轴需通过 C 轴

回转或分度时，蜗杆与蜗轮啮合。C 轴的分度精度由脉冲编码器 7 保证，分度精度为 0.01°。

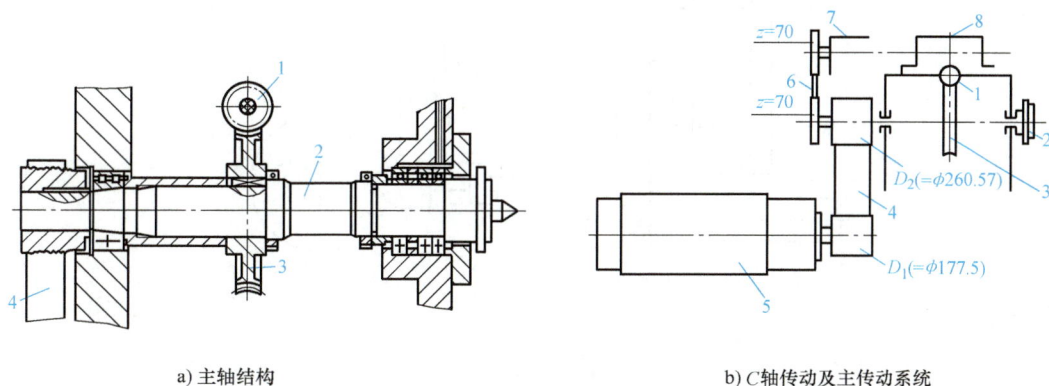

a) 主轴结构　　　　　　　　　　　　b) C 轴传动及主传动系统

图 6-17　MOC200MS3 的主轴传动系统 和 C 轴传动及主传动系统简图

1—蜗杆　2—主轴　3—蜗轮　4、6—同步带　5—主轴电动机　7—脉冲编码器　8—C 轴伺服电动机

图 6-18 所示为 CH6144 型车削中心的 C 轴传动系统简图。该部件由主轴箱和 C 轴控制箱两部分组成。当主轴处在一般工作状态时，换位液压缸 6 使滑移齿轮 5 与主轴齿轮 7 脱离啮合，制动液压缸 10 脱离制动，主轴电动机通过 V 带带动 V 带轮 11 使主轴 8 旋转。当主轴需要 C 轴控制进行分度或回转时，主轴电动机处于停止工作状态，滑移齿轮 5 与主轴齿轮 7 啮合。在制动液压缸未制动状态下，C 轴伺服电动机根据指令脉冲值旋转，通过 C 轴变速箱变速，经齿轮 5、7 使主轴分度，然后制动液压缸工作，制动主轴。进行铣削时，除制动液压缸不制动主轴外，其他运行与上述相同，此时主轴按指令缓慢地连续旋转，做进给运动。

图 6-19 所示为 S3-317 型车削中心的 C 轴传动系统简图。通过安装在伺服电动机轴上的滑移齿轮带动主轴旋转，可实现主轴旋转进给和分度。当不使用 C 轴传动时，伺服电动机轴上的滑移齿轮脱开，主轴由主电动机带动（图中未画）。为了防止主传动和 C 轴传动之间产生干涉，在伺服

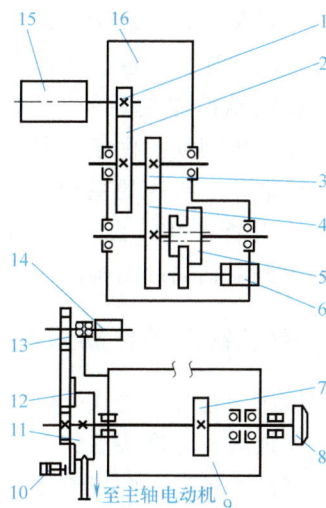

图 6-18　CH6144 型车削中心的 C 轴传动系统简图

1、2、3、4—传动齿轮　5—滑移齿轮
6—换位液压缸　7—主轴齿轮　8—主轴　9—主轴箱
10—制动液压缸　11—V 带轮　12—主轴制动盘
13—同步带轮　14—脉冲编码器
15—C 轴伺服电动机　16—C 轴控制箱

电动机上滑移齿轮的啮合位置装有检测开关（图中未画），利用开关的检测信号识别主轴的工作状态。当 C 轴工作时，主电动机就不能启动。主轴分度是采用安装在主轴上的三个 120 齿的分度齿轮来实现的。在安装时三个齿轮分别错开一个齿，以实现主轴的最小分度值 1°。主轴定位依靠带齿的连杆完成，定位后通过液压缸压紧。三个液压缸分别配合三个连杆协调动作，通过电气装置实现自动定位控制。

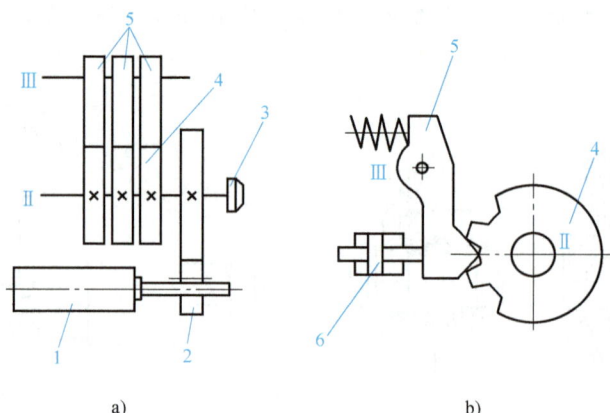

a)　　　　　　　　　　　　b)

图 6-19　S3-317 型车削中心的 C 轴传动系统简图

1—C 轴伺服电动机　2—滑移齿轮　3—主轴　4—分度齿轮　5—插销连杆　6—压紧液压缸

3. 主轴端部的结构形状

主轴端部是指主轴前端，其形状取决于机床的类型和安装夹具或刀具的形式，并应保证夹具或刀具安装可靠、装卸方便、具有较高的定位精度和连接刚度，且能传递足够的转矩。轴端结构应使悬伸长度尽量短，以便于提高主轴刚度。由于刀具、卡盘或夹具已经标准化，机床的主轴端部结构形状和尺寸也已标准化。图 6-20 所示为数控车床常用的主轴端部结构。

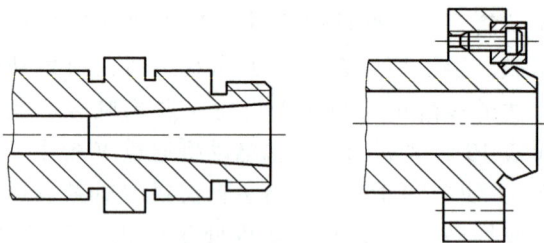

图 6-20　常用的主轴端部结构

二、数控铣床的传动系统与主要机械结构

数控铣床通常分为立式、卧式和立卧两用式三种。立式数控铣床主要用于水平面内的型面加工，增加数控分度头后，可在圆柱表面上加工曲线沟槽。卧式数控铣床主要用于垂直平面内各种型面的加工，配置万能数控转盘还可以对工件侧面上的连续回转轮廓进行加工，能在一次安装后加工箱体零件的四个表面。立卧两用数控铣床既可以进行立式加工，又可以进行卧式加工，使用范围更大，功能更强，若采用数控万能主轴（主轴头可以任意转换方向），就可以加工出与水平面成各种角度时的工件表面，若采用数控回转工作台，还能对工件实现除定位面外的五面加工。目前三坐标数控铣床占多数，可以进行三个坐标联动加工，还有相当部分的铣床采用二坐标半控制（即三个坐标中的任意两个坐标联动加工）。另外，附加一个数控回转工作台（或数控分度头）就增加一个坐标，可扩大加工范围。

1. 数控铣床的传动系统

（1）数控铣床的主传动系统　图 6-21 所示为 XKA5750 型数控铣床，它是北京第一机床厂生产的带有万能铣头的立卧两用数控铣床，为机电一体化结构，三坐标联动，可以铣削具有复杂曲线轮廓的零件，如凸轮、模具、样板、叶片、弧形槽等。

XKA5750 型数控铣床的传动系统如图 6-22 所示，其主传动系统要比普通铣床的主传动系统简单。它由装在滑枕后部的交流主轴伺服电动机驱动，电动机的运动通过速比为

图 6-21　XKA5750 型数控铣床

1—底座　2—伺服电动机　3、14—行程限位开关　4—强电柜　5—床身
6—横向限位开关　7—后壳体　8—滑枕　9—万能铣头　10—数控柜
11—按钮站　12—纵向限位开关　13—工作台　15—伺服电动机　16—升降滑座

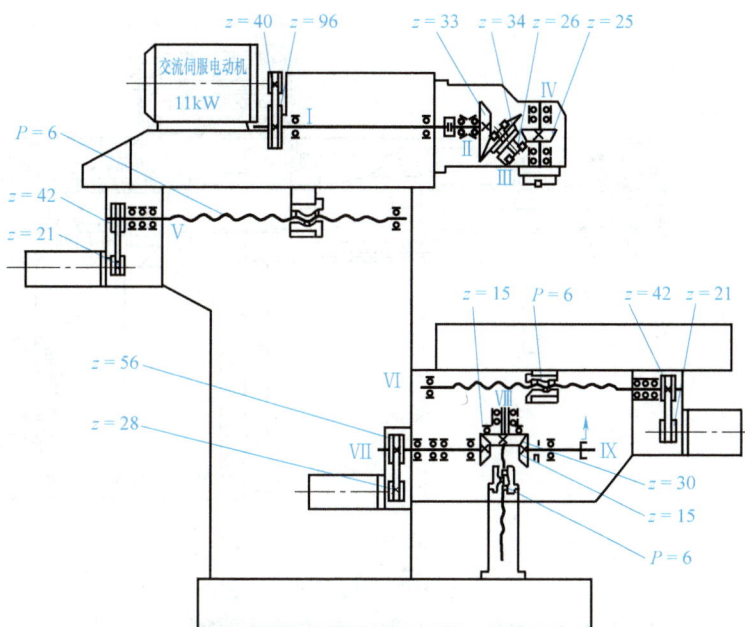

图 6-22　XKA5750 型数控铣床的传动系统

1:2.4 的一对弧齿同步带轮传到滑枕的水平轴 Ⅰ 上，再经过万能铣头的两对弧齿锥齿轮副
（33/34、26/25）将运动传给主轴 Ⅳ，转速范围为 50~2500r/min （电动机转速范围为 120~
600r/min）。当主轴转速在 625r/min （电动机转速为 1500r/min） 以下时为恒转矩输出；主
轴转速为 625~1875r/min 时为恒功率输出；主轴转速超过 1875r/min 后输出功率下降；主轴

转速达到 2500r/min 时，输出功率下降到额定功率的 1/3。

（2）进给传动系统 数控铣床的进给传动系统同样比普通铣床简单，其工作台的纵向进给和滑枕的横向进给由交流伺服电动机通过速比为 1：2 的同步带轮传动至导程为 6mm 的滚珠丝杠。图 6-23 所示为工作台纵向传动机构。交流伺服电动机 20 的轴上装有同步带轮 19，通过同步带 14 和装在丝杠右端的同步带轮 11 带动丝杠 2 旋转，使底部装有螺母 1 的工作台 4 移动。装在伺服电动机中的编码器将检测到的位移量反馈回数控装置，形成半闭环控制。同步带轮与电动机轴，以及与丝杠之间的连接采用锥环无键式连接。这种连接方法不需要开键槽，而且配合无间隙，对中性好。滚珠丝杠两端采用角接触球轴承支承，右端支承采用三个 7602030TN/P4TFTA 轴承，精度等级为 P4，径向载荷由三个轴承分担。两个开口向右的轴承 6、7 承受向左的轴向载荷，向左开口的轴承 8 承受向右的轴向载荷，轴承的预紧力由两个轴承 7、8 的内、外圈轴向尺寸差实现。当用螺母 10 通过隔套将轴承内圈压紧时，外圈因为比内圈轴向尺寸稍短，仍有微量间隙；用螺钉 9 通过法兰盘 12 压紧轴承外圈时，就会产生预紧力。进行间隙调整时，修磨垫片 13 的厚度尺寸即可。丝杠左端的角接触球轴承（7602025TN/P4）除承受径向载荷外，还通过螺母 3 的调整，使丝杠 2 产生预拉伸，以提高丝杠的刚度，减小丝杠的热变形。零件 5 为工作台纵向移动时的限位行程挡铁。

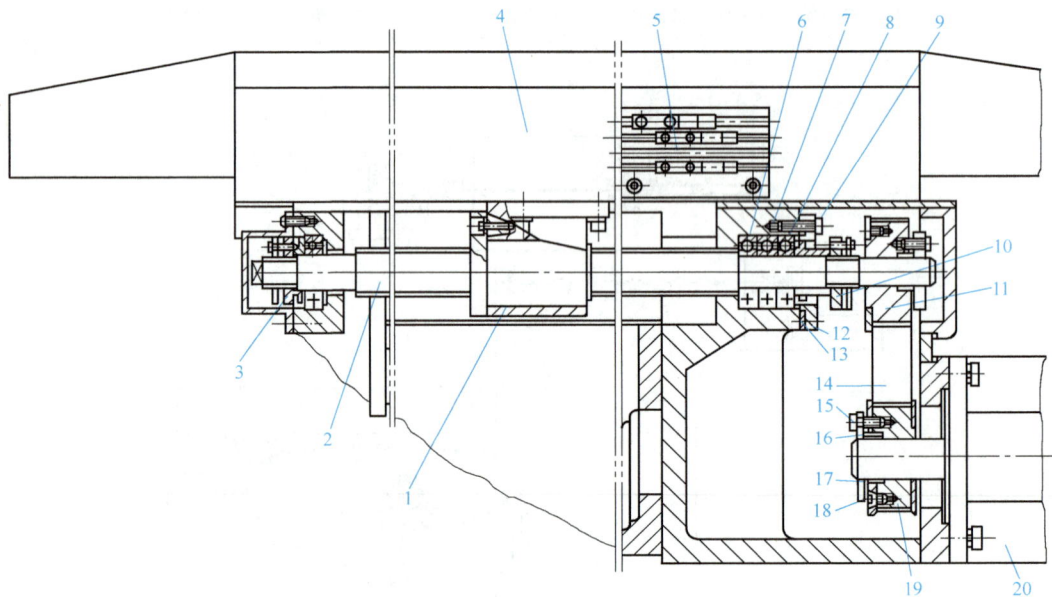

图 6-23　工作台纵向传动机构

1、3、10—螺母　2—丝杠　4—工作台　5—限位行程挡铁　6、7、8—轴承
9、15—螺钉　11、19—同步带轮　12—法兰盘　13—垫片　14—同步带
16—外锥环　17—内锥环　18—端盖　20—交流伺服电动机

（3）垂直方向进给运动 图 6-24 所示为升降台升降传动机构。交流伺服电动机通过速比为 1：2 的一对同步带轮将运动传到轴Ⅶ，再经过一对弧齿锥齿轮传到垂直滚珠丝杠上，带动升降台运动做垂直进给运动。垂直滚珠丝杠上的弧齿锥齿轮还带动轴Ⅸ上的锥齿轮，经

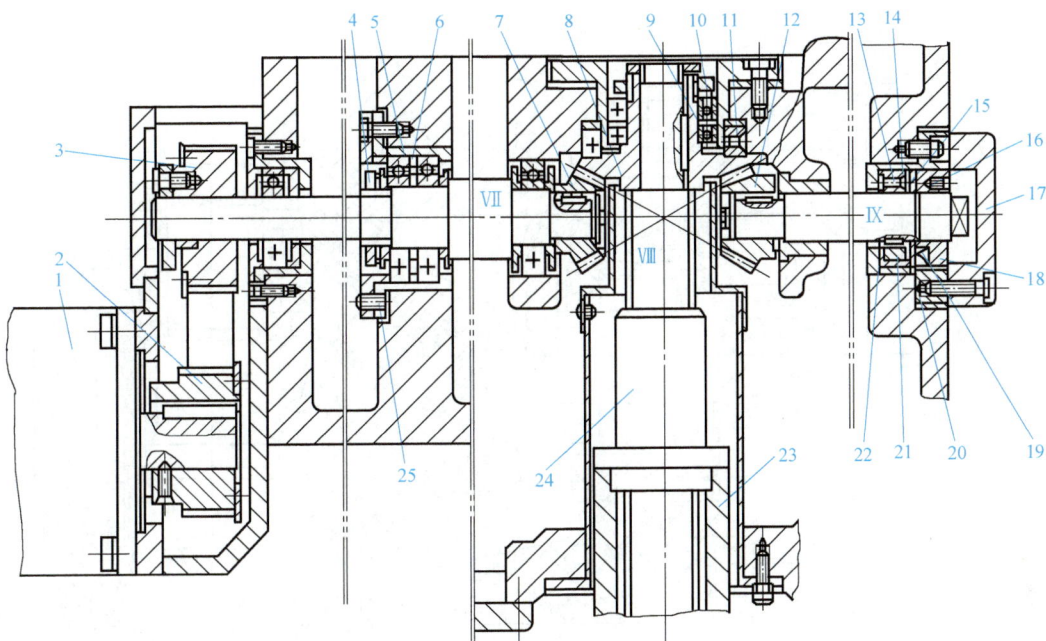

图 6-24　升降台升降传动机构

1—交流伺服电动机　2、3—同步带轮　4、18、24—螺母　5、6—隔套　7、8、12—锥齿轮
9—深沟球轴承　10—角接触球轴承　11—推力圆柱滚子轴承　13—滚子　14—外环　15、22—摩擦环
16、25—螺钉　17—端盖　19—碟形弹簧　20—防转销　21—星轮　23—支承套

单向超越离合器与自锁器相连，防止升降台因自重而下滑。

交流伺服电动机 1 经一对同步带轮 2、3 将运动传到传动轴Ⅶ，轴Ⅶ右端的弧齿锥齿轮 7 带动锥齿轮 8 使垂直滚珠丝杠Ⅷ旋转，升降台上升或下降。传动轴Ⅶ有左、中、右三点支承，轴向定位由中间支承的一对角接触球轴承来保证，由螺母 4 锁定轴承与传动轴的轴向位置，并对轴承进行预紧，预紧量用修磨两轴承的内、外圈之间的隔套 5、6 的厚度来保证。传动轴Ⅶ的轴向定位由螺钉 25 调节。垂直滚珠丝杠螺母副的螺母 24 由支承套 23 固定在机床底座上，丝杠通过锥齿轮 8 与升降台连接，其支承由深沟球轴承 9 和角接触球轴承 10 承受径向载荷；由 D 级精度的推力圆柱滚子轴承 11 承受轴向载荷。图中轴Ⅸ的实际安装位置在水平面内，与轴Ⅶ的轴线呈 90°相交（图中为展开画法）。

2. 数控铣床的主要结构

（1）主轴部件　万能铣头部件结构如图 6-25 所示，主要由前、后壳体 12、5，法兰 3，传动轴Ⅱ、Ⅲ，主轴Ⅳ及两对弧齿锥齿轮组成。万能铣头用螺柱和定位销安装在滑枕前端。铣削主运动由滑枕上的传动轴Ⅰ的端面键（图 6-25）传到轴Ⅱ，端面键与连接盘 2 的径向槽相配合，连接盘与轴Ⅱ之间由两个平键 1 传递运动。轴Ⅱ右端为弧齿锥齿轮，通过轴Ⅲ上的两个锥齿轮 22、21 和用花键联接方式装在主轴Ⅳ上的锥齿轮 27，将运动传到主轴上。主轴为空心轴，前端有 7∶24 的内锥孔，用于刀具或刀具心轴的定心；通孔用于通过安装拉紧刀具的拉杆。主轴端面有径向槽，并装有两个端面键 18，用于主轴向刀具传递转矩。

万能铣头能通过两个互成 45°的回转面 A 和 B 调节主轴Ⅳ的方位。在法兰 3 的回转面 A

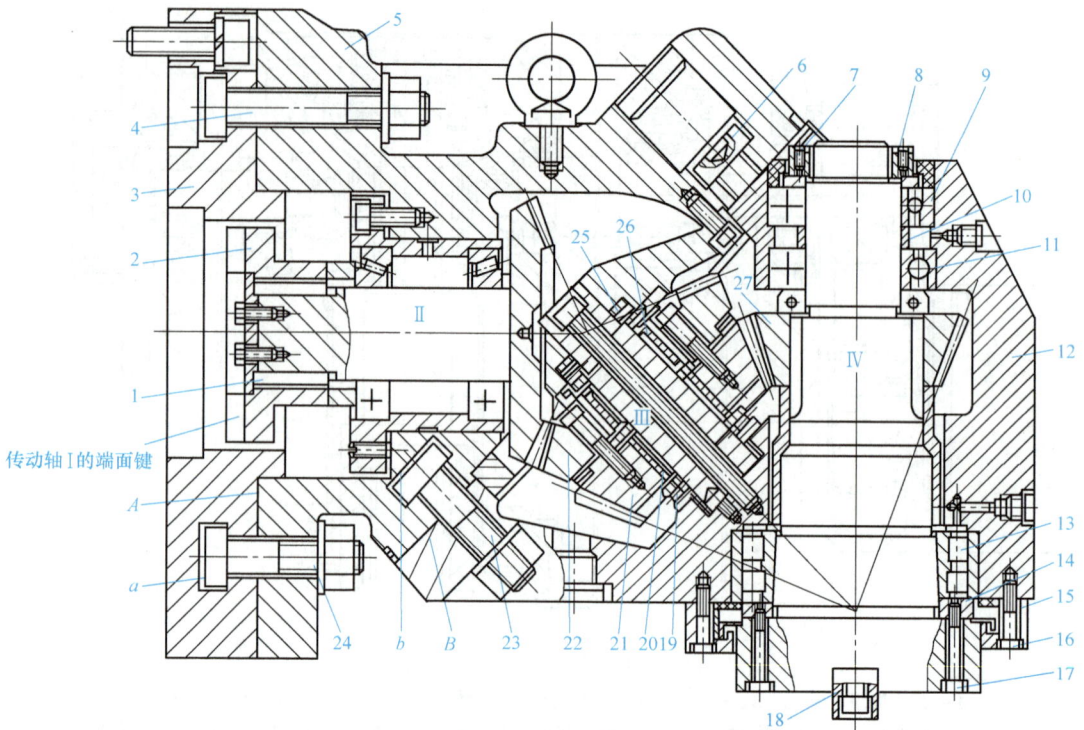

图 6-25　万能铣头部件结构

1—平键　2—连接盘　3—法兰　4、6、23、24—T形螺柱　5—后壳体　7—锁紧螺钉　8—螺母　9、11—角接触球轴承
10—隔套　12—前壳体　13—轴承　14—半圆环垫片　15—法兰　16、17—螺钉　18—端面键
19、25—推力圆柱滚子轴承　20、26—滚针轴承　21、22、27—锥齿轮

上开有 T 形圆环槽 a，松开 T 形螺柱 4 和 24，可使铣头绕水平轴 Ⅱ 转动，调整到要求位置后将 T 形螺柱拧紧即可。在万能铣头后壳体 5 的回转面 B 内，也开有 T 形圆环槽 b，松开 T 形螺柱 6 和 23，可使铣头主轴绕与水平轴线成 45°夹角的轴 Ⅱ 转动。绕两个轴线的转动组合起来，可使主轴轴线处于前半球面的任意角度。

万能铣头作为直接带动刀具的运动部件，不仅要能传递较大的功率，更要具有足够的旋转精度、刚度和抗振性。万能铣头除零件结构、制造和装配精度要求较高外，还要选用承载力和旋转精度都较高的轴承，故两传动轴都选用了 D 级精度的轴承，轴 Ⅱ 上为一对 D7029 型圆锥滚子轴承，轴 Ⅲ 上为一对 D6354906 向心滚针轴承 20、26，承受径向载荷，轴向载荷由两个型号分别为 D9107 和 D9106 的推力圆柱滚子轴承 19 和 25 承受。主轴上的前、后支承均为 C 级精度轴承，前支承是 C3182117 型双列圆柱滚子轴承，只承受径向载荷；后支承为两个 C36210 型角接触球轴承 9 和 11，既承受径向载荷，也承受轴向载荷。为了保证旋转精度，不仅要消除主轴轴承间隙，而且要有预紧力，轴承磨损后也要进行间隙调整。前轴承消除间隙和预紧的调整是靠改变轴承内圈在锥形颈上的位置，使内圈外胀实现的。调整时，先拧下四个螺钉 16，卸下法兰 15，再松开螺母 8 上的锁紧螺钉 7，拧松螺母 8 将主轴 Ⅳ 向后（向上）推动 2mm 左右；然后拧下两个螺钉 17，将半圆环垫片 14 取出，根据间隙大小磨薄垫片，最后将上述零件重新装好。后支承的两个推力角接触球轴承开口向背（轴承 9 开口朝上，轴承 11 开口朝下），消除间隙和进行预紧调整时，两轴承外圈不动，使内圈的端面距离相对减小，具体是通过控制两轴承内圈隔套 10 的尺寸来实现的。调整时取下隔套 10，修磨到合适尺寸，重新装好后，用螺母 8 顶紧轴承内圈及隔套即可，最后要拧紧锁紧螺钉 7。

（2）升降台自动平衡机构　因滚珠丝杠无自锁能力，当垂直放置时，在部件自重作用下，移动部件会自动下降。因此除升降台驱动电动机带有制动器外，还在传动机构中装有自动平衡机构，一方面防止升降台因自重下落，另外还可平衡上升下降时的驱动力。XKA5750 型数控铣床的自动平衡机构由单向超越离合器和自锁器组成。其工作原理为（图 6-24）：丝杠旋转的同时，通过锥齿轮 12 和轴Ⅸ带动单向超越离合器的星轮 21 转动，当升降台上升时，星轮的转向使滚子 13 与超越离合器的外环 14 脱开，外环 14 不随星轮 21 转动，自锁器不起作用；当升降台下降时，星轮 21 的转向使滚子楔在星轮与外环之间，使外环随轴一起转动，外环与两端固定不动的摩擦环 15、22（由防转销 20 固定）形成相对运动，在碟形弹簧 19 的作用下，产生摩擦力，增加升降台下降时的阻力，起自锁作用，并使上下运动的力量平衡。调整时，先拆下端盖 17，松开螺钉 16，适当旋紧螺母 18，压紧碟形弹簧 19，即可增大自锁力。调整前需用辅助装置支承升降台。

（3）主轴准停装置　主轴准停功能又称为主轴定位功能，即当主轴停止时能控制其停于固定位置。它是自动换刀所必需的功能。在自动换刀的镗铣加工中心上，切削的转矩通常是通过刀杆的端面键传递的，这就要求主轴具有准确定位于圆周上特定角度的功能，如图 6-26 所示。当加工阶梯孔或精镗孔后退刀时，为防止刀具与小阶梯孔碰撞或拉毛已精加工的孔表面，必须先让刀再退刀，而让刀时刀具必须具有准停功能，如图 6-27 所示。主轴准停可分为机械准停控制和电气准停控制。

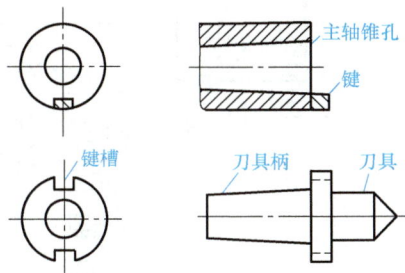

图 6-26　主轴准停装置

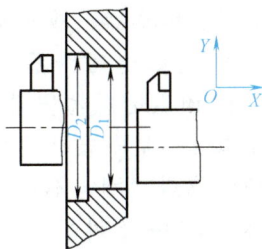

图 6-27　主轴准停镗背孔

1）机械准停控制。图 6-28 所示为典型的 V 形槽轮定位盘准停机构，带有 V 形槽的定位盘与主轴端面保持一定的位置关系，以确定定位位置。当指令为准停控制 M19 时，首先使主轴减速至可以设定的低速转动，当检测到无触点开关有效信号后，立即使主轴电动机停转，此时主轴电动机与主轴传动件依惯性继续空转，同时准停液压缸定位销伸出，并压向定位盘。当定位盘 V 形槽与定位销正对时，由于液压缸的压力，定位销插入 V 形槽中，LS2 准停到位信号有效，表明准停动作完成。这里 LS1 为准停释放信号。采用这种准停方式，必须要有

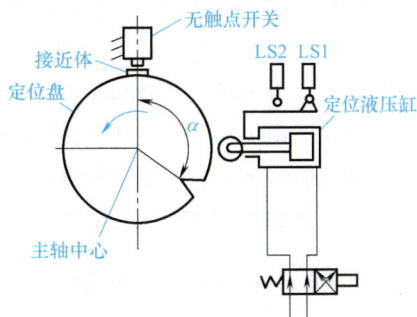

图 6-28　V 形槽轮定位盘准停机构

一定的逻辑互锁，即当 LS2 有效时，才能进行换刀等动作。而只有当 LS1 有效时，才能启动主轴电动机正常运转。准停功能通常由数控系统的可编程序控制器完成。

机械准停控制还有其他方式，如端面螺旋凸轮准停等，但其基本原理是一样的。

2）电气准停控制。目前国内外中高档数控系统均采用电气准停控制。采用电气准停控制有如下优点。

① 简化机械结构。与机械准停控制相比，电气准停控制只需在旋转部件和固定部件上安装传感器即可，机械结构比较简单。

② 缩短准停时间。准停时间包括在换刀时间内，而换刀时间是加工中心的重要指标。采用电气准停控制，即使主轴高速转动时也能快速定位于准停位置，大大节省了准停时间。

③ 可靠性增加。由于电气准停控制无需复杂的机械、开关、液压缸等装置，也没有机械准停控制所形成的机械冲击，因而其寿命与可靠性大大增加。

④ 性价比提高。由于电气准停控制简化了机械结构和强电控制逻辑，成本大大降低。但电气准停控制常作为选择功能，订购电气准停控制附件需另加费用。但从总体来看，其性价比大大提高。

目前电气准停控制通常有磁传感器准停控制、编码器型准停控制和数控系统准停控制三种。下面仅介绍磁传感器准停控制。

磁传感器准停控制由主轴驱动装置本身完成。当执行 M19 指令时，数控系统只须发出主轴准停启动命令 ORT 即可。主轴驱动完成准停后会向数控装置输出完成信号 ORE，然后数控系统再进行下面的工作。其基本组成如图 6-29 所示。

由于采用了传感器，故应避免将产生磁场的元件（如电磁线圈、电磁阀等）与磁发体和磁传感器安装在一起。另外，磁发体（通常安装在主轴旋转部件上）与磁传感器（固定不动）的安装有严格要求，应按说明书要求的精度安装。

采用磁传感器准停控制的步骤：当主轴转动或停止时，接收到数控装置发

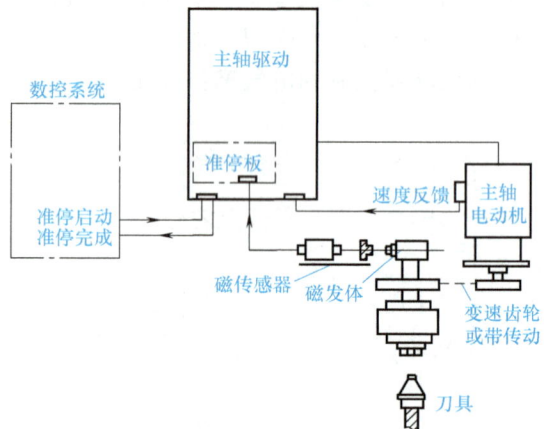

图 6-29　磁传感器准停控制的基本组成

来的准停开关信号量 ORT，主轴立即加速或减速至某一准停速度（可在主轴驱动装置中设定），主轴到达准停速度且到达准停位置时（即磁发体与磁传感器对准），主轴立即减速至某一爬行速度（可在主轴驱动装置中设定）；当磁传感器信号出现时，主轴驱动立即进入磁传感器作为反馈元件的位置闭环控制，目标位置为准停位置；准停完成后，主轴驱动装置输出准停完成信号 ORE 给数控装置，从而进行自动换刀（ATC）或其他动作。磁发体与磁传感器在主轴上的位置如图 6-30 所示，准停控制的时序图如图 6-31 所示。

三、加工中心的机械结构

加工中心是一种备有刀库并能自动更换刀具，对工件进行多工序加工的数控机床。在加

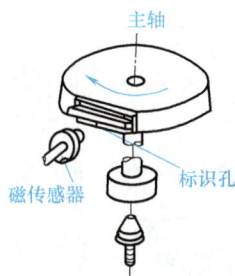

图 6-30　磁发体与磁
传感器在主轴上的位置

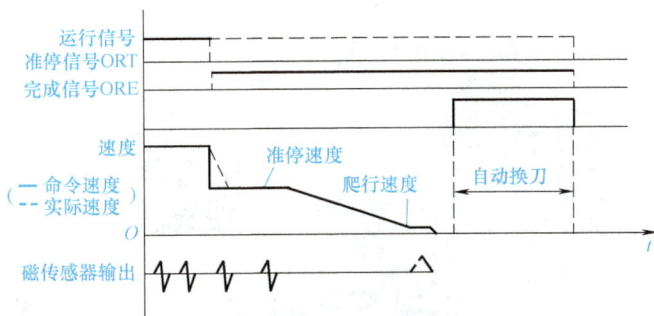

图 6-31　磁传感器准停控制的时序图

工中心上，工件经一次装夹后，数控系统能控制机床按不同工序自动选择和更换刀具，自动改变机床主轴转速、进给量、刀具相对工件的运动轨迹及其他辅助功能，依次完成工件一个或几个面上多工序的加工。加工中心能集中完成多种工序，因而可减少工件装夹、测量和机床的调整时间，减少工件周转、搬运和存放时间，使机床的切削利用率（切削时间和开动时间之比）可达 80% 以上，高于普通机床 3~4 倍。尤其是在加工形状比较复杂、精度要求较高、品种更换频繁的零件时，加工中心更体现出了良好的加工效果。

加工中心最先是在镗铣类机床上发展起来的，可称为镗铣类加工中心，习惯上简称为加工中心。车削加工中心是继加工中心之后，在数控车床的基础上发展起来的另一种加工中心。车削加工中心在主轴箱内设计了 C 轴控制机构，由 C 轴伺服电动机驱动进行主轴分度或回转进给。因此，车削加工中心除了具有一般数控车床的各种车削功能外，还可以进行端面和圆周面上任意部位的钻削、铣削和攻螺纹加工，以及各种曲面的铣削加工。

1. 加工中心的结构组成

图 6-32 所示为三种不同形式的加工中心，其中图 6-32a 所示为立式加工中心，图 6-32b 所示为卧式加工中心，图 6-32c 所示为五坐标加工中心。虽然加工中心的外形结构不尽相同，但从总体上看，加工中心基本上由以下几大部分组成。

（1）基础部件　基础部件主要由床身、立柱和工作台等大件组成。它们是加工中心的基础结构，要承受加工中心的静载荷以及在加工时的切削负载，因此必须是刚度很高的部件。这些大件可以是铸铁件也可以是焊接的钢结构件，是加工中心中质量和体积最大的部件。

（2）主轴系统　主轴系统主要由主轴箱、主轴电动机、主轴和主轴轴承等零部件组成。主轴的启动、停止和变转速等动作均由数控系统控制，并通过装在主轴上的刀具参与切削运动，是切削加工的功率输出部件。主轴系统是加工中心的关键部件，其结构的好坏对加工中心的性能有很大的影响。

（3）数控系统　数控系统主要由 CNC 装置、可编程序控制器、伺服驱动装置，以及电动机等部分组成，它们是加工中心执行顺序控制动作和完成加工过程的控制中心。

（4）自动换刀系统　自动换刀系统主要由刀库和自动换刀装置等部件组成。刀库是存放加工过程所要使用的全部刀具的装置。当需要换刀时，根据数控系统的指令，由机械手（或通过别的方式）将刀具从刀库取出，装入主轴孔中。刀库有盘式、链式和鼓式等多种形

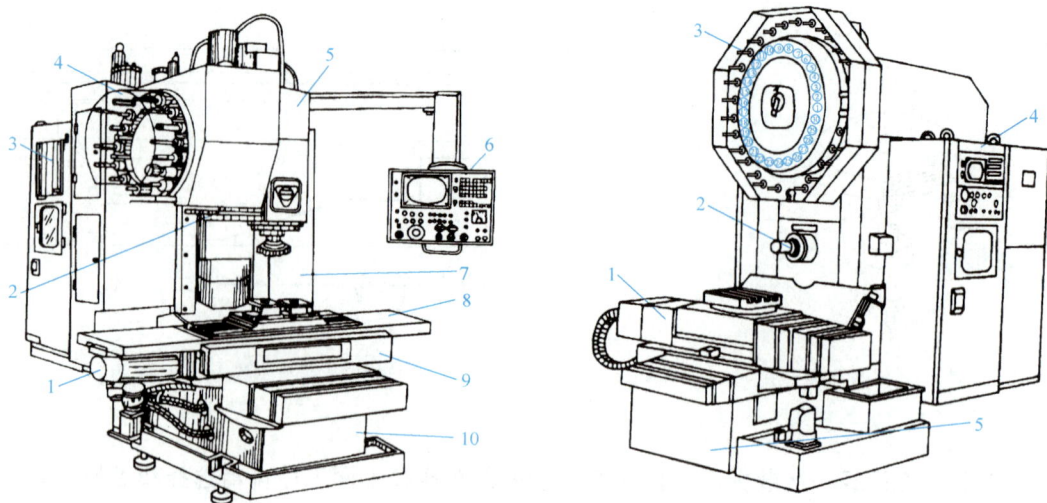

a) 立式加工中心

1—X 轴电动机　2—机械手　3—数控柜　4—刀库　5—主轴箱
6—操作面板　7—电气柜　8—工作台　9—滑座　10—床身

b) 卧式加工中心

1—工作台　2—主轴　3—刀库
4—数控柜　5—床身

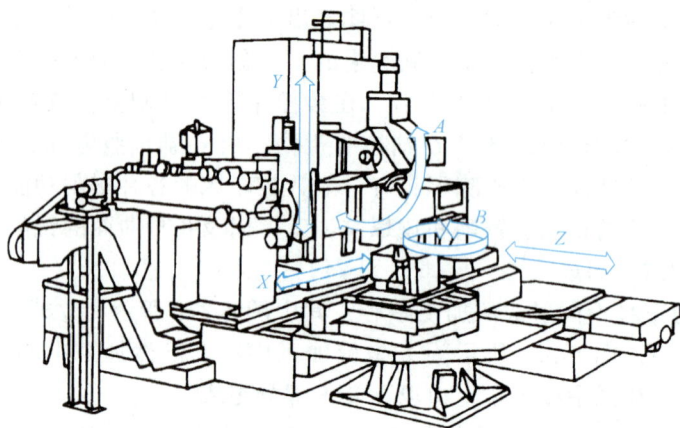

c) 五坐标加工中心

图 6-32　三种不同形式的加工中心

式，容量从几把刀到几百把刀。机械手的结构根据刀库与主轴的相对位置及结构的不同也有多种形式，如单臂式、双臂式、回转式和轨道式等。有的加工中心利用主轴箱或刀库的移动来实现换刀。

（5）辅助系统　辅助系统包括润滑、冷却、排屑、防护、液压和随机检测系统等部分。辅助系统虽不直接参与切削运动，但对加工中心的加工效率、加工精度和可靠性起保障作用，因此也是加工中心中不可缺少的部分。

另外，为进一步缩短非切削时间，有的加工中心还配备了自动托盘交换系统。如配有两个自动交换工件托盘的加工中心，一个将工件安装在工作台上加工，另一个则位于工作台外进行工件的装卸。当完成一个托盘上工件的加工后，便自动交换托盘，进行新零件的加工，这样可以减少辅助时间，提高加工效率。

2．加工中心的主轴系统

为了适应不同的加工需要，目前主轴的传动系统大致可以分为三类。一是由电动机直接带动主轴旋转，如图6-33所示。其优点是结构紧凑，占用空间少，但主轴转速的变化及转矩的输出和电动机的输出特性完全一致，因而在使用上受到一定的限制。二是电动机的转动经过一级变速传给主轴，如图6-34所示。目前这种形式多用同步带传动来完成，其优点是结构简单，安装调试方便，且在一定程度上能满足转速与转矩的输出要求，但其调速范围仍与电动机一样。三是经过二级以上的变速，电动机的转动传给主轴，如图6-35所示。目前多采用齿轮传动来完成，其优点是能够满足各种切削运动的转矩输出，且具有大范围的速度变化能力。但由于其结构复杂，需增加润滑及温度控制系统，故成本较高，制造与维修也较困难。

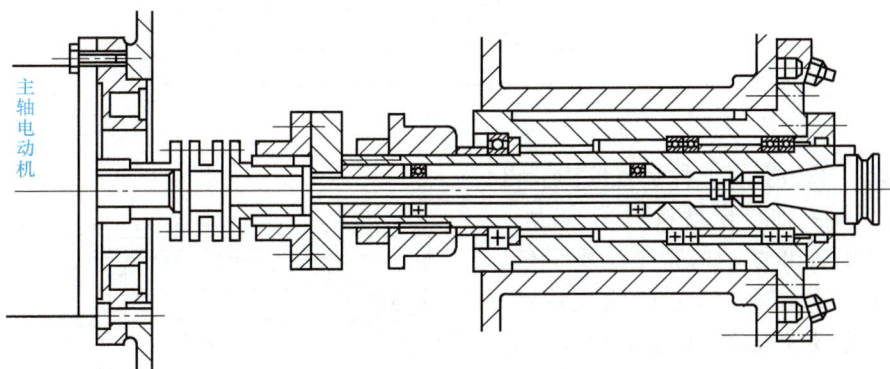

图 6-33　直接传动主轴系统

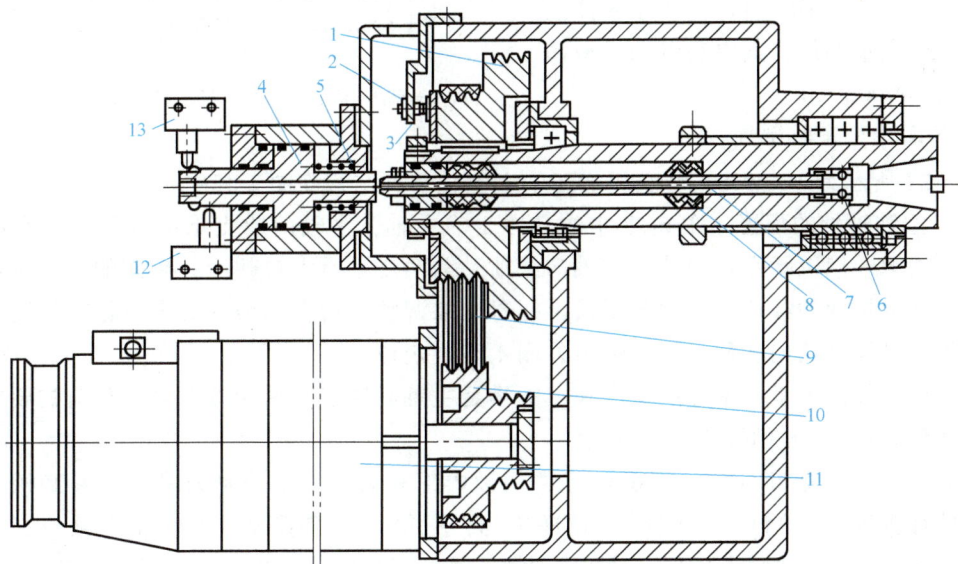

图 6-34　一级传动主轴系统

1、10—带轮　2—磁传感器　3—磁铁　4—活塞　5—弹簧　6—钢球

7—拉杆　8—碟形弹簧　9—带　11—电动机　12、13—限位开关

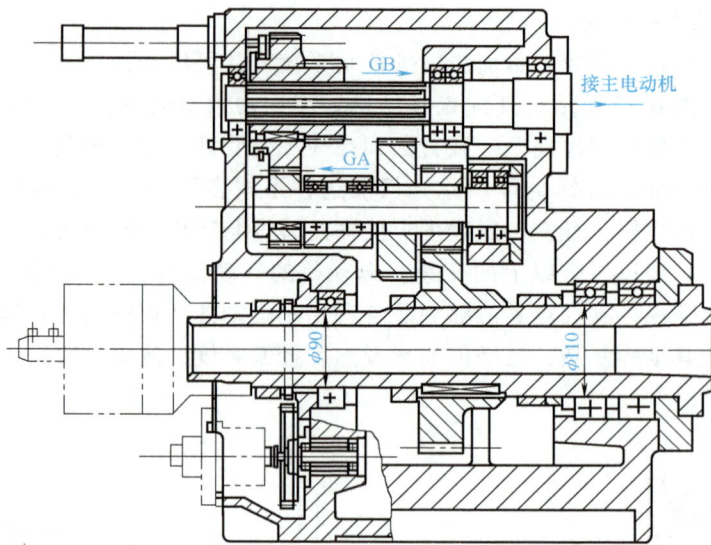

图 6-35 二级传动主轴系统

近年来，又出现了一种新式的内装电动机主轴，其主轴与电动机转子合为一体，优点是主轴部件结构紧凑，质量轻、惯性小，可提高启动、停止的响应特性，并利于控制振动和噪声，缺点是电动机运转产生的热量易使主轴产生热变形，因此进行温度的控制和冷却是使用内装电动机主轴的关键问题。图 6-36 所示为某种立式加工中心主轴部件，其内装电动机最高转速可达 20000r/min。

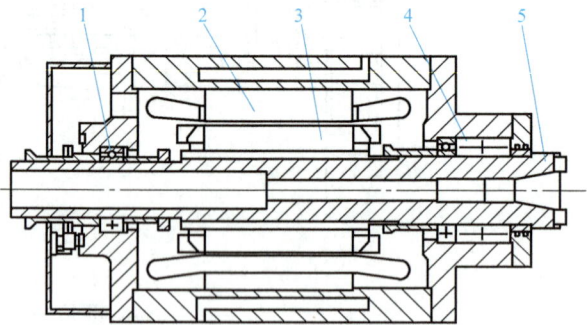

图 6-36 内装电动机主轴

1、4—轴承 2—定子绕组 3—转子绕组 5—主轴

3. 加工中心主轴部件

图 6-37 所示为 JCS-018A 型立式加工中心主轴部件结构简图。其中：

（1）主轴轴承的配置 图 6-37 中的零件 1 为主轴，主轴的前支承配置了三个高精度的角接触球轴承，用以承受径向载荷和轴向载荷，前两个轴承大口朝下，后面的一个轴承大口朝上，前支承按预加载荷计算的预紧量由螺母 5 来调整，后支承为一对小口相对配置的角接触球轴承，只承受径向载荷，因此轴承外圈不需要定位。

该主轴选择的轴承类型和配置形式，能满足主轴高转速和承受较大轴向载荷的要求，主轴受热变形向后伸长，不影响加工精度。

（2）刀具自动装卸机构 图 6-37 中的主轴内部和后端安装的是刀具自动装卸机构，其主要部件有主轴 1、拉钉 2、钢球 3、拉杆 7、碟形弹簧 8、弹簧 9、活塞 10 和液压缸 11 等。加工用的刀具通过各种标准刀夹（刀杆、刀柄、接杆等）安装在主轴上，刀夹以锥度为 7:24 的锥柄在主轴 1 前端的锥孔中定位，并通过拧在锥柄尾部的拉钉 2 拉紧在锥孔中。机床主轴换刀过程包括以下三个步骤。

1）松开刀具。当换刀需要松开刀具时，液压油进入液压缸的上腔，活塞 10 推动拉杆 7

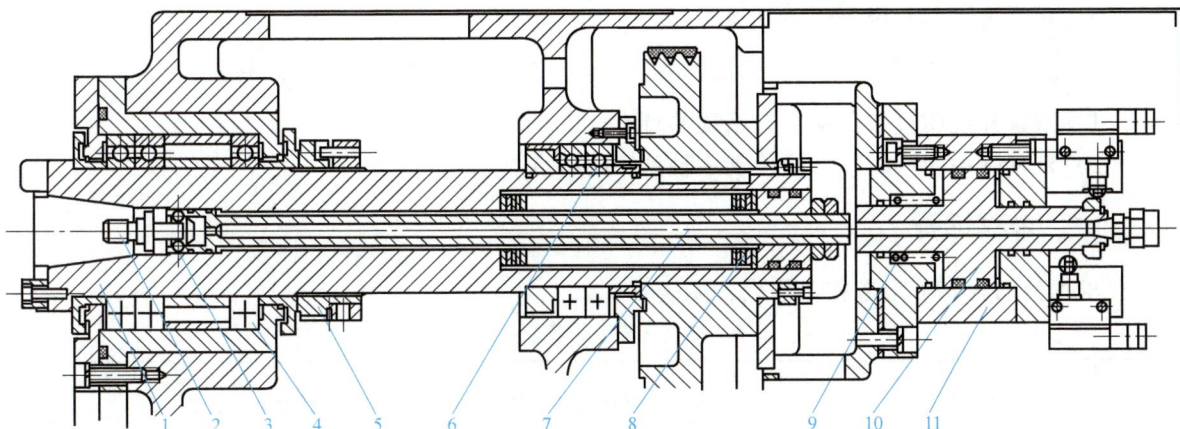

图 6-37　JCS-018A 型立式加工中心主轴部件结构简图

1—主轴　2—拉钉　3—钢球　4、6—轴承　5—螺母　7—拉杆　8—碟形弹簧
9—弹簧　10—活塞　11—液压缸

向下移动，碟形弹簧 8 被压缩，此时钢球 3 随拉杆一起下移，进入主轴孔径较大处，拉杆前端将刀具顶松，刀具松开，可以被机械手取出。

2）自动清除切屑。自动清除主轴孔中的切屑和灰尘是换刀操作中的一个不容忽视的问题。如果主轴锥孔中掉进了切屑或其他污物，在拉紧刀杆时，主轴锥孔表面和刀杆的锥柄就会被划伤，并使刀杆发生偏斜。为此，在刀具被机械手取下的同时，压缩空气通过活塞杆和拉杆的中心孔把主轴锥孔吹干净，使刀柄锥面和主轴锥孔能够紧密贴合，保证刀具正确定位。

3）夹紧刀具。当夹紧刀具时，液压缸 11 的上腔接通回油，弹簧 9 推动活塞 10 上移，拉杆 7 在碟形弹簧 8 的作用下向上移动。由于此时装在拉杆前端径向孔中的 4 个钢球进入主轴孔直径较小处，被迫收拢，此时刀具被拉杆拉紧，刀具锥柄的外锥面与主轴锥孔的内锥面相互压紧，这样刀具就被定位夹紧在主轴上了。

（3）主轴准停装置　主轴准停功能是自动换刀所必备的功能。在加工中心上，切削转矩通常是通过端面键来传递的，这就要求主轴具有准确定位于圆周上特定角度的功能。此外，在通过前壁小孔镗削内壁同轴大孔或进行反倒角等加工时，要求主轴实现准停，使刀尖停在一个固定的方位上，以便主轴偏移一定尺寸后大切削刃能通过前壁小孔进入箱体，对大孔进行镗削。

任务实施

一、活动内容

数控机床主轴准停控制

活动 1：认识数控机床机械传动机构

1）拆去数控车床主轴箱箱盖等零件，进行观察。

在实训车间，当把数控车床主轴箱的箱盖等零件拆去后，可以看到数控车床内的主轴传动系统。对照前面所述，分析所看到的主轴传动系统属于图 6-12 所述的数控机床主传动的四种配置方式中的哪一种。

2）对照前面所述，分析数控铣床的传动系统和普通铣床设备的区别。

3）说明加工中心由哪些部分组成。

活动2：观察加工中心主轴传动系统，分析三种传动系统的区别和特点

1）观察并说明直接传动主轴系统的特点。

2）观察并说明一级、二级传动主轴系统的特点。

二、考核评价

根据活动内容填写考核评价表，见表6-3。

表6-3 任务实施考核评价表

序号	考核项目	考核内容要求	配分	学生自检	学生互检	教师检测	得分
1	职业素养	文明、礼仪	5				
2		安全、纪律	10				
3		行为习惯	5				
4		工作态度	5				
5		团队合作	5				
6	认识数控机床机械传动机构	能正确拆去数控车床主轴箱箱盖等零件，观察并且说明该数控机床的主传动系统属于哪一种配置方式	15				
7		能分析数控铣床的传动系统和普通铣床设备的区别	15				
8		能说明加工中心由哪些部分组成	10				
9	分析加工中心三种主轴传动系统的区别和特点	能说明直接传动主轴系统的特点	10				
		能说明一级、二级传动主轴系统的特点	10				
10		能分析三种主轴传动系统的区别	10				
	综合评价						

任务三 数控车床辅助装置的结构与维护

任务描述

机床上的一些辅助装置虽然不直接参与切削工作，但对于机床来说，辅助装置是必不可少的。数控车床的辅助装置一般有自动换刀机构和排屑装置等。本任务主要通过对数控车床的自动换刀机构等辅助装置进行拆装与维护，牢固掌握数控车床辅助装置的结构与维护方法。

知识链接

一、自动换刀机构

数控车床的刀架是机床的重要组成部分。刀架用于夹持切削用的刀具，因此其结构直接

影响机床的切削性能和切削效率。在一定程度上，刀架的结构和性能体现了机床的设计和制造技术水平。随着数控车床的不断发展，刀架结构形式也在不断更新。

刀架是直接完成切削加工的执行部件，所以刀架在结构上必须具有良好的强度和刚度，以承受粗加工时的切削抗力。由于切削加工精度在很大程度上取决于刀尖位置，故要求数控车床选择可靠的定位方案和合理的定位结构，以保证有较高的重复定位精度（一般为0.001~0.005mm）。此外，还应满足换刀时间短、结构紧凑、安全可靠等要求。

数控车床的刀架系统按换刀方式分，主要有排刀式刀架、回转式刀架和带刀库的自动换刀装置等。

1. 排刀式刀架

排刀式刀架一般用于小规格数控车床，以加工棒料。它的结构形式为夹持着各种不同用途刀具的刀夹沿着机床的 X 轴方向排列在横向滑板上，刀具的典型布置方式如图 6-38 所示。这种刀架在刀具布置和机床调整等方面都较方便，可以根据具体工件的车削工艺要求任意组合各种不同用途的刀具，一把刀完成车削任务后，横向滑板只要按程序沿 X 轴移动预先设定的距离，第二把刀就到达加工位置，这样就完成了机床的换刀动作。这种换刀方式迅速省时，有利于提高机床的生产率。若使用图 6-39 所示的快换台板实现成组刀具的机外预调，可使换刀时间大为缩短。另外，还可以安装各种不同用途的动力刀具来完成简单的钻、铣、攻螺纹等二次加工工序，以使机床在一次装夹中完成工件的全部或大部分加工工序。

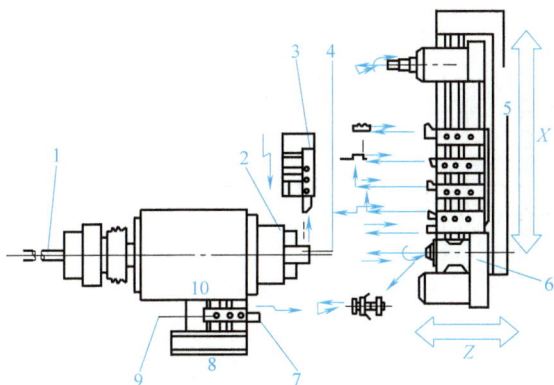

图 6-38　排刀式刀架刀具的布置形式

1—棒料送进装置　2—卡盘　3—切断刀架　4—工件
5—刀具　6—附加主轴头　7—去飞边和背面加工刀具
8—工件托料盘　9—切向刀架　10—主轴箱

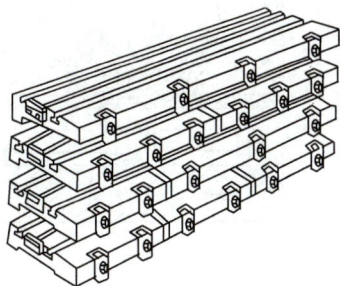

图 6-39　快换台板

2. 回转式刀架

（1）经济型数控车床方刀架　经济型数控车床方刀架是在普通车床四方刀架的基础上发展的一种自动换刀装置，其功能和普通四方刀架一样：有四个刀位，能装夹四把不同功能的刀具，方刀架回转 90° 时，刀具变换一个刀位，但方刀架的回转和刀位号的选择由加工程序指令控制。换刀时方刀架的动作顺序是：刀架抬起、刀架转位、刀架定位和夹紧刀架。数控车床方刀架的结构如图 6-40 所示。

该刀架可以安装四把不同的刀具，转位信号由加工程序指定。当换刀指令发出后，小型电动机 1 启动正转，通过平键套筒联轴器 2 使蜗杆轴 3 转动，从而带动蜗轮 4 转动。蜗轮 4

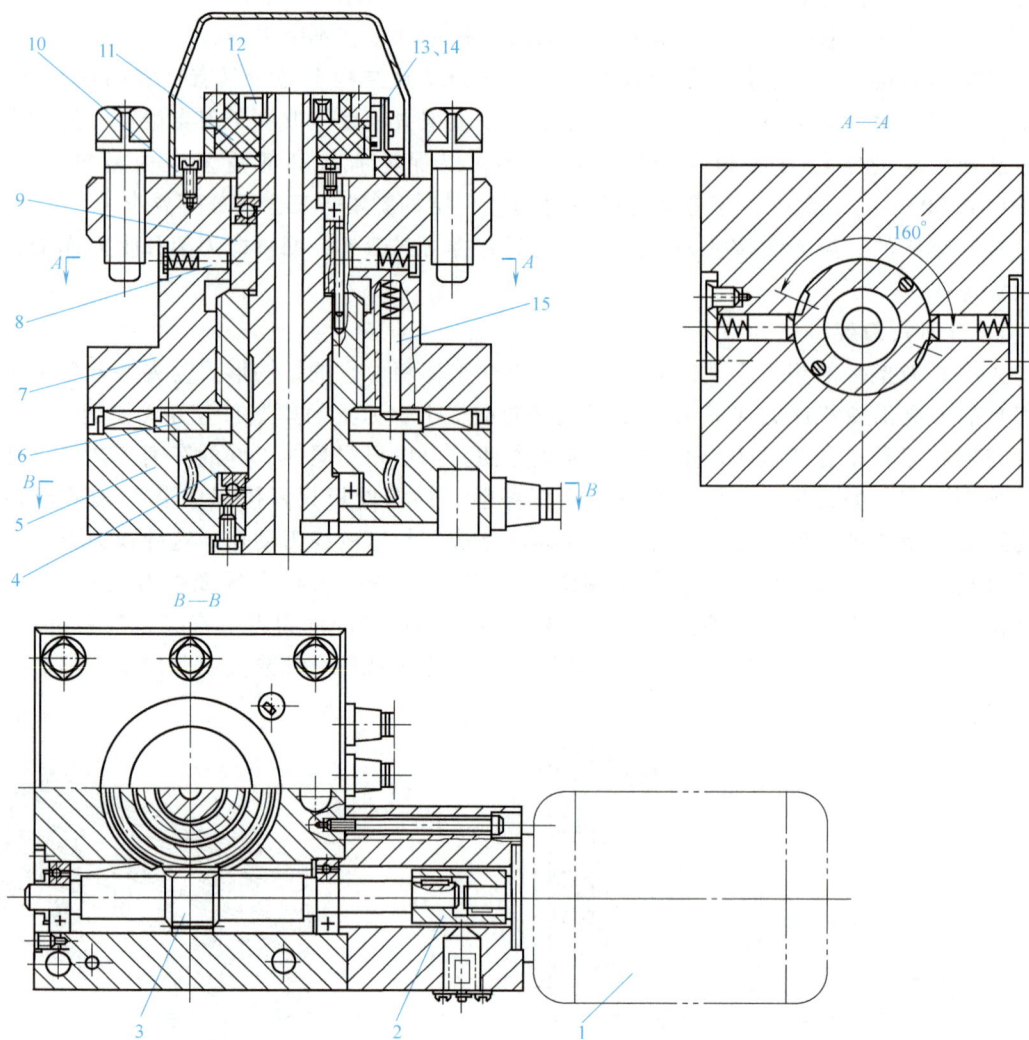

图 6-40　数控车床方刀架的结构

1—电动机　2—联轴器　3—蜗杆轴　4—蜗轮　5—刀架底座　6—粗定位盘　7—刀架体
8—球头销　9—转位套　10—电刷座　11—发信体　12—螺母　13、14—电刷　15—粗定位销

的上部外圆柱上加工有外螺纹，故又称该零件为蜗轮丝杠。刀架体 7 内孔加工有内螺纹，与蜗轮丝杠旋合。蜗轮丝杠内孔与刀架中心轴外圆是间隙配合，在转位换刀时，中心轴固定不动，蜗轮丝杠环绕中心轴旋转。当蜗轮开始转动时，由于在刀架底座 5 和刀架体 7 上的端面齿处在啮合状态，且蜗轮丝杠轴向固定，这时刀架体 7 抬起。当刀架体抬至一定距离后，端面齿脱开。转位套 9 用销钉与蜗轮丝杠联接，随蜗轮丝杠一同转动。当端面齿完全脱开时，转位套 9 正好转过 160°（图 6-40 中 A—A），球头销 8 在弹簧力的作用下进入转位套 9 的槽中，带动刀架体转位。刀架体 7 转动时带着电刷座 10 转动，当转到程序指定的刀号时，粗定位销 15 在弹簧的作用下进入粗定位盘 6 的槽中进行粗定位，同时电刷 13、14 接触导通，使电动机 1 反转。由于粗定位槽的限制，刀架体 7 不能转动，使其在该位置垂直落下，刀架

体 7 和刀架底座 5 上的端面齿啮合，实现精确定位。电动机继续反转，此时蜗轮停止转动，蜗杆轴 3 继续转动，随夹紧力的增加，转矩不断增大。当转矩达到一定值时，在传感器的控制下，电动机 1 停止转动。

译码装置由发信体 11 和电刷 13、14 组成，电刷 13 负责发信，电刷 14 负责位置判断。当刀架定位出现过位或不到位时，可松开螺母 12，调好发信体 11 与电刷 14 的相对位置。这种刀架在经济型数控车床及普通车床的数控化改造中得到了广泛的应用。

（2）盘形自动回转刀架　图 6-41 所示为 CK7815 型数控车床采用的 BA20OL 型回转刀架的结构图。该刀架可配置 12 位（A 型或 B 型）、8 位（C 型）刀盘。A、B 型回转刀盘的外切刀可使用 25mm×150mm 标准刀具和刀杆截面为 25mm×25mm 的可调工具，C 型回转刀盘可用尺寸为 20mm×20mm×125mm 的标准刀具，镗刀杆直径最大为 32mm。

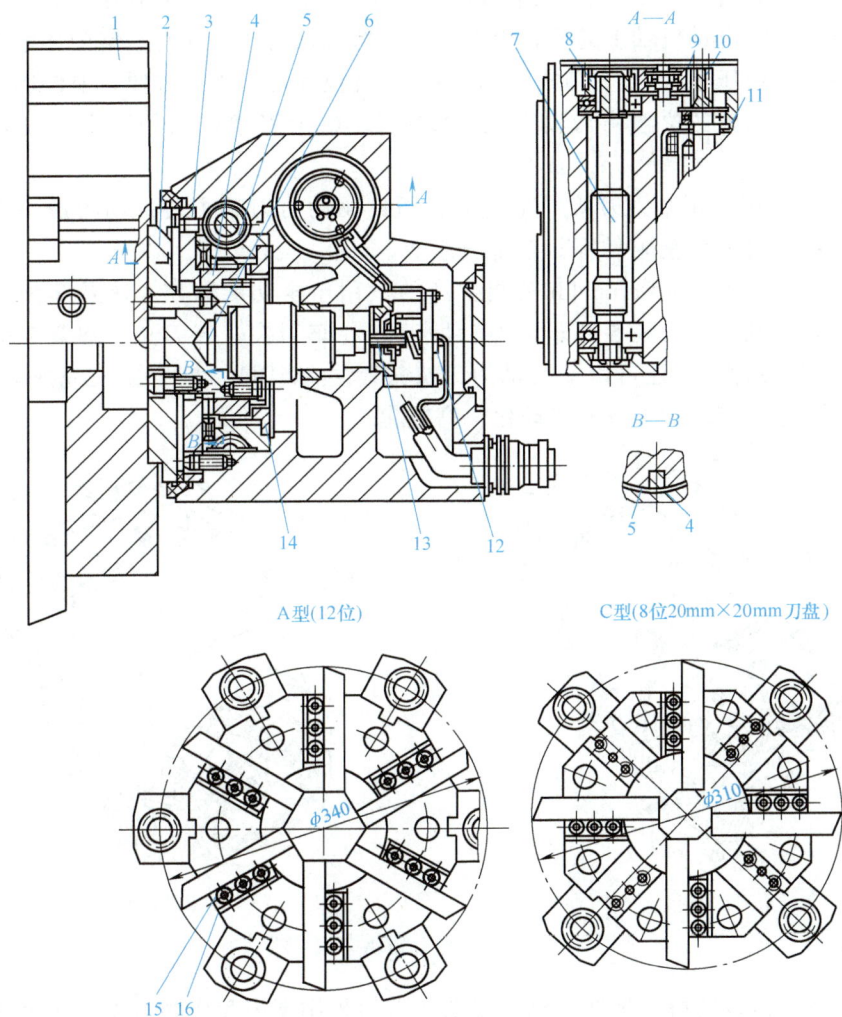

图 6-41　BA20OL 型回转刀架

1—刀架　2、3—端面齿盘　4—滑块　5—蜗轮　6—轴　7—蜗杆　8、9、10—传动齿轮
11—电动机　12—微动开关　13—小轴　14—圆环　15—压板　16—楔铁

刀架转位为机械传动，端面齿盘定位。转位开始时，电磁制动器断电，电动机 11 通电转动，通过齿轮 10、9、8 带动蜗杆 7 旋转，使蜗轮 5 转动。蜗轮内孔有螺纹与轴 6 上的螺纹配合。端面齿盘 3 被固定在刀架箱体上，轴 6 固连在端面齿盘 2 上，端面齿盘 2 和端面齿盘 3 处于啮合状态，所以当蜗轮转动时，使得轴 6、端面齿盘 2 和刀架 1 同时向左移动，直到端面齿盘 2 与 3 脱离啮合。轴 6 的外圆柱面上有两个对称槽，内装滑块 4。蜗轮 5 的右侧固定连接圆环 14，圆环左侧端面上有凸块，所以蜗轮和圆环同时旋转。当端面齿盘 2、3 脱开后，与蜗轮固定在一起的圆环 14 上的凸块正好碰到滑块 4，蜗轮继续转动，通过圆环 14 上的凸块带动滑块 4 连同轴 6、刀盘一起进行转位。到达要求位置后，电刷选择器发出信号，使电动机 11 反转，这时蜗轮 5 及圆环 14 反向旋转，凸块与滑块 4 脱离，不再带动轴 6 转动；同时，蜗轮 5 与轴 6 上的旋合螺纹使轴 6 右移，端面齿盘 2、3 啮合并定位。压紧端面齿盘的同时，轴 6 右端的小轴 13 压下微动开关 12，发出转位结束信号，电动机断电，电磁制动器通电，维持电动机轴上的反转力矩，以保持端面齿盘之间有一定的压紧力。

刀具在刀盘上由压板 15 及调节楔铁 16 夹紧，更换和对刀十分方便。刀位选择由电刷选择器进行，松开、夹紧的位置由微动开关 12 控制。整个刀架控制是一个电气系统，结构简单。

（3）车削中心用自驱动力刀架 车削中心用自驱动力刀架主要由动力源、变速装置和刀具附件（钻孔附件和铣削附件等）三部分组成。

图 6-42a 所示为意大利 Baruffaldi 公司生产的适用于全功能数控车床及车削中心的动力转塔刀架，刀盘上既可以安装各种非动力辅助刀夹（车刀夹、镗刀夹、弹簧夹头、莫氏刀柄），夹持刀具进行加工，还可以安装动力刀夹进行主动切削，配合主机完成车、铣、钻、镗等各种复杂工序，实现加工程序自动化、高效化。

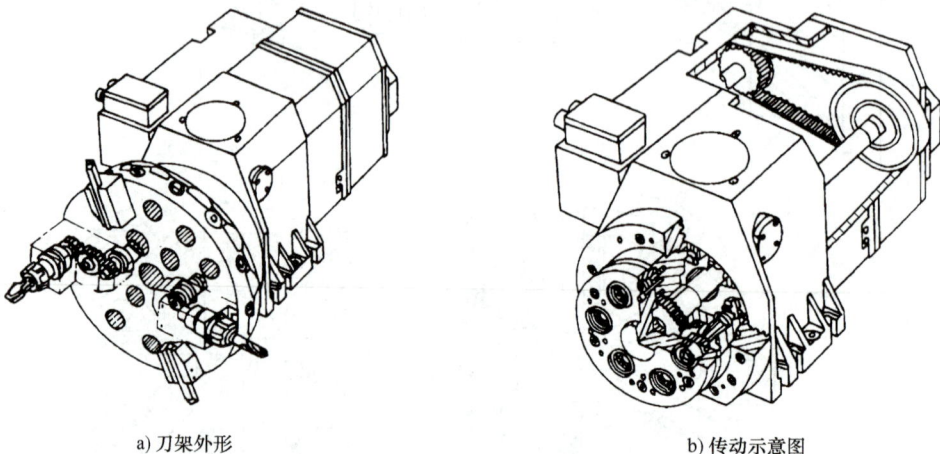

a) 刀架外形   b) 传动示意图

图 6-42 动力转塔刀架

图 6-42b 所示为该转塔刀架的传动示意图。刀架采用端齿盘作为分度定位元件，刀架转位由三相异步电动机驱动，电动机内部带有制动机构，刀位由二进制数绝对编码器识别，并可双向转位和任意刀位就近选刀。动力刀具由交流伺服电动机驱动，通过同步带、传动轴、传动齿轮、端面齿离合器将动力传递到动力刀夹，再通过刀夹内部的齿轮传动使刀具回转，实现主动切削。

图 6-43 所示为高速钻孔附件，轴套 4 的 A 部装入转塔刀架的刀具孔中。刀具主轴 3 的右端装有锥齿轮 1，与动力转塔刀架的中央锥齿轮相啮合。主轴前端支承是三个角接触球轴承 5，后支承为滚针轴承 2。主轴头部有弹簧夹头 6。拧紧外面的套，就可靠锥面的收紧力夹持刀具。

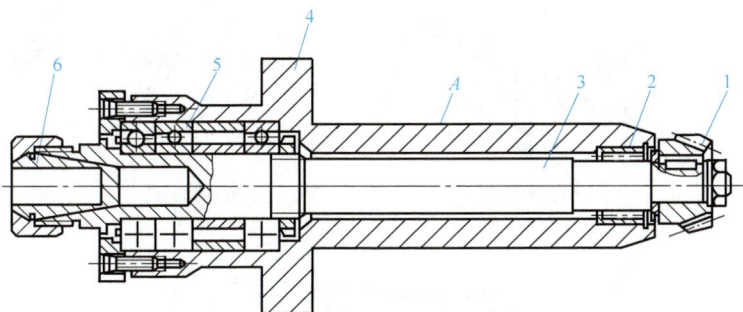

图 6-43 高速钻孔附件

1—锥齿轮 2—滚针轴承 3—主轴 4—轴套 5—角接触球轴承 6—弹簧夹头

3. 带刀库的自动换刀装置

随着数控车床进一步向柔性化发展，以及对用途广泛的工件进行中小批量加工，或根据工件工艺的要求需要数量较多的刀具时，应采用带刀库的自动换刀装置。带刀库的自动换刀装置由刀库和刀具交换机构组成。数控车床上的这种换刀装置多数采用刀具编码式选刀方式，刀库的容量为 10~30 把刀。

数控车床的自动换刀装置主要采用回转刀盘，刀盘上安装 8~12 把刀。有的数控车床采用两个刀盘，实行四坐标控制，少数数控车床也具有刀库形式的自动换刀装置。图 6-44a 所示为在刀架上安装的刀具与主轴中心平行的回转刀盘，回转刀盘既有回转运动又有纵向进给运动（s_Z）和横向进给运动（s_H）。图 6-44b 所示为刀盘中心线相对于主轴中心线倾斜的回转刀盘，刀盘上有 6~8 个刀位，每个刀位上可装两把刀具，分别加工外圆和内孔。图 6-44c 所示为装有两个刀盘的数控车床，刀盘 1 的回转中心与主轴中心线平行，用于加工外圆；刀盘 2 的回转中心线与主轴中心线垂直，用于加工内表面。图 6-44d 所示为安装有刀库的数控车床，刀库可以是回转式或链式，通过机械手交换刀具。图 6-44e 所示为带鼓轮式刀库的车削中心，回转刀盘上装有多把刀具，鼓轮式刀库上可装 6~8 把刀，机械手可将刀库中的刀具换到刀具转轴上，刀具转轴可由电动机驱动回转，进行铣削加工，回转头可交换采用回转刀盘和刀具转轴轮番进行加工。无论何种形式的自动换刀装置，所需刀具的数目均取决于零件的加工工艺。自动换刀装置的结构形式主要取决于数控车床的结构与性能要求。

如图 6-45 所示的自动换刀数控车床中，链式刀库安装在车床尾部，机械手与刀库直接交换刀具。为了节省占地面积，链环装在车床尾部的一个立柱上。

二、尾座

CK7815 型数控车床尾座的结构如图 6-46 所示。当手动移动尾座到所需位置后，先用螺柱 16 进行预定位。拧紧螺柱 16 时，两楔块 15 上的斜面顶出销轴 14，使尾座紧贴在矩形导轨的两内侧面上，然后用螺母 3、螺柱 4 和压板 5 将尾座紧固。这种结构可以保证尾座的定

a) 回转刀盘1   b) 回转刀盘2   c) 双回转刀盘   d) 链式刀库数控车床

e) 鼓轮式刀库数控车床

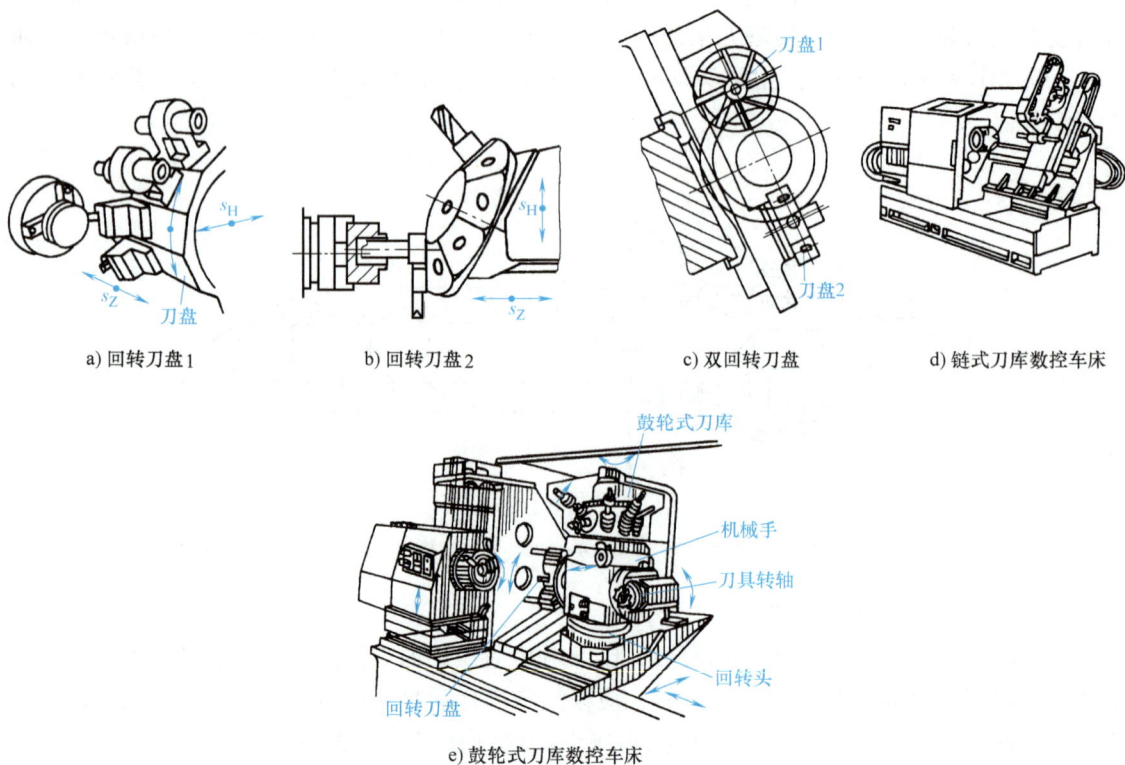

图 6-44　数控车床上的自动换刀装置

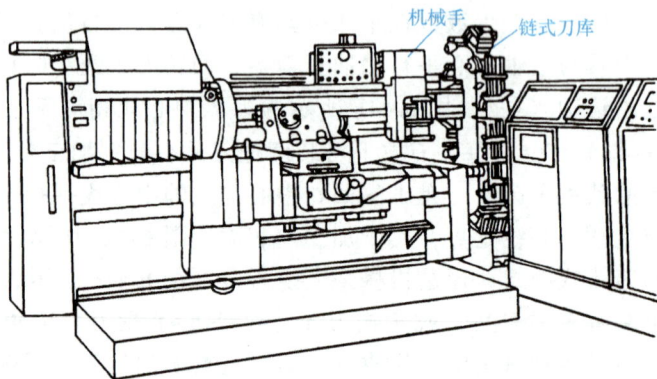

图 6-45　自动换刀数控车床

位精度。

尾座套筒内轴 9 上装有顶尖，因套筒内轴 9 能在尾座套筒内的轴承上转动，故顶尖是回转顶尖。为了使顶尖保证高的回转精度，前轴承选用 NN3000K 双列短圆柱滚子轴承，轴承径向间隙用螺母 8 和 6 调整；后轴承为三个角接触球轴承，由防松螺母 10 来固定。

尾座套筒与尾座孔的配合间隙用内、外锥套 7 来做微量调整。当向内压外锥套时，内锥套内孔缩小，即可使配合间隙减小；反之间隙变大。其压紧力用端盖来调整。尾座套筒用压力油驱动：若在油孔 13 内通入压力油，则尾座套筒 11 向前运动；若在油孔 12 内通入压力

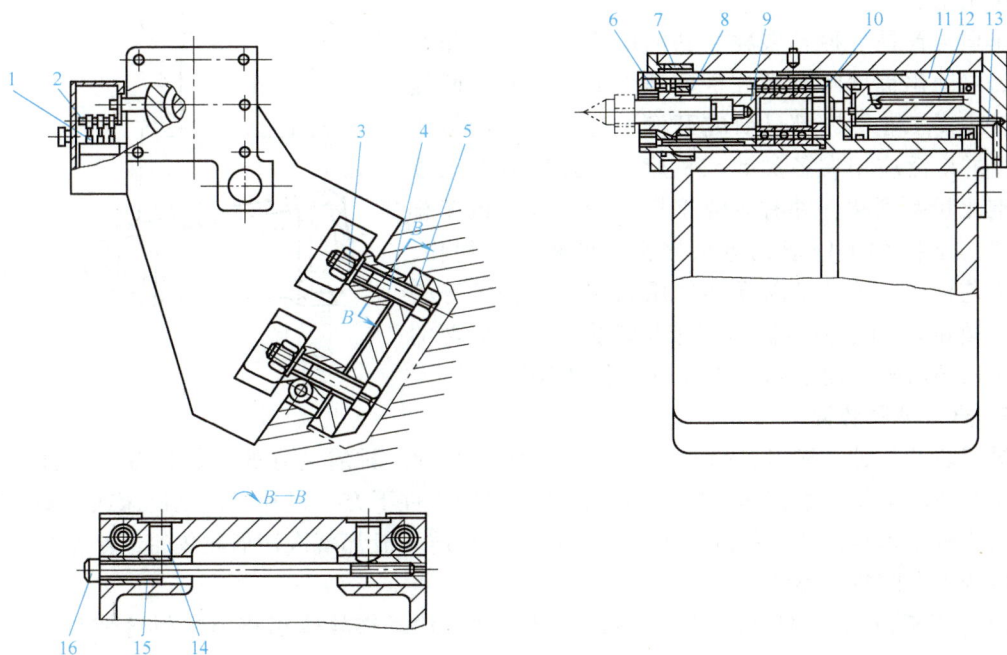

图 6-46　CK7815 型数控车床尾座的结构
1—开关　2—挡铁　3、6、8、10—螺母　4、16—螺柱　5—压板　7—锥套
9—套筒内轴　11—套筒　12、13—油孔　14—销轴　15—楔块

油，则尾座套筒 11 向后运动。其移动的最大行程为 90mm，预紧力的大小用液压系统的压力来调整。在系统压力为 $(5\sim15)\times10^5$Pa 时，油缸的推力为 1500~5000N。

尾座套筒行程大小可以用安装在尾座套筒 11 上的挡铁 2 通过行程开关 1 来控制。尾座套筒的进退由操作面板上的按钮来操纵。在电路上尾座套筒的动作与主轴互锁，即在主轴转动时，按动尾座套筒退出按钮，套筒并不动作，只有在主轴停止状态下，尾座套筒才能退出，以保证安全。在主轴达到 5000r/min 的高速度时，尾座不能用最大顶紧力。

三、排屑装置

1. 排屑装置在数控机床上的作用

数控机床的出现和发展，使机械加工的效率大大提高。也就是说，在单位时间内数控机床的金属切削量大大高于普通机床，而工件上的多余金属在变成切屑后所占的空间将成倍加大。这些切屑堆占加工区域，如果不及时排除，必然会覆盖或缠绕在工件和刀具上，使自动加工无法继续进行。此外，炽热的切屑向机床或工件散发的热量，会使机床或工件产生变形，影响加工的精度。因此，迅速、有效地排除切屑对数控机床加工来说是十分重要的，而排屑装置正是完成这项工作的一种数控机床的必备附属装置。排屑装置的主要作用是将切屑从加工区域排出数控机床之外。数控车床和磨床上的切屑中往往混合着切削液，排屑装置从其中分离出切屑，并将它们送入切屑收集箱（车）内；而切削液则被回收到切削液箱。数控铣床、加工中心和数控铣镗床的工件安装在工作台面上，切屑不能直接落入排屑装置，故往往需要采用大流量切削液冲刷或压缩空气吹扫等方法使切屑进入排屑槽，然后再回收切削液并排出切屑。

排屑装置是一种具有独立功能的附件，其工作可靠性和自动化程度随着数控机床技术的发展而不断提高。各主要工业国家都已研究开发了各种类型的排屑装置，并广泛应用在各类数控机床上。这些装置已逐步标准化和系列化，并有专业工厂生产。数控机床排屑装置的结构和工作形式应根据机床的种类、规格、加工工艺特点、工件的材质和使用的切削液种类等来选择。图 6-47 所示为数控车床床身结构，床身底部的油盘制成倾斜式，便于切屑的自动集中和排出。

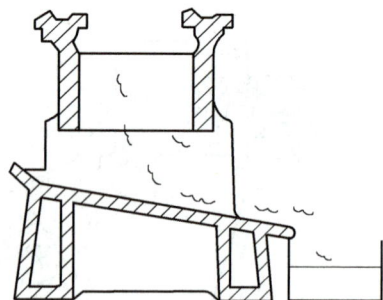

图 6-47　底部油盘倾斜式床身

2. 典型排屑装置

排屑装置的种类繁多，图 6-48 所示为其中的几种。排屑装置的安装位置一般都尽可能靠近刀具切削区域。数控车床的排屑装置装在回转工件下方，以利于简化机床或排屑装置结构，减小机床占地面积，提高排屑效率。排出的切屑一般都落入切屑收集箱或小车中，有的则直接排入车间排屑系统。

（1）平板链式排屑装置（图 6-48a）　该装置以滚动链轮牵引钢质平板链带在封闭箱中运转，加工中的切屑落到链带上被带出机床。这种装置能排除各种形状的切屑，适应性强，各类机床都能采用。在车床上使用时多与机床切削液箱合为一体，以简化机床结构。

（2）刮板式排屑装置（图 6-48b）　该装置的传动原理与平板链式排屑装置的传动原理基本相同，只是链板不同，为刮板链板。这种装置常用于输送各种材料的短小切屑，排屑能力较强，但因负载大，故需采用较大功率的驱动电动机。

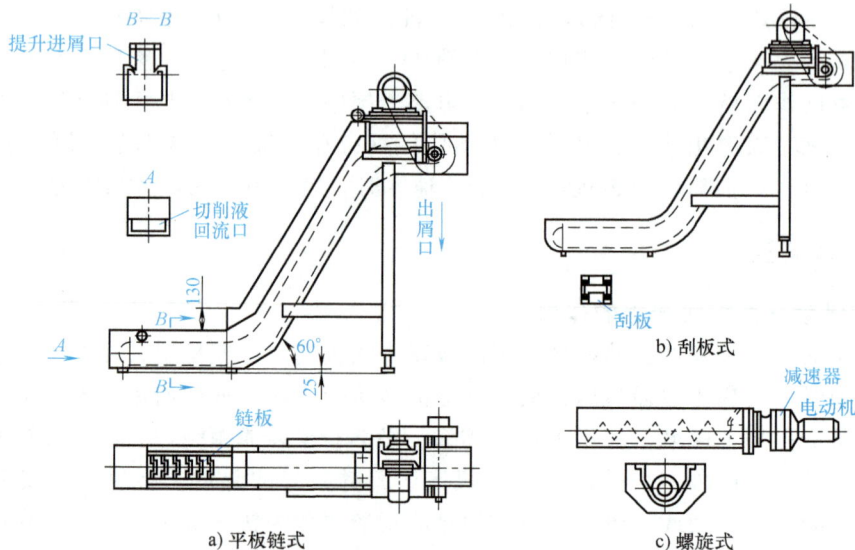

图 6-48　排屑装置

（3）螺旋式排屑装置（图 6-48c）　该装置由电动机经减速装置驱动安装在沟槽中的一根长螺旋杆。螺旋杆转动时，沟槽中的切屑即由螺旋杆推动连续向前运动，最终排入切屑收集箱。螺旋杆有两种形式：一种是用扁形钢条卷成螺旋弹簧状；另一种是在轴上焊上螺旋形钢板。这种装置占据空间小，适于安装在机床与立柱间空隙狭小的位置上。螺旋式排屑装置结构简单，排屑性能良好，但只适于沿水平或小角度倾斜直线方向排运切屑，不能大角度倾斜、提升或转向排屑。

任务实施

先进加工技术

一、活动内容

本活动要求如下：

1）分组拆装数控车床方刀架。
2）分组对数控车床方刀架进行维护保养。
3）分组讨论普通车床和数控车床刀架的区别。
4）分组对数控机床排屑装置进行清洗和维护。

活动1：认识数控车床辅助装置的结构

1）拆装数控车床方刀架并进行维护保养。
在实训车间，对数控车床的方刀架进行拆装实训，可以对照图6-40进行。
2）分析数控车床方刀架与普通车床方刀架的区别。
3）对数控车床的方刀架进行维护保养。

活动2：观察数控机床各种排屑装置，分析其特点和适用范围

1）观察并说明平板链式、刮板式、螺旋式排屑装置的特点。
2）比较分析三种排屑装置的适用范围。
3）对各种排屑装置进行清洗和维护。

二、考核评价

根据活动内容填写考核评价表，见表6-4。

表 6-4　考核评价表

序号	考核项目	考核内容要求	配分	学生自检	学生互检	教师检测	得分
1	职业素养	文明、礼仪	5				
2		安全、纪律	10				
3		行为习惯	5				
4		工作态度	5				
5		团队合作	5				
6	数控车床方刀架的拆装和维护保养	能正确拆装数控车床的方刀架	15				
7		能分析数控车床方刀架与普通车床方刀架的区别	15				
8		能对数控车床方刀架进行维护保养	10				
9	分析数控机床各种排屑装置	能说明平板链式、刮板式、螺旋式排屑装置的特点	10				
10		能说明平板链式、刮板式、螺旋式排屑装置的适用范围	10				
		对各种排屑装置进行清洗和维护	10				
	综合评价						

任务描述

具有刀库的数控机床称为加工中心。在加工中心上，工件经一次装夹后，数控系统能控制机床按不同工序自动选择和更换刀具，自动改变机床主轴转速、进给量、刀具相对工件的运动轨迹及其他辅助功能，依次完成工件一个或几个面上多工序的加工。因此，刀库中的刀具数量决定了加工中心的加工能力，刀具数越多，则加工能力越强。本任务主要通过对刀库进行维护保养来认识刀库的结构和刀库的作用。

知识链接

一、刀库的类型与容量

刀库是加工中心自动换刀装置中最主要的部件之一，其容量、布局，以及具体结构对加工中心的设计有很大影响。刀库的功能是用来储存加工工序所需的各种刀具，并按程序指令，把将要用的刀具准确地送到换刀位置，并接受从主轴送来的已用刀具。由于多数加工中心的取送刀位置都是刀库中的某一固定刀位，因此刀库还需要有使刀具运动及定位的机构来保证换刀的可靠性。其可采用液压传动或电动机驱动，如果需要减速机构。刀库的定位机构是保证更换的每一把刀具或刀套都能准确地停在换刀位置上。其控制部分可以采用简易位置控制器或类似半闭环进给系统的伺服位置控制，也可以采用电气和机械相结合的销定位方式，一般要求综合定位精度达到 0.1~0.5mm。

根据刀库所需要的容量和取刀方式，可以将刀库设计成多种形式。图 6-49 所示为常用刀库的形式。图 6-49a~d 所示为单盘式刀库，为适应机床主轴的布局，刀库的刀具轴线可以按不同的方向配置，图 6-49d 所示为刀具可做 90°翻转的圆盘刀库，采用这种结构能够简化取刀动作。单盘式刀库的结构简单，取刀也较为方便，因此应用最为广泛。但由于圆盘尺寸受限制，刀库的容量较小（通常装 15~30 把刀）。

当需要存放更多数量的刀具时，可以采用图 6-49e~h 所示的刀库，它们充分利用了机床周围的有效空间，且刀库的外形尺寸又不过于庞大。图 6-49e 所示为鼓筒弹夹式刀库，其结构十分紧凑，在相同的空间内，它的刀库容量较大，但选刀和取刀的动作较复杂。图 6-49f 所示为链式刀库，其结构有较大的灵活性，存放刀具的数量也较多，选刀和取刀动作十分简单。当链条较长时，可以增加支承链轮的数目，使链条折叠回绕，提高空间利用率。图 6-49g 和图 6-49h 所示分别为多盘式和格子式刀库，它们虽然也具有结构紧凑的特点，但选刀和取刀动作复杂，较少应用。

1. 刀库的类型

加工中心上普遍采用的刀库是盘式刀库和链式刀库。密集型的鼓筒弹夹式刀库或格子式刀库虽然占地面积小，可是由于结构的限制，已很少用于单机加工中心。密集型的固定刀库目前多用于 FMS 中的集中供刀系统。

（1）盘式刀库　盘式刀库如图 6-50 所示，其结构简单，应用较多。由于其刀具呈环形排列，故空间利用率低，因此有时将刀具在盘中采用双环或多环排列，以增加空间的利用率。但这样一来使刀库的外径过大，转动惯量也很大，选刀时间也较长。因此，盘式刀库一般适用于刀具容量较少的刀库。

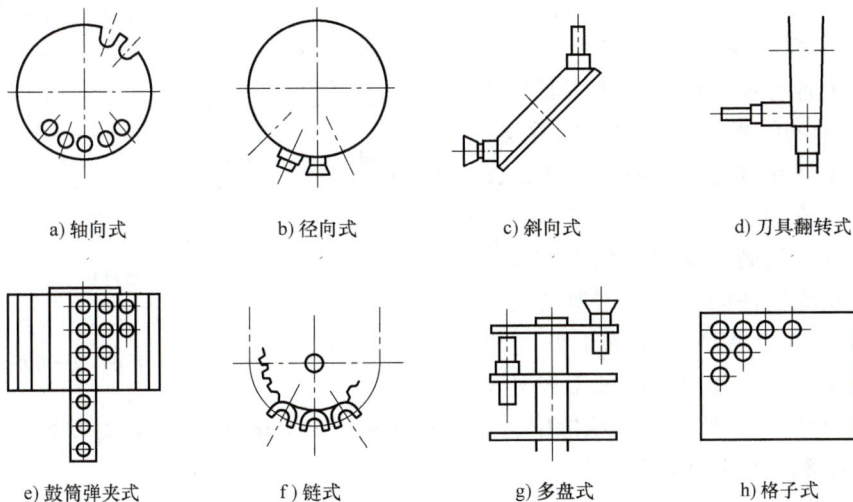

a) 轴向式　　b) 径向式　　c) 斜向式　　d) 刀具翻转式

e) 鼓筒弹夹式　　f) 链式　　g) 多盘式　　h) 格子式

图 6-49　常用刀库的形式

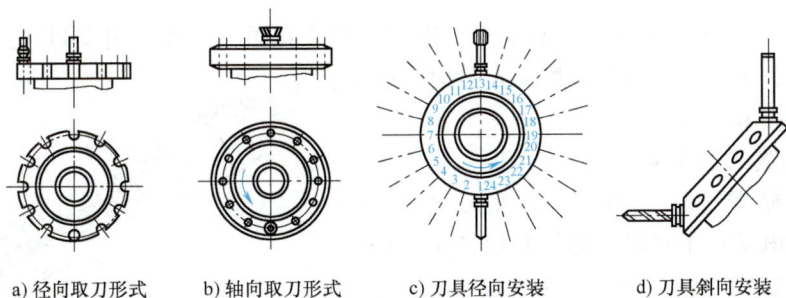

a) 径向取刀形式　　b) 轴向取刀形式　　c) 刀具径向安装　　d) 刀具斜向安装

图 6-50　盘式刀库的形式

（2）链式刀库　如图 6-51 所示，链式刀库的结构紧凑，刀库容量较大，链环的形状可以根据机床的布局配置成各种形状，也可将换刀位突出，以利于换刀。当链式刀库需增加刀具容量时，只需增加链条的长度和支承链轮的数目，在一定范围内，无须变更线速度及转动惯量。这些特点也为系列刀库的设计与制造带来了很大的方便，可以满足不同的使用条件。

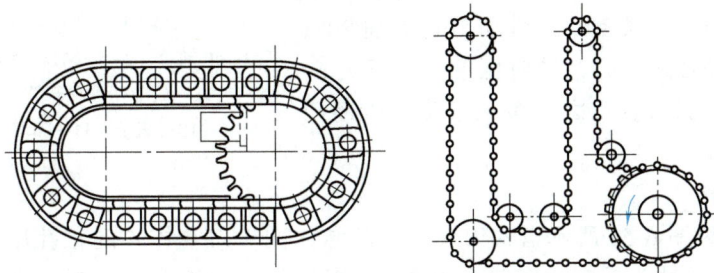

图 6-51　链式刀库的形式

一般刀具数量为 30~120 把时，多采用链式刀库。

2. 刀库的容量

刀库的容量首先要考虑加工工艺的需要。例如，立式加工中心的主要加工方法为钻削和铣削，采用成组技术对 15000 种工件进行分组，并统计了各种加工所必需的刀具数后，得出图 6-52 所示的结果。从图中可以看出，4 把铣刀可完成工件 90% 左右的铣削工艺，10 把孔加工刀具可完成 70% 左右的钻削工艺，因此 14 把刀的容量就可完成 70% 以上的工件钻、铣工艺。如果从完成工件的全部加工所需的刀具数目统计，所得的结果是 80% 的工件（中等尺寸，复杂程度一般）完成全部加工任务所需的

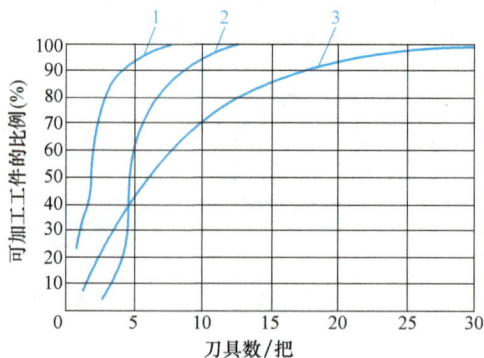

图 6-52　加工工件与刀具数的关系
1—铣削　2—车削　3—钻削

刀具数在 40 种以下。所以，一般的中、小型立式加工中心配有 14~30 把刀具的刀库就能够胜任 70%~95% 的工件的加工需要。

二、刀库的结构与工作过程

1. 刀库的结构

图 6-53 所示为某立式加工中心盘式刀库的结构示意图，主要由电动机 1、蜗杆 3、蜗轮 4、刀盘 12、刀套 11、气缸 5 和拨叉 8 等构件组成，其具体结构如图 6-54 所示。

2. 刀库的选刀过程

根据图 6-53 所示，当数控系统发出选刀指令时，直流伺服电动机 1 经联轴器 2 和蜗杆 3、蜗轮 4 带动刀盘 12 和安装在其上的 16 个刀套旋转相应的角度，完成选刀的过程。

3. 刀套的翻转过程

如图 6-53 所示，当待换刀具转到换刀位置时，刀套尾部的滚子 10 转入拨叉 8 的槽内。这时，气缸 5 的下腔通入压缩空气，活塞带动拨叉上升，同时松开行程开关 7，以断开相应电路，防止刀库、主轴等出现误动作。拨叉上升，带动刀套下翻 90°，使刀具轴线与主轴轴线平行，同时压下行程开关 6，发出信号使机械手抓刀；反之，拨叉下降，带动刀套上翻 90°。

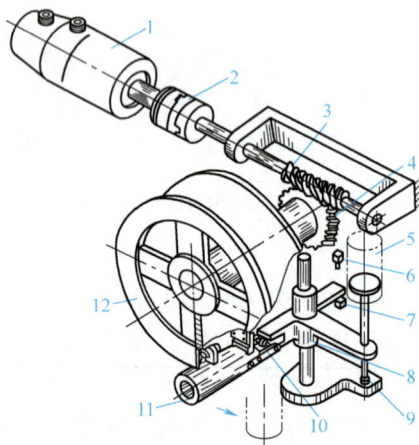

图 6-53　刀库的结构示意图
1—电动机　2—联轴器　3—蜗杆　4—蜗轮
5—气缸　6、7—行程开关　8—拨叉　9—挡标
10—滚子　11—刀套　12—刀盘

4. 刀套的结构

图 6-55 所示为图 6-53 所示盘式刀库刀套的结构图。刀套体 4 的锥孔尾部有两个球头销钉 3。在螺纹套 2 与球头销钉之间装有弹簧 1。当刀具装入刀套体 4 时，在弹簧力的作用下刀具被夹紧。

a)

b)

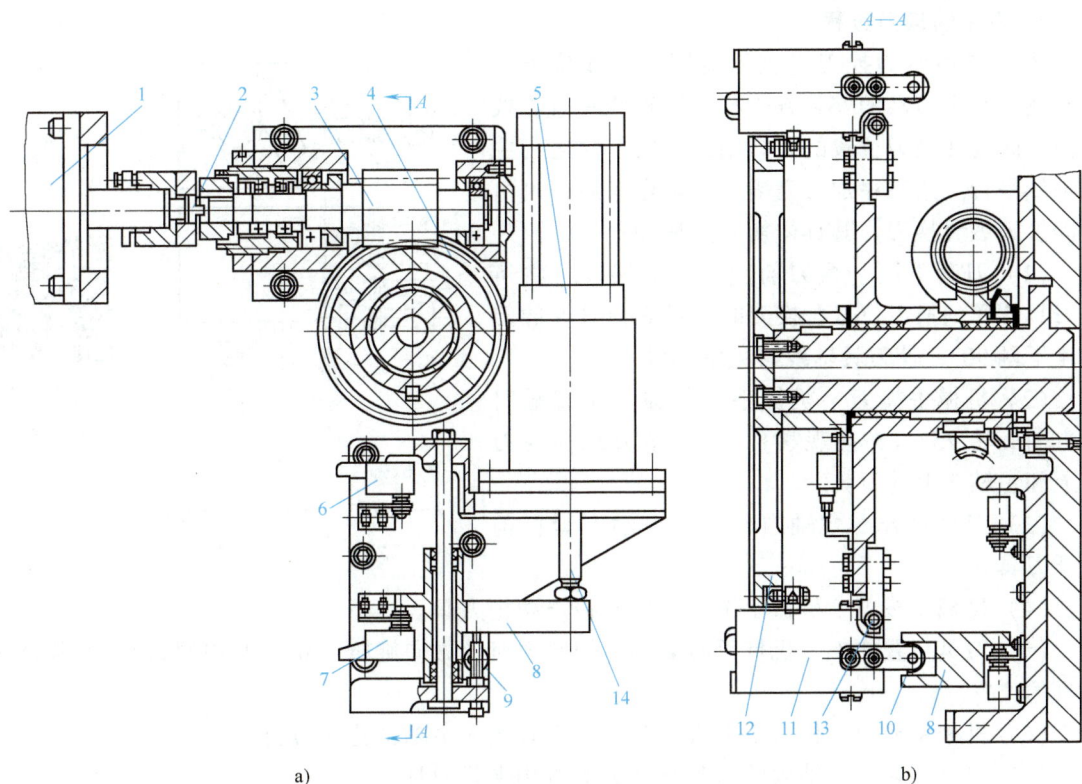

图 6-54　刀库具体结构图

1—电动机　2—联轴器　3—蜗杆　4—蜗轮　5—气缸　6、7—行程开关　8—拨叉
9—挡标　10—滚子　11—刀套　12—刀盘　13—销轴　14—活塞杆

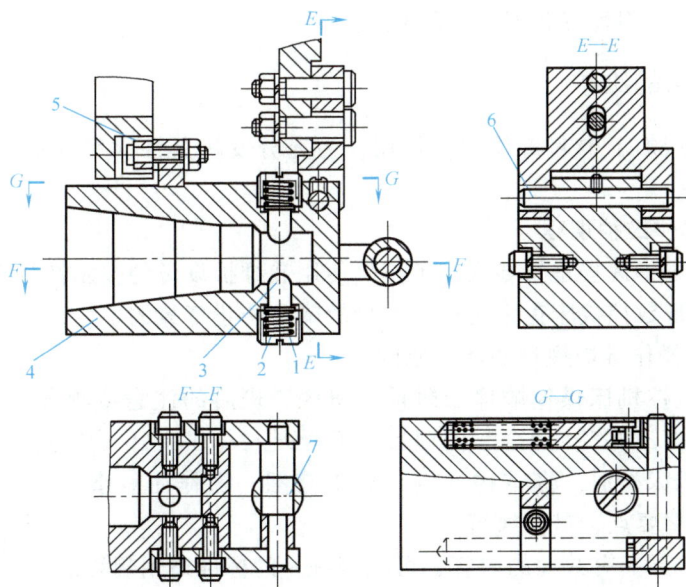

图 6-55　刀套结构图

1—弹簧　2—螺纹套　3—球头销钉　4—刀套体　5—滚套　6—销轴　7—滚子

5. 刀库的换刀过程

图 6-56 所示为换刀过程示意图，刀库位于立柱左侧，其中刀具的安装方向与主轴轴线垂直，换刀前应改变在换刀位置的刀具轴线方向，使之与主轴轴线平行。某工序加工完毕，主轴定向后，可由自动换刀装置换刀。其具体换刀过程如下：

（1）刀套下翻　换刀前，刀库 2 转动，将待换刀具 5 送到换刀位置。换刀时，带有刀具 5 的刀套 4 下翻 90°，使刀具轴线与主轴轴线平行。

（2）机械手抓刀　机械手 1 从原始位置顺时针方向旋转 75°（K 向观察），两手爪分别抓住刀库上和主轴 3 上的刀具。

（3）刀具松开　主轴内的刀具自动夹紧机构松开刀具。

图 6-56　换刀过程示意图
1—机械手　2—刀库　3—主轴
4—刀套　5—刀具

数控机床
换刀过程

（4）机械手拔刀　机械手下降，同时拔出两把刀具。

（5）刀具位置交换　机械手带着两把刀具逆时针方向旋转 180°（K 向观察），交换两把刀具的位置。

（6）机械手插刀　机械手上升，分别把刀具插入主轴锥孔和刀套中。

（7）刀具夹紧　主轴内的刀具自动夹紧机构夹紧刀具。

（8）液压缸活塞复位　驱动机械手逆时针方向旋转 180°的液压缸活塞复位（机械手无动作）。

（9）机械手松刀　机械手 1 逆时针方向旋转 75°（K 向观察），松开刀具回到原始位置。

（10）刀套上翻　刀套带着刀具上翻 90°。

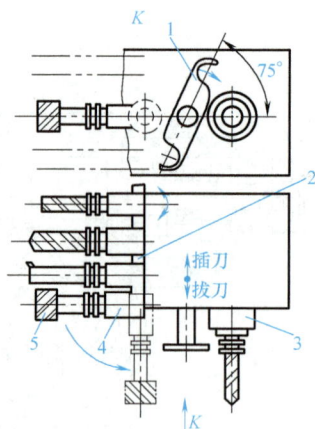

三、数控机床的维护

数控机床在生产加工中起着关键的作用，为充分发挥其性能和效益，必须加强使用管理，并要精心维护。

1. 数控机床操作维护规程

数控机床操作维护规程是指导操作工正确使用和维护设备的技术性规范，每个操作工必须严格遵守，以保证数控机床正常运行，减少故障，防止事故的发生。

（1）数控机床操作维护规程的制订原则

1）一般应按数控机床操作顺序及班前、班中、班后的注意事项分列，力求内容精炼、简明、适用，属于"三好""四会"的项目，不再列入（在项目一任务四中已叙述）。

2）按照数控机床类别，将结构特点、加工范围、操作注意事项、维护要求等分别列出，便于操作工掌握要点，贯彻执行。

3）各类数控机床具有共性的内容，可编制统一的标准通用规程。

4）重点设备、高精度、大重型及稀有关键数控机床，必须单独编制操作维护规程，并用醒目的标志牌、板张贴显示在机床附近，要求操作工特别注意，严格遵守。

（2）操作维护规程的基本内容

1）班前清理工作场地，按日常检查卡规定项目检查各操作手柄、控制装置是否处于停机位置，安全防护装置是否完整牢固，查看电源是否正常，并做好点检记录。

2）查看润滑、液压装置的油质、油量，按润滑图表规定加油，保持油液清洁，油路畅通，润滑良好。

3）确认各部位正常无误后，方可空车启动设备。先空车低速运转 3~5min，查看各部位运转正常、润滑良好后，方可进行工作，不得超负荷、超规范使用设备。

4）工件必须装夹牢固，禁止在机床上敲击夹紧的工件。

5）合理调整各部位行程挡块，定位正确后进行紧固。

6）操纵变速装置必须切实转换到固定位置，使其啮合正常。要停机变速时，不得用反车制动变速。

7）数控机床运转中要经常注意各部位情况，如有异常，应立即停机处理。

8）测量工件、更换工装、拆卸工件都必须停机进行。离开机床时，必须切断电源。

9）要注意保护数控机床的基准面、导轨、滑动面，保持清洁，防止损伤。

10）经常保持润滑及液压系统清洁。盖好箱盖，不允许有水、尘、铁屑等污物进入油箱及电器装置。

11）工作完毕和下班前应清扫机床设备，保持清洁，将操作手柄、按钮等置于非工作位置，切断电源，办好交接班手续。

在制订各类数控机床操作维护规程时，除上述基本内容外，还应针对各机床本身的特点、操作方法、安全要求、特殊注意事项等列出具体要求，便于操作工遵照执行。

2. 数控机床的维护

数控机床的维护是操作工为保持设备正常技术状态，延长使用寿命所必须进行的日常工作，是操作工的主要职责之一。数控机床维护分为日常维护和定期维护。

（1）数控机床的日常维护 数控机床日常维护包括每班维护和周末维护，由操作工负责。

1）每班维护。班前要对设备进行点检，查看有无异状；查看油箱及润滑装置的油质、油量，并按润滑图表规定加油；检查安全装置及电源等是否良好；确认无误后，先空车运转，待润滑情况及各部位正常后方可进入正常工作。设备运行中要严格遵守操作规程，注意观察运转情况，发现异常立即停机处理，对不能自己排除的故障应填写"设备故障清修单"，交维修部检修，修理完毕由操作工验收签字，修理工在设备故障清修单上记录检修及换件情况，交车间机械员统计分析，掌握故障动态。下班前用约 15min 时间清扫、擦拭设备，切断电源，在设备滑动导轨部位涂油，清理工作场地，保持设备整洁。

2）周末维护。在每周末和节假日前，用 1~2h 较彻底清洗设备，清除油污，并由机械员（师）组织维修组进行检查评分考核，公布评分结果。

（2）数控机床定期维护 数控机床定期维护是在维修工辅导配合下，由操作工进行的定期维修作业，按设备管理部门的计划执行。在维护作业中发现的故障隐患，一般由操作工自行调整，不能自行调整则以维修工为主，操作工配合，并按规定做好记录，报送机械员（师）登记，转设备管理部门存档。设备定期维护后，要由机械员（师）组织维修组逐台验收，设备管理部门抽查，作为对车间执行计划的考核。

数控机床定期维护的主要内容如下：

1）每月维护。

① 认真清扫控制柜内部。

② 检查、清洗或更换通风系统的空气过滤器。

③ 检查全部按钮和指示灯是否正常。

④ 检查全部电磁铁和限位开关是否正常。

⑤ 检查并紧固全部电缆插头并查看有无腐蚀、破损。

⑥ 全面查看安全防护设施是否完整牢固。

2）每两月维护。

① 检查并紧固液压管路接头。

② 查看电源电压是否正常，有无断相和接地不良。

③ 检查全部电动机，并按要求更换电刷。

④ 液压马达有否渗漏并按要求更换油封。

⑤ 开动液压系统，打开放气阀，排出液压缸和管路中的空气。

⑥ 检查联轴器、带轮和带是否松动和磨损。

⑦ 清洗或更换滑块和导轨的防护毡垫。

3）每季维护。

① 清洗切削液箱，更换切削液。

② 清洗或更换液压系统的过滤器及伺服控制系统的过滤器。

③ 清洗主轴箱、齿轮箱，重新注入新润滑油。

④ 检查联锁装置、定时器和开关是否运行正常。

⑤ 检查继电器接触压力是否合适，并根据需要清洗和调整触点。

⑥ 检查齿轮箱和传动部件的工作间隙是否合适。

4）每半年维护。

① 抽取液压油液并进行化验，根据化验结果，对液压油箱进行清洗换油，疏通油路，清洗或更换滤油器。

② 检查机床工作台水平，全部锁紧螺钉及调整垫铁是否锁紧，并按要求调整水平。

③ 检查镶条、滑块的调整机构，调整间隙。

④ 检查并调整全部传动丝杠负荷，清洗滚动丝杠并涂新油。

⑤ 拆卸、清扫电动机，加注润滑油脂，检查电动机轴承，酌情更换。

⑥ 检查、清洗并重新装好机械式联轴器。

⑦ 检查、清洗和调整平衡系统，视情况更换钢缆或链条。

⑧ 清扫电气柜、数控柜及电路板，更换维持 RAM 内容的失效电池。

总之，要经常维护机床各导轨及滑动面的清洁，防止拉伤和研伤，经常检查换刀机械手及刀库的运行情况和定位情况。

（3）数控机床运行使用中的注意事项

1）要重视工作环境。数控机床必须在无阳光直射、有防振装置并远离有振动的地方和环境适宜的地方，附近不应有焊机、高频设备等工作的干扰，避免环境温度对设备精度的影响，必要时应采取适当措施加以调整，要经常保持机床的清洁。

2）操作人员不仅要有资格证，在入岗操作前还要由技术人员针对所用机床进行专题操作培训，使操作工熟悉说明书及机床结构、性能和特点，弄清和掌握操作盘上的仪表、开关、旋钮及各按钮的功能和指示的作用，严禁盲目操作和误操作。

3）数控机床用的电源电压应保持稳定，其波动范围应在 10%～15% 以内，否则应增设交流稳压器。电源不良会造成系统不能正常工作，甚至引起系统内电子部件的损坏。

4）数控机床所需压缩空气的压力应符合标准，并保持清洁。管路严禁使用未镀锌铁管，防止铁锈堵塞过滤器。要定期检查和维护气液分离器，严禁水分进入气路。最好在机床气压系统外增置气液分离过滤装置，增加保护环节。

5）润滑装置要清洁，油路要畅通，各部位润滑应良好，所加油液必须符合规定的质量标准，并经过滤。过滤器应定期清洗或更换，滤芯必须经检验合格才能使用，尤其对有气垫导轨和光栅尺通气清洁的精密数控机床。

6）电气系统的控制柜和强电柜的门应尽量少开。因机加工车间空气中含有油雾，飘浮有灰尘和金属粉尘，如落在数控装置内，堆积在印制电路板或控制元件上，容易引起元件间的绝缘电阻下降，导致元器件及印制电路板的损坏。

7）经常清理数控装置的散热通风系统，使数控系统能可靠地工作。数控装置的工作温度一般应≤55～60℃，每天应检查数控柜上各个排风扇的工作是否正常，风道过滤器有无被灰尘堵塞。

8）数控系统的 RAM（储存器）后电池的电压由数控系统自行诊断，低于工作电压将自动报警提示。此电池用于断电后维持数控系统 RAM 储存器的参数和程序等数据，在机床使用中如果出现电池报警，维修人员应及时更换电池，以防储存器内的数据丢失。

9）正确选用优质刀具不仅能充分发挥机床加工效能，也能避免不应发生的故障。刀具的锥柄、直径尺寸及定位槽等都应达到技术要求，否则换刀动作将无法顺利进行。

10）在加工工件前须先对各坐标进行检测，复查程序。在加工程序模拟试验正常后，再进行加工。

11）操作工在进行设备回到"机床参考点""工件零点"操作前，必须确定各坐标轴的运动方向无障碍物，以防碰撞。

12）数控机床的光栅尺属精密测量装置，不得碰撞和随意拆动。

13）数控机床的各类参数和基本设定程序的安全储存直接影响机床正常工作和性能发挥，操作工不得随意修改，如操作不当造成故障，应及时向维修人员说明情况，以便寻找故障线索，进行处理。

14）数控机床机械结构简化，密封可靠，自诊断功能日益完善，在日常维护中除清洁外部及规定的润滑部位外，不得拆卸其他部位进行清洗。

15）数控机床较长时间不用时要注意防潮，停机两月以上时，必须给数控系统供电，以保证有关参数不致丢失。

（4）数控机床的安全生产要求

1）严禁取掉或挪动数控机床上的维护标记及警告标记。

2）不得随意拆卸回转工作台，严禁用手动换刀方式互换刀库中刀具的位置。

3）加工前应仔细核对工件坐标系原点，以及加工轨迹是否与夹具、工件、机床干涉，新程序经校核后方能执行。

4）刀库门、防护挡板和防护罩应齐全，且灵活可靠。机床运行时严禁开电气柜门，环境温度较高时，不得采取破坏电气柜门联锁开关的方式强行散热。

5）排屑装置应运转正常，严禁用手和压缩空气清理切屑。

6）床身上不能摆放杂物，设备周围应保持整洁。

7）安装数控加工中心刀具时，应使主轴锥孔保持干净。关机后主轴应处于无刀状态。

8）维修、维护数控机床时，严禁开动机床。发生故障后，必须查明并排除机床故障，然后再重新启动机床。

9）加工过程中应注意机床显示状态，对异常情况应及时处理，尤其应注意报警、急停超程等安全操作。

10）清理机床前，先将各坐标轴停在中间位置，按要求依序关闭电源，再清扫机床。

任务实施

一、活动内容

本活动要求如下：

1）分组分析刀库结构和特点。

2）分组对刀库进行维护保养。

3）按维护保养计划对数控机床做一次保养。

4）分小组交流维护保养体会。

活动1：认识刀库的结构并进行维护保养

1）分析刀库的结构，进行各种刀库类型的比较并且说明它们的特点。

在实训车间，对照加工中心中的刀库，根据已学刀库的类型进行结构分析，并阐述它们的特点和作用。

2）将刀库中的刀具分别拆卸和安装一次，并试车操作刀库的换刀过程。

3）对数控加工中心的刀库进行维护保养。

活动2：按半年维护要求的内容对数控机床做一次保养

1）对于不同类型的数控机床，分组制订维护保养计划。

2）按半年维护要求的内容做保养。

3）分小组讨论做维护保养的体会和注意事项。

二、考核评价

根据活动内容填写考核评价表，见表6-5。

表6-5 考核评价表

序号	考核项目	考核内容要求	配分	学生自检	学生互检	教师检测	得分
1	职业素养	文明、礼仪	5				
2		安全、纪律	10				
3		行为习惯	5				
4		工作态度	5				
5		团队合作	5				
6	认识刀库的结构并进行维护保养	能分析刀库的结构，进行各种刀库类型的比较且说明它们的特点	15				
7		能将刀库中的刀具分别拆卸和安装一次，并试车操作刀库的换刀过程	15				
8		能对数控加工中心的刀库进行维护保养	10				

（续）

序号	考核项目	考核内容要求	配分	学生自检	学生互检	教师检测	得分
9	按半年维护要求的内容对数控机床做维护保养	能对不同类型的数控机床制订维护保养计划	10				
		能按半年维护要求的内容做保养	10				
10		能讨论做维护保养的体会和注意事项	10				
	综合评价						

参 考 文 献

[1] 李世维. 机械基础 [M]. 北京：高等教育出版社，2006.

[2] 吕谊明. 模具制造工艺项目训练教程 [M]. 北京：高等教育出版社，2012.

[3] 周红. 机械系统拆装 [M]. 上海：上海科学技术出版社，2009.

[4] 顾维邦. 金属切削机床概论 [M]. 北京：机械工业出版社，2005.

[5] 马幼祥. 机械加工基础 [M]. 2版. 北京：机械工业出版社，2015.

[6] 晏初宏. 数控机床与机械结构 [M]. 2版. 北京：机械工业出版社，2017.

[7] 沈志雄. 金属切削原理与刀具 [M]. 2版. 北京：机械工业出版社，2013.

[8] 沈志雄. 金属切削机床 [M]. 北京：机械工业出版社，2013.

[9] 郭彩芬，王伟麟. 机械制造技术 [M]. 北京：机械工业出版社，2015.

常用通用机械结构与维护 习题册

班级：＿＿＿＿＿＿＿＿

姓名：＿＿＿＿＿＿＿＿

学号：＿＿＿＿＿＿＿＿

机械工业出版社

目　录

项目一 机械技术概述

任务一 了解机械技术

一、填空题

1. 机械由＿＿＿＿部分、＿＿＿＿部分、＿＿＿＿部分和＿＿＿＿＿＿部分组成。
2. 构件是指相互之间能做相对＿＿＿＿的单元。
3. 零件是机械系统的＿＿＿＿单元。
4. 借助机器或工具制造各种产品的＿＿＿＿称为机械技术。

二、选择题（多选或单选）

1. 下列机件中，＿＿＿＿属于构件，＿＿＿＿属于零件。
   A. 自行车前后轮整体 　B. 自行车车架　　　C. 钢圈　　　　D. 链条
2. 汽车中，＿＿＿＿是原动机部分，＿＿＿＿是执行部分，＿＿＿＿是传动部分，＿＿＿＿是操纵或控制部分。
   A. 转向盘　　　　　　　B. 变速器　　　　　C. 车轮　　　　D. 内燃机
3. 下列机械中，＿＿＿＿属于机构，＿＿＿＿属于机器。
   A. 自行车　　　　　　　B. 摩托车　　　　　C. 机械手表　　D. 折叠椅
4. 常用的机械设备和工程部件都是由许多＿＿＿＿组成的。
   A. 零件　　　　　　　　B. 构件　　　　　　C. 钢件　　　　D. 合金钢
5. 机器由若干＿＿＿＿组成。
   A. 零件　　　　　　　　B. 部件　　　　　　C. 传动机构　　D. 齿轮
6. 自行车的传动机构有＿＿＿＿。
   A. 1个（链传动）
   B. 2个（链传动和棘轮机构）
   C. 3个（链传动、棘轮机构、前后轴承）
   D. 4个（链传动、棘轮机构、前后轴承、脚踏板）

三、简答题

1. 举例说明构件与零件的区别。

2. 指出机器与机构的区别及它们的相互关系。

3. 机械工业按服务对象怎样分类？请具体说明。

4. 列举几种生活中常见的机器，并按用途对其进行分类。

5. 指出下图中哪些是机器，哪些是机构。

a) 千斤顶   b) 台虎钳   c) 机床   d) 千分尺   e) 自行车   f) 减速机   g) 气马达   h) 机械表

机器_____，

机构_____。

任务二　认识通用机械切削机床设备

一、填空题

1. 通用机械切削机床简称金属切削机床，是指对金属零件进行_____的机器。

2. 根据国家制订的机床型号编制方法，机床分为_____、_____、_____、

_____、_____、_____、_____、_____、_____、

_____和_____，共 12 类。

3. 指出下图中序号表示的意义。

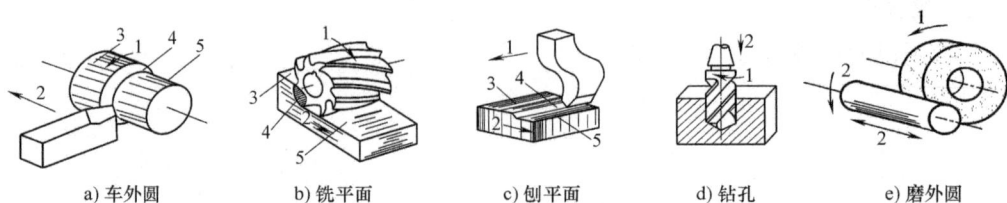

a) 车外圆   b) 铣平面   c) 刨平面   d) 钻孔   e) 磨外圆

1_____　2_____　3_____　4_____　5_____

4. 指出下图中传动机构的名称。

a)_____传动　　　　　　b)_____传动　　　　　　c)_____传动

d)_____传动　　　　　　e)_____传动　　　　　　f)_____传动

二、简答题

1. 举例说明通用（万能）机床、专门化机床和专用机床的主要区别。它们的适用范围各是什么？

2. 说出下列机床的名称和主参数（第二主参数），并说明它们各具有何种通用或结构特性。

CM6132　C1336　C2150×6　Z3040×16　T6112　XK5040　B2021A　MGB1432

任务三　学会机械拆装工具的使用

一、填空题

1. 机械拆装工具有许多种类型，一般分成_____和_____两种。

2. 进入实训场地必须统一穿着学校指定的_____，女同学戴好_____，不允许穿_____或_____，不允许戴_____、_____。

3. 拆装机床时，首先应了解机床_____、_____及各部分的重要性，按

_____拆装。

4. 使用行灯必须用_____或_____以下的安全电压。

二、选择题（多选或单选）

1. 发现电线掉地后，下列做法不正确的是_____。

A. 直接用手去捡　　B. 派人看守　　C. 通知电工　　D. 切断电源

2. 违反安全技术规程的是_____。

A. 女同学戴好安全帽　B. 戴防护眼镜　　C. 戴手套操作　　D. 注意力集中

3. 拆卸外六角螺母时应选用_____工具。

A. 内六角扳手　　　B. 一字螺钉旋具　C. 平头钳　　　　D. 活扳手

4. 下图中_____的使用方法正确。

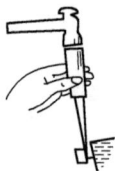 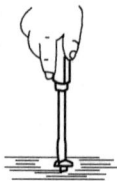  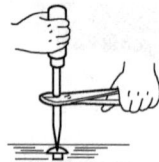

　　　A　　　　　　　　B　　　　　　　　C　　　　　　　　D

三、判断题（将判断结果填入括号中，正确填"√"，错误填"×"）

1. 灭火器应放在被保护物的附近和通风干燥、取用方便的地方。（　　）

2. 电气设备引起火灾后，首先应切断电源，再实施扑救。（　　）

3. 女同学可以不戴安全帽进行机床操作。（　　）

4. 拆卸下的零部件可以随便摆放。（　　）

四、简答题

1. 拆卸箱体上的螺纹联接件时，应注意的事项有哪些？

2. 使用顶拔器时应注意哪些事项？

任务四　机械设备的使用与维护

一、填空题

1. 我国企业机械设备管理的特点之一就是实行_____的设备使用维护管理制度。

2. 设备操作工人的"三好"要求包括＿＿＿＿、＿＿＿＿、＿＿＿＿。

3. 操作工人基本功包括：会＿＿＿＿、会＿＿＿＿、会＿＿＿＿、会＿＿＿＿。

4. 设备维护分为＿＿＿＿和＿＿＿＿两类。设备操作有＿＿＿＿纪律。

二、选择题（多选或单选）

1. 工作完毕后要做到"三清"的内容是＿＿＿＿。

   A. 场地清　　　　B. 设备清　　　　C. 工具清　　　　D. 人员清

2. 机械设备在负荷下运转并发挥其规定功能的过程称为＿＿＿＿。

   A. 使用方法　　　B. 使用过程　　　C. 工作规范　　　D. 工作条件

3. 设备操作维护规程是指导＿＿＿＿正确使用和操作维护设备的技术性规范。

   A. 技术人员　　　B. 农民　　　　C. 学生　　　　D. 工人

4. 实行定人定机和交接班制度，熟悉设备结构，遵守操作维护规程，合理使用、精心维护、监测异状、不出事故的概念是指＿＿＿＿。

   A. 整齐　　　　B. 安全　　　　C. 清洁　　　　D. 润滑

三、简答题

1. 设备操作者的"五项纪律"指什么？

2. 设备定期维护要达到什么要求？

3. 简述设备维护的四项要求。

项目二　车床机械结构及维护

任务一　认识车床的工作过程

一、填空题

1. 卧式车床的工艺主要有_____、_____、_____、_____、_____、_____、_____、_____、_____、_____、_____和_____等。

2. 车床主轴的旋转是_____，刀具的直线移动是_____。

3. 卧式车床除了自定心卡盘安装在主轴上用来夹持工件外，还有_____、_____也可以直接安装在主轴上，用来夹持工件。

4. 车床传动系统的主要组成有_____、_____、_____、_____、_____。

二、选择题（多选或单选）

1. 在车床上加工螺纹时，是通过_____旋转带动刀具进行切削加工的。

   A. 光杠旋转　　B. 丝杠旋转　　C. 光杠移动　　D. 丝杠移动

2. 车床主轴旋转速度是由_____外的手柄调节控制的。

   A. 溜板箱　　B. 进给箱　　C. 主轴箱　　D. 尾座

3. 车削加工最基本的是车削_____。

   A. 外圆　　B. 端面　　C. 内孔　　D. 台阶

三、简答题

1. 车床的主要组成部分有哪些（必须包含传动系统部件）？主要运动有哪几个？

2. 画出车床传动系统的工作原理框图。

任务二 了解车床机械传动机构

一、填空题

1. 车床主轴箱主要由 _____、_____、_____、_____、_____ 和 _____ 等组成。

2. 进给箱由 _____机构、_____机构、_____机构及 _____机构等组成。

3. 溜板箱内包含 _____机构、_____机构、_____机构、_____机构以及避免运动干涉的 _____机构等。

4. CA6140 型卧式车床主轴的开停和换向由 _____机构控制。

5. 车床主轴箱中摩擦离合器由结构相同的左、右两部分组成,其中左离合器控制主轴 _____,右离合器控制主轴 _____。

6. 卧式车床的主轴是 _____轴,主轴前端有精密的 _____供安装顶尖或心轴之用。

7. CA6140 型卧式车床的横向进给传动机构由 _____、_____、_____、_____、_____、_____ 等零部件组成。

8. 车床制动装置的功用是在车床停车过程中克服主轴箱中各运动件的 _____,使主轴迅速停止 _____,以缩短 _____。

二、选择题（多选或单选）

1. 避免车床切削运动时相互干涉的机构是 _____。
   A. 互锁机构　B. 安全离合器机构　　C. 开合螺母机构　　D. 操纵机构

2. 安全离合器是防止 _____过载或发生偶然事故时损坏机床部件的保护装置。
   A. 主轴机构　B. 尾座机构　　　　C. 操纵机构　　　　D. 进给机构

3. 车床主轴箱的运动由主电动机经 _____传入。
   A. 普通带轮　B. 同步带轮　　　　C. 卸荷式带轮　　　D. 联轴器

4. 车床过载保护装置的作用是防止 _____和发生偶然事故时损坏机床的机构。
   A. 启动　　　B. 过载　　　　　　C. 停止　　　　　　D. 轻载

三、简答题

1. 卸荷式带轮的主要作用是什么?其安装方式与普通带轮有什么不同?

2. 车床进给箱是由哪两个变速机构组成的？它们分别采用哪种变速机构？

3. 卧式车床的互锁机构安装在什么部位？其作用是什么？

4. 开合螺母的作用是什么？说明车螺纹和车外圆的过程。

任务三　车床箱体的拆装与维护

一、填空题

1. 箱体类零件是机器及其部件的_____零件。

2. 箱体功能是将机器及其部件中的_____、_____和_____等零件按一定的相互关系装配成一个整体。

3. 箱体类零件一般选用_____材料制造。

4. 箱体的日常检查部位主要是_____、_____、_____等，如果发现有_____的零件或者是有_____现象，要马上进行处理。

5. 螺纹联接的基本类型有_____、_____、_____和_____，当两被联接件之一较厚，且不需经常装拆时，宜采用_____联接。

二、选择题（多选或单选）

1. 当被联接件之一较厚而不能制成通孔又需经常拆卸时，可采用_____。

   A. 螺栓联接　　B. 螺钉联接　　　　　C. 紧定螺钉联接　　D. 双头螺柱联接

2. 在螺栓联接中，采用弹簧垫圈防松是_____。

   A. 摩擦防松　　B. 机械防松　　　　　C. 冲边防松　　　　D. 粘结防松

3. 机械上采用的螺纹自锁性最好的是_____。

   A. 锯齿形螺纹　B. 梯形螺纹　　　　　C. 普通细牙螺纹　　D. 矩形螺纹

4. 普通螺纹的公称直径是指_____。

   A. 螺纹大径　　B. 螺纹小径　　　　　C. 螺纹中径　　　　D. 平均直径

三、简答题

1. 锈死的螺栓或螺母应怎样拆卸？

2. 断头的螺栓应如何拆卸？

任务四　车床导轨副的拆装与维护

一、填空题

1. 导轨按摩擦性质分为_____、_____、_____和_____。

2. 锥形圆环导轨能承受_____和_____载荷，但制造较困难。

3. 机床导轨副的安装工作主要是安装前的_____和安装后的_____及_____。

4. 在操作使用机床中要注意防止_____、_____或_____散落在导轨面上。

5. 润滑导轨的目的是减少_____和_____，以避免_____爬行和降低高温时的_____。

二、选择题（多选或单选）

1. 导轨按运动形式分为直线导轨和_____。

    A. 滑动导轨　　B. 滚动导轨　　C. 静压导轨　　D. 环形导轨

2. 导轨的润滑方式有_____等。

    A. 浇杯　　　　B. 油杯　　　　C. 酒杯　　　　D. 手动油泵　　　E. 自动润滑

3. 导轨的防护装置用来防止切屑、灰尘等脏物落到_____。

    A. 导轨表面　　B. 导轨外面　　C. 导轨下面　　D. 导轨里面

三、简答题

1. 使用导轨时应注意哪些事项？

2. 清洗方法主要有哪些？

项目三　铣床机械结构及维护

任务一　认识铣床的工作过程

一、填空题

1. 铣床的加工工艺主要有铣_____、_____、_____、_____，以及_____、_____等各种成形表面。

2. 铣削时的切削速度是指_____的运动速度，进给速度是指_____的运动速度。

3. 铣床的主要组成包括_____、_____、_____、_____、_____等。

4. 铣削方式可分为_____和_____两种，粗加工应选用_____方式。

5. 万能卧式升降台铣床应用较广泛，其第一主参数是指_____，第二主参数是指_____。

二、选择题（多选或单选）

1. 铣床的主运动和进给运动的传动系统分别有_____电动机提供动力。
   A. 一台　　　　B. 两台　　　　C. 三台　　　　D. 四台

2. 铣削过程中主运动是_____。
   A. 工作台的进给　B. 铣刀旋转　C. 工件的移动　D. 工作台的快速运行

3. 立式铣床和卧式铣床的区别是_____。
   A. 主轴水平放置　　　　　　B. 主轴垂直放置
   C. 主轴和工作台的相对位置　D. 主轴倾斜放置

三、简答题

1. 画出铣床进给传动系统工作框图。

2. 铣床的主要组成部分有哪些？主要运动有哪几个？

任务二 了解铣床机械传动机构

一、填空题

1. 铣床带动刀具旋转的主轴和带动工件做直线移动的工作台分别由_____电动机控制，因此它属于外联系传动链结构。

2. X6132 型万能升降台铣床主轴采用的支承结构是_____结构，主轴是_____轴，前端有 7∶24 精密_____，用于安装铣刀_____或铣刀_____的定心轴柄。

3. X6132 型万能升降台铣床孔盘变速操纵机构有_____种工作状态。

4. X6132 型万能升降台铣床工作台可以做_____进给运动、_____进给运动和_____进给运动。

二、选择题（多选或单选）

1. X6132 型万能升降台铣床主变速箱内的齿轮传递系统是由两个_____齿轮和一个_____齿轮以及若干个固定齿轮组成的。

    A. 单联滑移   B. 双联滑移   C. 三联滑移   D. 四联滑移

2. X6132 型万能升降台铣床工作台的横向和垂向进给操纵机构，手柄有_____工作位置。

    A. 1 个   B. 3 个   C. 5 个   D. 7 个

3. X6132 型万能升降台铣床整个工作台部件由工作台、床鞍和_____三层组成。

    A. 回转盘   B. 升降盘   C. 操作盘   D. 支撑盘

三、简答题

1. 用框图形式表述铣床主运动的传递路线。

2. 阐述 X6132 型万能升降台铣床主变速操纵机构的点动控制原理。

任务三 机械结构中轴承的拆装与维护

一、填空题

1. 滚动轴承通常由_____、_____、_____、_____四个部分组成。

2. 轴承按承受载荷的方向分为_____、_____、_____等。

3. 轴承按工件间摩擦的性质分，可分为_____和_____两大类。

4. 轴承是用来支承_____的部件，有时也用来支承_____。

5. 转速较高时，宜选用滚动轴承中的_____。

6. 滚动轴承内、外圈的周向固定是靠_____的配合来保证的。

二、选择题（多选或单选）

1. 滚动轴承与滑动轴承相比，其优点是_____。
   A. 承受冲击载荷能力好　　B. 高速运转时噪声小
   C. 启动及运转时摩擦力矩小　D. 径向尺寸小

2. 为了保证将润滑油引入并使其均匀分配到轴颈上，油槽应开在_____。
   A. 承载区　　　　　　　　B. 非承载区
   C. 端部　　　　　　　　　D. 轴颈与轴瓦的最小间隙处

3. 深沟球轴承的主要应用场合是_____。
   A. 有较大冲击的场合　　　B. 同时承受较大的轴向载荷和径向载荷的场合
   C. 长轴或变形较大的轴　　D. 主要承受径向载荷且转速较高的场合

4. 滑动轴承的适用场合是_____。
   A. 载荷变动　　　　　　　B. 承受极大的冲击和振动载荷
   C. 要求结构简单　　　　　D. 工作性质要求不高、转速较低

5. 剖分式滑动轴承的性能特点是_____。
   A. 能自动调心　　　　　　B. 装拆方便，轴瓦与轴的间隙可以调整
   C. 结构简单，制造方便　　D. 装拆不方便，装拆时必须做轴向运动

三、简答题

1. 阐述使用顶拔器拆卸轴承的方法。

2. 阐述 X6132 型万能升降台铣床主变速机构中支承主轴的轴承的受力情况。

3. 轴承的安装方法有哪些？

任务四　齿轮传动机构的拆装与维护

一、填空题

1. 齿轮传动出现失效的主要形式是_____、_____、_____、_____和_____等。

2. 齿轮结构的制造方法有_____、_____、_____及_____等，具体的结构应根据工艺要求及经验公式确定。当齿顶圆直径与轴径接近时，应将齿轮与轴做成_____，称为_____。

3. 常用的齿轮结构有_____、_____、_____、_____等。

4. 按齿轮的啮合方式不同，直齿圆柱齿轮传动可以分为_____传动、_____传动和_____传动。

5. 齿轮传动最主要的特点是_____。

二、选择题（多选或单选）

1. 下列传动中，可以用于两轴相交的场合的是_____。
   A. 链传动　　　　　　　　　B. 直齿圆柱齿轮传动
   C. 直齿锥齿轮传动　　　　　D. 蜗杆传动

2. 当齿轮的半径 R 为_____mm 时，齿轮就转化为齿条。
   A. 100　　　B. 1000　　　C. 10000　　　D. ∞

3. 下列传动中，_____润滑条件良好，灰沙不易进入，安装精确，是应用最广泛的传动。
   A. 开式齿轮传动　　　　　　B. 闭式齿轮传动
   C. 半开式齿轮传动　　　　　D. 蜗杆传动

4. 机械手表中的齿轮传动属于_____传动。
   A. 开式齿轮　　　　　　　　B. 闭式齿轮
   C. 半开式齿轮　　　　　　　D. 蜗杆

5. 一对齿轮要正确啮合，它们的_____必须相等。
   A. 直径　　　B. 宽度　　　C. 齿数　　　D. 模数

6. 齿轮的渐开线形状取决于它的_____直径。
   A. 齿顶圆　　　B. 分度圆　　　C. 基圆　　　D. 齿根圆

7. 与齿轮传动相比，蜗杆传动的主要优点是_____。

    A. 传动比大，结构紧凑   B. 传动平稳无噪声

    C. 传动效率高   D. 可自锁，有安全保护作用

8. 当要求蜗杆传动具有较高的效率时，蜗杆的头数可以取_____。

    A. $z_1 = 1$ B. $z_1 = 2 \sim 3$ C. $z_1 = 4$

9. 润滑良好的闭式蜗杆传动的主要失效形式是_____。

    A. 齿面点蚀   B. 齿面磨损

    C. 齿面胶合   D. 轮齿折断

10. 比较理想的蜗杆与蜗轮的材料组合是_____。

    A. 钢和青铜   B. 钢和铝

    C. 钢和铸铁   D. 青铜和铝

三、简答题

1. 防止轮齿折断的措施有哪些？

2. 防止齿面磨损和胶合的措施有哪些？

3. 齿轮直径越大，其能传递的转矩越大，这种说法对吗？

项目四　刨床机械结构及维护

任务一　认识刨床的工作过程

一、填空题

1. 刨床的加工工艺主要有刨_____、_____、_____、_____，以及_____、_____、_____、_____等。
2. 刨削的工艺特点是_____、_____、_____。
3. 刨床主要由_____、_____、_____、_____、_____、_____等组成。

二、选择题（多选或单选）

1. 刨床的主运动为刀架的_____运动。
   A. 旋转　　　B. 间歇　　　C. 停止　　　D. 直线往复
2. 刨床的进给运动为工作台水平的_____运动
   A. 旋转　　　B. 间歇　　　C. 停止　　　D. 直线往复
3. 刨床所用的刨刀为_____刨刀。
   A. 单刃　　　B. 双刃　　　C. 三刃　　　D. 四刃

三、简答题

1. 阐述刨床的工作原理。

2. 用框图形式表述刨床传动系统的传递路线。

任务二　了解刨床机械传动机构

一、填空题

1. B6065 型牛头刨床的机械机构有_____、_____、

_____、_____、_____、_____。

2. 刨床滑枕行程长度的调整方法为：转动轴，通过锥齿轮带动小丝杠转动，使偏心滑块_____，曲柄销带动偏心滑块改变_____，从而改变滑枕的行程长度。

3. 刨床刀架机构由_____、_____、_____、_____、_____、_____、_____等组成。

二、简答题

说明曲柄摇杆齿轮机构的工作过程。

任务三　带传动机构的拆装与维护

一、填空题

1. V 带传动是以带和带轮轮缘接触面间产生的_____力来传递运动和动力的。

2. 普通 V 带的结构由_____、_____、_____和_____组成。_____由橡胶帆布制成，主要起耐磨和保护作用。

3. 带轮通常由_____、_____和_____组成。

4. 普通 V 带传动中心距不能调整时，可采用_____定期将传动带张紧。

5. 为保证 V 带截面在轮槽中的正确位置，V 带的_____应与带轮的_____基本平齐，V 带的_____与轮槽的_____不应接触。

6. 安装 V 带轮时，两轮的轴线应_____，端面与中心应_____，且两带轮装在轴上不得_____，带的张紧程度以大拇指能按下_____mm 为宜。

7. 同步带传动装置是由一根内周表面设有_____的环形胶带和具有相应_____所组成的。

8. 同步带工作时，依靠带的_____与带轮_____的啮合来传递运动和动力。

二、选择题（多选或单选）

1. 带传动的使用特点有_____。

　　A. 传动平稳且无噪声　　　　　B. 能保证恒定的传动比

　　C. 用于两轴中心距较大的场合　D. 过载时产生打滑，可防止损坏零件

2. 带传动张紧的目的是_____。

　　A. 减轻带的弹性滑动　　　　　B. 延长带的寿命

　　C. 改变带的运动方向　　　　　D. 调节带的初拉力

3. 下图所示为安装后 V 带在轮槽中的三种位置，正确的位置是_____。

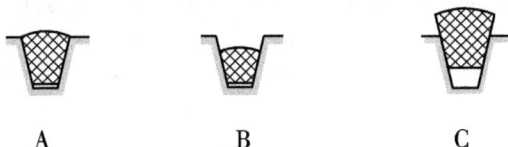

A　　　　　　　B　　　　　　　C

4. 一般来说，带传动的打滑多发生在_____。

A. 大带轮　　　　　B. 小带轮　　　　　C. 不确定

5. V 带是标准件，在标准系列之中规定_____为公称长度。

A. 内周长度　　　B. 基准长度　　　C. 计算长度　　　D. 外圆长度

三、简答题

1. 简述带传动的弹性滑动与打滑的区别。

2. 带传动为什么要设张紧装置？常用的张紧方法有哪些？

任务四　链传动机构的拆装与维护

一、填空题

1. 链传动是具有中间挠性件的_____传动。

2. 传递动力的链传动装置主要有_____和_____两种形式。

3. 由于过渡链节的链板在工作时受有附加弯矩，所以链的接头应尽量避免采用_____链节。

4. 链传动张紧的目的主要是保证链条有_____从动边拉力以控制松边的_____，使啮合_____，防止链条_____。

二、选择题（多选或单选）

1. 套筒滚子链由内链板、外链板、销轴、套筒及滚子组成，其中属于过盈配合连接的是_____。

A. 销轴与套筒　　B. 内链板与套筒　　C. 外链板与销轴　　D. 滚子与套筒

2. 多排链为了避免受力不匀，所以链的排数不宜超过_____。

A. 2 排　　　　　B. 3 排　　　　　C. 4 排　　　　　D. 5 排

3. 套筒滚子链传动装置的一般张紧方法有_____。

    A. 中心距调节法 B. 张紧轮调节法   C. 压板调节法   D. 调换调节法

三、简答题

1. 阐述链传动的工作原理。

2. 阐述链传动的主要缺点。

项目五　磨床机械结构及维护

任务一　认识磨床的工作过程

一、填空题

1. 磨床设备的种类一般可分为＿＿＿＿＿、＿＿＿＿＿、＿＿＿＿＿、＿＿＿＿＿和各种＿＿＿＿＿等。

2. 磨床的加工工艺范围十分广泛，用不同类型的磨床可以加工各种表面，如＿＿＿＿＿和＿＿＿＿＿、＿＿＿＿＿、＿＿＿＿＿、＿＿＿＿＿，以及各种＿＿＿＿＿等，还可以＿＿＿＿＿和进行＿＿＿＿＿等。

3. 常用磨削外圆的方法有＿＿＿＿＿、＿＿＿＿＿、＿＿＿＿＿和＿＿＿＿＿四种。

4. M1432A 型万能外圆磨床由＿＿＿＿＿、＿＿＿＿＿、＿＿＿＿＿、＿＿＿＿＿、＿＿＿＿＿、＿＿＿＿＿、＿＿＿＿＿等组成。

二、选择题（多选或单选）

1. M1432A 型万能外圆磨床工作台的作用是支承＿＿＿＿＿。

    A. 工件头架　　　　B. 内磨装置　　　　C. 尾座　　　　D. 砂轮架

2. 磨削外圆时，轴类工件常用顶尖装夹，其方法与车削时基本相同，但磨床所用顶尖都是＿＿＿＿＿，不随工件一起转动。

    A. 固定顶尖　　　　B. 回转顶尖　　　　C. 凸顶尖　　　　D. 凹顶尖

3. 磨床中砂轮的旋转是＿＿＿＿＿。

    A. 进给运动　　　　B. 主运动　　　　C. 辅助运动　　　D. 副运动

三、简答题

阐述磨削内孔的过程。

任务二　了解磨床机械传动机构

一、填空题

1. M1432A 型万能外圆磨床砂轮架由＿＿＿＿＿、＿＿＿＿＿及其＿＿＿＿＿、＿＿＿＿＿

与_____等组成。

2. M1432A 型万能外圆磨床的内磨装置主要由_____和_____两部分组成。

二、选择题（多选或单选）

1. M1432A 型万能外圆磨床的头架主轴由双速电动机经塔轮变速机构和两组带轮带动工件转动，可得到_____转速。

A. 3 种　　　B. 4 种　　　C. 5 种　　　D. 6 种

2. M1432A 型万能外圆磨床主轴上的带轮采用_____结构。

A. 卸荷式　　B. 普通式　　C. 链条式　　D. 三角式

三、简答题

阐述 M1432A 型万能外圆磨床头架主轴的工作方式。

任务三　联轴器的拆装与维护

一、填空题

1. 联轴器与离合器的区别是：联轴器是_____，而离合器是_____。

2. 联轴器的作用是_____。

3. 常用的联轴器分为_____联轴器和_____联轴器两大类。

4. 联轴器的装配精度检测，主要就是检测两轴的_____。

5. 套筒联轴器属于_____，万向联轴器属于_____，弹性套柱销联轴器属于_____。

二、选择题（多选或单选）

1. 汽车底盘传动轴应选用_____。

A. 齿式联轴器　　　　　　B. 万向联轴器

C. 弹性柱销联轴器　　　　D. 滑块联轴器

2. 起重机、轧钢机等重型机械中应选用_____。

A. 齿式联轴器　　　　　　B. 万向联轴器

C. 弹性柱销联轴器　　　　D. 滑块联轴器

3. 在对中精度较高、载荷平稳的两轴连接中，宜采用_____。

A. 凸缘联轴器　　　　　　B. 滑块联轴器

C. 万向联轴器　　　　　　D. 弹性柱销联轴器

4. 在轴向窜动量较大，正、反转启动频繁的传动中，宜采用_____。

    A. 弹性套柱销联轴器　　　　B. 弹性柱销联轴器

    C. 滑块联轴器　　　　　　　D. 刚性可移式联轴器

5. 自行车后轮的棘轮机构相当于一个离合器，它是_____。

    A. 牙嵌离合器　　　　　　　B. 摩擦离合器

    C. 超越离合器　　　　　　　D. 安全离合器

三、简答题

联轴器装配后为何必须进行检测？

任务四　轴系零部件的拆装与维护

一、填空题

1. 由一系列相互啮合的齿轮组成的传动系统称为_____。

2. 阶梯轴主要由_____、_____和_____组成。

3. 轴的主要功能不仅包括支承_____、_____、_____等轴上零件，并且还包括传递_____和_____，所以轴一般都要有足够的_____、合理的_____和良好的_____。

4. 要坚持拆卸服务于装配的原则。拆卸中必须对拆卸过程有必要的_____，以便安装时按照_____的原则重新装配。

5. 按轴线形状不同，轴可分为_____、_____和_____。

6. 按承载情况不同，直轴可分为_____、_____和_____。

7. 主要承受转矩作用的轴称为_____。

8. 只承受弯矩作用的轴称为_____。

9. 既承受弯矩又承受转矩作用的轴称为_____。

10. 轴的常用材料主要有_____和_____。

11. 轴上零件的轴向定位方法有_____、_____、_____、_____等。

12. 动密封可分为_____密封和_____密封两种。

二、选择题（多选或单选）

1. 机床主轴箱中的变速滑移齿轮，应选用_____。

    A. 直齿圆柱齿轮　　　　　　B. 斜齿圆柱齿轮

C. 人字齿圆柱齿轮　　　　　　D. 直齿锥齿轮

2. 两轴在空间交错 90° 的传动，如已知传递载荷及传动比都较大，则宜选用_____。

A. 弧齿锥齿轮传动　　　　　　B. 斜齿锥齿轮传动

C. 蜗杆传动　　　　　　　　　D. 直齿锥齿轮传动

3. 对于模数相同的齿轮，如果齿数增加，齿轮的几何尺寸_____，齿形_____，齿轮的承载能力_____。

A. 增大　　　　B. 减小　　　　C. 不变　　　　D. 变化

4. 轴肩与轴环的作用是_____。

A. 对零件轴向定位和固定　　　B. 对零件进行周向固定

C. 使轴外形美观　　　　　　　D. 有利于轴的加工

5. 增大阶梯轴圆角半径的主要目的是_____。

A. 使零件的轴向定位可靠

B. 使轴加工方便

C. 将低应力集中，提高轴的疲劳强度

D. 外形美观

6. 半圆键联接的主要优点是_____。

A. 对轴的削弱不大　　　　　　B. 键槽的应力集中小

C. 能传递较大转矩　　　　　　D. 适用于锥形轴头与轮毂的联接

7. 在联接长度相等的条件下，下列键联接承受载能力最低的是_____。

A. 普通平键联接　　　　　　　B. 半圆键联接

C. 导向平键联接　　　　　　　D. 普通楔键联接

8. 通常根据_____选择平键的宽度和厚度。

A. 传递转矩的大小　　　　　　B. 传递功率的大小

C. 轴的直径　　　　　　　　　D. 轮毂的长度

9. 平键标记：键 B12×30　GB/T1096—2003 中，12×30 表示_____。

A. 键宽×键高　　　　　　　　B. 键高×键长

C. 键宽×键长　　　　　　　　D. 键宽×轴径

三、简答题

1. 轴的结构应满足哪些要求？

2. 轴的结构装配工艺性是什么？

3. 轴伸出端密封的作用是什么？

项目六　数控机床结构及维护

任务一　认识数控机床的工作过程

一、填空题

1. 数控机床一般由_____、_____、_____、_____、_____等部分组成。

2. 常见的数控机床种类有_____、_____和_____等。

3. 一般数控车床的主轴由直流或交流调速电动机带动做_____，刀架的纵向、横向运动分别由_____驱动。

4. 加工中心首先是_____，其次是具有自动刀具交换功能的_____装置。

二、选择题（多选或单选）

1. 数控系统所规定的最小设定单位就是数控机床的_____。

　　A. 运动精度　　B. 加工精度　　C. 脉冲当量　　D. 传动精度

2. 数控刀具的刀位点指数控加工中的_____。

　　A. 对刀点　　　　　　　　B. 代表刀具在坐标系中位置的理论点

　　C. 刀架中心点　　　　　　D. 换刀位置的点

3. 一般数控机床断电后再开机，应首先进行回零操作，使机床回到_____。

　　A. 工作零点　　B. 起刀点　　C. 程序零点　　D. 机床参考点

4. 数控机床与普通机床进给传动系统的区别是数控机床采用_____。

　　A. 滚珠丝杠螺母副　　　　B. 滑动导轨

　　C. 滑动丝杠螺母副　　　　D. 滚动导轨

5. 数控机床滚珠丝杠每隔_____需要更换润滑脂。

　　A. 一天　　　　B. 一星期　　C. 半年　　　　D. 一年

三、简答题

用框图表示数控机床的一般操作步骤。

任务二　了解数控机床机械传动机构

一、填空题

1. 数控机床的调速是按照_____自动进行的，在主传动系统中，目前多采用交流主轴电动机和直流主轴电动机_____系统，但为适应低速大转矩的要求，也经常采用齿轮_____和电动机_____相结合的调速方式。

2. 主轴是机床的重要部件，其结构应满足_____，_____，旋转时_____和_____，高转速时_____，_____，_____要降低到最低限度的要求。

3. 数控铣床通常分为_____、_____和_____三种。

4. 加工中心是一种具有_____并能_____对工件进行_____加工的数控机床。

5. 数控机床的辅助系统包括_____、_____、_____、_____、_____和随机_____等部分。

二、选择题（多选或单选）

1. 刀库是存放加工过程所要使用的_____的装置。

    A. 少部分刀具　　B. 大部分刀具　　C. 全部的刀具　　D. 部分量具

2. 加工中心的主轴系统中，主轴定向功能又称主轴准停功能，即控制主轴停于_____的位置。

    A. 起点　　　　B. 固定　　　　C. 终点　　　　D. 运动

3. 车削中心的主传动系统与数控车床基本相同，只是增加了主轴的_____坐标功能，以实现主轴的定向停车和圆周进给，并在数控装置控制下实现 C 轴、Z 轴联动插补，或 C 轴、X 轴联动插补，以进行圆柱面上或端面上任意部位的钻削、铣削、攻螺纹及曲面铣加工。

    A. C 轴　　　B. Z 轴　　　C. X 轴　　　D. Y 轴

三、简答题

1. 为何数控机床有时采用两个电动机分别驱动主轴的结构？

2. 数控车床对主传动系统有哪些要求？

任务三 数控车床辅助装置的结构与维护

一、填空题

1. 机床上的一些辅助装置虽然_____参加切削工作，但对于机床来说，辅助装置是_____。

2. 刀架是直接完成切削加工的_____，所以刀架在结构上必须具有良好的_____和_____，以承受粗加工时的_____。

3. 排屑装置的安装位置一般都尽可能靠近_____区域。

4. 车削中心用自驱动力刀架主要由_____、_____和_____三部分组成。

二、选择题（多选或单选）

1. 数控车床的自动换刀装置主要采用回转刀盘，一般刀盘上安装_____把刀。

   A. 1~8   B. 8~12   C. 12~18   D. 18~24

2. 数控机床排屑装置的主要作用是将切屑从加工区域排出数控机床_____。

   A. 之内   B. 之上   C. 之下   D. 之外

3. 数控车床的刀架系统按换刀方式分主要有_____等。

   A. 回转刀架   B. 带刀库的自动换刀装置
   C. 固定刀架   D. 排刀式刀架

三、简答题

1. 数控车床有哪些主要辅助装置？

2. 数控车床上的刀具在刀盘上如何装夹？如何控制？

任务四 刀库的结构与数控机床的维护

一、填空题

1. 刀库中的刀具_____决定了加工中心的_____，刀具数_____，则_____。

2. 刀库的功能是用来_____加工工序所需的各种_____，并按_____把将要用的_____准确地送到_____位置，并接受从主轴送来的已用_____。

3. 盘式刀库主要由 _____、_____、_____、_____、_____ 及
_____等构件组成。

二、选择题（多选或单选）

1. 具有刀库的数控机床称为_____。

    A. 数控车床   B. 数控铣床   C. 加工中心   D. 刀库机床

2. 加工中心上普遍采用的刀库是_____。

    A. 盘式刀库   B. 花式刀库   C. 简式刀库   D. 链式刀库

3. 数控机床操作维护规程是指导操作工正确使用和维护设备的技术性规范，
_____操作工必须严格遵守。

    A. 个别   B. 多数   C. 值日   D. 每个

三、简答题

1. 根据教材图 6-53 所示刀库的结构，阐述刀库的选刀过程。

2. 阐述刀库的换刀过程。